軍拡と武器移転の世界史

兵器はなぜ容易に広まったのか

横井勝彦・小野塚知二【編著】

日本経済評論社

目次

第Ⅰ部　武器移転史のフロンティア——人・もの・武器の交流の世界史的意味——

第Ⅱ部　ドイツ第三帝国の軍拡政策と国際関係

序章　兵器はいかに容易に広まったのか

小野塚知二

1　はじめに

軍拡（および兵器の拡散・移転）[1]と軍縮（および武器移転の抑制的な管理）に注目して、世界史を見直すとただちに気付くのは、前者の根強さであり、後者の難しさである。軍縮はごく少数の例外を除くならば、一方的な財政破綻や国家の消滅によるものか、大戦争の後の戦時体制解除がほとんどであって、二国間ないし多国間の協議・交渉を経て軍縮を成し遂げた事例はわずかしかない。最近の事例で知られているのは、一九七〇年代以来の米ソ（露）間の戦略核兵器制限・削減条約[2]であるが、世界を焼き尽くす核兵器と長距離運搬手段を保持し続けている本質は何ら変わらず、かつてのあまりに冗長であった戦略核の配備量を減らしたに過ぎず、その限りでは軍備の縮小ではあるが、軍事的な危機を低下させるという意味での軍縮に当たるか否かは慎重に検討する必要がある。[3]また、これと並んでよく知られている協調的な軍縮の事例は戦間期の海軍軍縮条約[4]であろう。しかし、その最初のワシントン条約は、軍事的にはすでに有効性が疑問視されつつあった戦艦・巡洋戦艦などの主力艦の制限が主内容である。(5) こうした主力艦制限は、その後の海軍軍備が航空機・空母と潜水艦を主体とする方向に展開することを見通したうえでなされたと解釈することも可能であって、軍事力行使の危機を軽減させる効果を有する軍備管理であったか否かは疑わしい。これに対して、軍拡や兵器拡散の事例は古来数え切れないほど知られている。

本書は、軍拡と軍縮のこの非対称な性格についての、軍拡側に注目した歴史研究の共同作業の成果である。軍縮側に注目した成果としては別の書物の刊行を予定している。

軍拡と兵器拡散や武器移転は元来別の概念であるが、本章では、軍拡と武器移転、軍縮と兵器管理は分かちがたい密接な概念としてとらえられている。概括的に述べるなら、兵器の開発・生産と配備が完全に自国内に閉じていて、兵器拡散や武器移転を伴わない現象はほとんど起きたことがないのであって、両者を別々に論ずることは歴史研究の方法的な観点からも、軍備管理の実践的な関心からも適切なことではない。技術的・経済的に後発の国家や勢力の軍備がほとんどの場合先発国からの武器移転によって成し遂げられたことはよく知られているが、先発国の軍備もまた、二重の意味で武器移転と切り離すことのできない現象である。第一に、これまでもよく指摘されてきたように、先発国は、浮沈激しい自国の兵器需要だけでは経営的に成り立ちがたい国内の民間兵器企業を維持するために、他国からの兵器需要を積極的に利用しようとしてきた。他国への武器移転なしに兵器の供給基盤を維持できないという意味で、軍備は武器移転と結び付いていたのである。第一次世界大戦後のドイツはヴェルサイユ条約によって事実上の軍備を禁止され、国内の兵器産業も著しく萎縮していたが、一九二〇年代から、近隣のスイスやスウェーデンだけでなく、ソ連、中国、日本など多くの国に対して兵器技術と兵器を移転することを通じて、兵器の開発・生産能力を維持していた。そのことは、ナチス期に入ってドイツの急激な「再軍備」を可能にした一つの要因と考えることができる（本書第Ⅱ部参照）。ソ連解体後のロシアの兵器産業は財政悪化に陥った自国からの新規兵器発注はほとんど途絶えていたが、インド、中国などへの供給を通じて兵器の開発・生産能力を温存したのである。このように、自国向け生産がほとんどない場合でも武器移転がその後の再軍備や軍拡を可能にするのである。

第二に、高度な技術と経済力を有する先発国にあっても、しばしば他国からの武器移転が軍備に決定的な役割を果たしている。この点は本書では充分に展開しえなかったので、ここで若干の事例を示すことにしよう。たとえば、第二次大戦期以降世界最大最高の兵器生産国であり続けたアメリカにおいてすら新型兵器はしばしば他国からの武器移転をともなって開発、生産、配備されてきた。大戦後期の米陸軍航空隊を代表する戦闘機P-51マスタングは元来英国に供給することを目的にノースアメリカン社が開発したものだが、逆に英国からエンジンおよびその技術を供与されることで高い性能と実用性を与えられてアメリカの主力戦闘機となった(6)。同じく大戦期から一九五〇年頃までのアメリカのジェット機開発はイギリスからエンジン技術を獲得し、遷音速領域の飛行に必要な後退翼の理論と技術は占領したドイツから獲得することでなされた。弾道ミサイル技術の初発が米英ソいずれも占領地ドイツから物的・人的な移転によってなされたことはよく知られている。その後も、弾道ミサイル制御に必要な高い精度のジャイロ研削には日本の工作技術が、また航空機の軽量化・高強度化・ステルス化に不可欠の複合材料についても日本の民生用技術が供与されている。第一次大戦前の最大の兵器生産国であり、軍事大国であったイギリスもやはり同様にして、他国への移転と他国からの移転の両面で軍備の物的供給能力を維持発展させた。他国から英国への移転の事例としてよく知られているのは、たとえば、機関銃、魚雷、光学兵器などである(7)。

軍拡と武器移転のこうした密接な関係は、むしろ現在では、第三世界における軍事的危機の増大を回避するために、通常兵器（しばしばカラシニコフなどの小火器や対人地雷など簡便で安価な兵器）の軍備管理を進めようとする際に、それら地域の戦争を基軸とした社会・経済の構造を平和化することを別にするなら、他国からの武器移転を有効にコントロールすることに尽きているところに如実に表現されている。

兵器が易々と、境界も道徳的な問いも越えて、広まることを事実として突き付けられて、「兵器への飽くなき欲求は人間の本質だ」とか、権力＝暴力へ向かう願望が兵器への欲求を必然化するのだといった諦念の入り交じった一般論に帰着するしかないのだろうか。あるいはこうした現実承認と、他方での戦力放棄という理想との間に立ちすくむしかないのだろうか。人間の悲しい性なのかと問うだけなら気は楽だが、過去は兵器拡散一色に塗りつぶされた歴史とならざるをえないし、兵器が密接に関連する望ましくない現実に対しても有効な発言ができなくなるであろう。

こうした問いは歴史研究にも軍備管理の実践的な課題にも有益な指針をもたらさないであろうから、問いを次のように変換することにしよう。すなわち、兵器は、どのような場合に、容易に、急速に、大規模に移転し、また越えがたいと思われていた境界も道徳律も無意味化してしまうのかという問いである。

本書の元となった共同研究は、過去のさまざまな事例に注目して、いかなる条件のもとで、兵器は広まり、また、いかなる条件のもとで武器移転管理・軍縮は進んだのかを問うてきた。軍縮の難しさと、それを具体的に可能とした過去の個別的な諸条件については、別の研究成果を公開する予定であるが、本書は、軍拡と兵器の拡散・移転がなぜ容易に進んだのかを主たるテーマとした共同研究の成果である。

本書はただちに兵器が広まる一般的条件を提示できるわけではないが、特徴的な事例を踏まえて、実証的な基礎のうえに問うことのできる問いをここでは確かめることにしよう。

2　本書の位置

本書はすでに述べたように、軍拡・軍縮を一国に閉じた現象とはとらえず、軍拡の要因を国際関係の中で、とりわけ武器移転関係の中で考察する。このような特徴を有する本書が先行研究、殊に軍備や兵器をめぐる国際関係を扱ってきた研究に対していかなる位置に立つのかを示すために、まず武器移転概念の意味とそれが成立した背景について、続いて、これまでの武器移転史研究について概観しておこう。

(1) 武器移転概念と武器移転史

「武器移転（arms transfer）」とは武力・軍備の国際移転を意味する語で、これまではおもに国際政治学、軍備管理論、平和研究などの分野で用いられてきた。それは、武器単体（weapon）だけでなくシステムとしての武力・軍備（arms, armament）の移転を意味する総合的な概念である。それは、武器貿易（arms trade）や武器供与（arms supply）を包含する概念だが、それだけでなく、兵器の運用・修理能力、製造権供与や模造等を通じた兵器国産化の過程とそれにともなう技術移転、総じて兵器産業・兵器生産の世界的な動向、およびそれらに関わる国家や軍の政策、企業や研究機関の戦略・選択等をも包含する包括的な概念である。[8]

本書では武器移転、武器貿易、武器供与、兵器拡散など関連する概念を用いるので、ここで簡単に整理しておこう。「武器貿易（兵器取引、あるいは武器輸出、武器輸入）」とは有償での商取引として武器が国境を越えて移動することを意味し、「武器供与」は有償取引に加えて無償の贈与や貸与も含む概念だが、武器貿易の形式をとる現象の中には極端に良好な支払い条件（巨額長期の信用保証や現物支払いなど）によって実態は限りなく無償贈与に近いもの（すなわち送り手側の主目的が利潤や市場拡大より、むしろ受け手との関係形成や受け手を自己の政治的・軍事的勢力圏に編成することにある場合）もある。武器移転は武器供与や鹵獲・略奪など、兵器の越境移動の全形態を包含するとともに、移転するのが武器単体だけでなく、兵器の運用・修理・製造・開発能力や製造ライセンスも含む。武器貿易や武器供与においても純粋に武器単体が移転するだけというのは考えにくく、少なくとも最低限の運用能力は移転しているはずなのだが、武器移転は、こうした兵器に関する能力・技術・知見の越境移動にも注目せざるをえなくなった冷戦期から冷戦解体過程を背景として多用されるようになった概念である。兵器（およびその関連技術）の国際共同開発も兵器とその技術の所有権・使用権移転に当たり、武器移転に包含される。さらに「兵器拡散（arms proliferation）」とは、武器移転のさまざまな形態のうち、大国を中心とした国際秩序にとって不都合と見なされるものに与えられた概念で、いうまでもなく、国連常任理事国以外への核兵器・核技術の移転（核拡散）は最もよく知られた事例であるが、近年では核に加えて毒ガスや生物兵器などいわゆる「大量破壊兵器」や、ミサイルなどその運搬手段、またそれらの開発・製造・制御技術などを含めて兵器拡散は問題視されている。

武器移転は、冷戦期の国際政治学で開発された概念で、「冷戦体制の解体」後は武器移転現象がより複雑多様で見えづらくなったことを背景にして、軍備管理理論などでもより一層注目されるようになった。つまり、冷戦期の武器移転が国際政治学における古典的な現象なのだが、一九九〇年代後半に奈倉文二・横井勝彦を中心として始められた武器移転史、なかんずくその経済史・経営史的な研究によって発見された現象はかなり様相を異にする。そこには、冷戦期ないし冷戦後の武器取引や兵器産業のあり方から構成された常識の通用しない世界が広がっていたのである。

第一に、国際政治学では、基本的に武器移転の送り手・受け手ともに国家（ないしそれに類する、領域と人民を支配する政治権力・国際行為体）を想定してきたが、第一次大戦前（古典的帝国主義の時代）には送り手側の国家関与が希薄であった事例が少なくない(9)。すなわち、その場合、送り手側の動因は、政治・外交・軍事の問題というよりは、まずは経済・通商の問題であり、武器移転は民間企業の活動の結果であった。むろん、武器移転は、この時代にあっても、世界の政治・外交・軍事に影響を与えたが、送り手側国家が兵器取引に介入するのは、必ずしも常態ではなかった。兵器取引に介入する包括的な法制や協定は皆無であったし、個別的な介入事例も稀で、しかもイギリスに関していうなら同国からの武器移転に外務省などが介入した事例は、二〇世紀初頭の数年間（ランズダウン外相期）に集中している印象を受ける。したがって、第一次大戦前の武器移転において送り手側を規定する主たる要因は、兵器産業の状況や個々の兵器企業の戦略であった[10]。経済史研究の対象としての武器移転の重要性はここにある。

第二に、したがって、第一次大戦前の兵器企業にとって市場とは、自国および同盟国だけでなく潜在的な敵性国も含めた世界であった（「わが国の発注が減少しているというのならば、出て行って、外国発注を追え。海の向こうは顧客でいっぱいだ」）[11]。世界が市場であるなら、兵器産業の景況は自国・同盟国の軍事政策や財政状況に大きく制約されるわけではないから、兵器需要と開発体制の維持を重要な目的として形成された軍産複合体（典型的には第二次大戦後のアメリカやフランス）が成熟する要因は弱かった。民間兵器企業は自国の需要だけでなく、広く世界各国の需要に応えて販売することができたし、そのことが各企業にとっては開発の重要な動因にもなっていたから[12]、兵器生産国の政府・軍は自国の兵器産業に安定した需要と開発費用を保証してやる必要は低かった。すなわち、兵器産業は当該国の外交・軍事的な要因からは相対的に独立に展開しており[13]、敵性国に武器を売り渡すなど考えられない（受け手側から見れば、敵対する複数国からの武器移転はほとんど発生しえなかった）第二次大戦後のＣＯＣＯＭ的性格とはかなり異質な世界があった[14]。

しかし、これらのことは、裏返すなら、民間兵器企業は受注を安定化するためにも、新技術を試すためにも、積極的に新規兵器を売り込み、そのためには世界各地の外交的・軍事的な摩擦や不安定を利用し、ときにはそれを煽ることすらしなければならなかった。第一次世界大戦直前に「死の商人」の概念が生み出され、それが第一次世界大戦後の兵器産業批判と軍縮の世論に結び付く背景には、大戦前の武器移転現象のこうした特質が濃厚に作用していたのである。

「武器移転」とは戦後冷戦を前提に構築された概念だが、誰もが知るように、武力・軍備の国際移転という現象はそれ以前からあった。第二次大戦後の常識は過去には必ずしも通用しないから歴史研究が必要だが、上で瞥見したことからも明らかなように、殊に経済史研究が必要であり、また、時代によって異なる武器移転の背景や動因に注目して、時期区分がなされる必要がある。

(2) 武器移転史の時期区分

本書の特に第Ⅰ部では、これまでの武器移転史研究では論じられたことのない事例を扱っているが、武器移転史研究に先鞭を付けた奈倉文二・横井勝彦を中心とする共同研究の中では、武器移転をより狭く限定的な現象とする見解が提唱されていた。すなわち、そこでは、武器移転とは一八六〇年代以降に発生した特殊歴史的な現象と考えられた。それゆえ、たとえばヒッタイトの鉄製兵器の伝播や、「鉄砲伝来」等々も確かに兵器の越境移動ではあるが、こうした現象をすべて「武器移転」概念に包含するのは概念の濫用であり、武器移転とは、まずは、以下に述べるように、「兵器生産のあり方」と「戦争のあり方」に規定された近現代に特有の現象と考えるべきであると主張されていた。

①起源——送り手と受け手の形成——

一八六〇～八〇年代に鉄鋼、機械、造船等の産業成熟[15]により、大型・複雑・精巧な兵器の生産能力がイギリスで、ついで欧米諸国で確立することにより、武器移転の第一次的な送り手が形成された。ここで、送り手は自国軍への兵器供給を目的とする工廠・官営工場ではなく、民間兵器製造企業と、その営業販売活動を担った代理店である。大型・複雑・精巧な兵器の生産には巨額の投資を必要とするが、それは高価であるがゆえに自国軍から常に安定した発注が確保できるわけではなく、国外市場へ売り込む必要が発生し、そのためのさまざまな工夫がなされた（「死の商人」の形成）。

一八五〇～九〇年代に、アジア（清、トルコ、日本）、南米（ペルー、チリ、アルゼンチン、ブラジル）、およびヨーロッパ（ドイツ統一前のプロイセン王国、統一直後のドイツ帝国やイタリア王国を含む）に、強兵策を推進する国家が登場し、軍備に旺盛な意欲を示す受け手を形成した。これら受け手諸国は、周辺地域での軍事的優位をめぐる競争を始め、この競争は兵器の大型化・複雑化・精巧化とともに激化した。こうした大型・複雑・精巧な兵器はひとたび売れれば、その地域の政治・外交・軍事に大きな影響を与える要因にもなった。

②第一次大戦前軍拡期（一八八〇年代以降）——送り手側国家関与の稀薄な武器移転——

第一次大戦前においても各国政府と軍は自国の兵器産業に関心はあったが、兵器とその技術の流出に特別な関心を示さなかったのは、経済と軍事・政治の切断（経済政策・産業政策の欠如、より広くは自由放任主義的な市場観）といった一般的な理由のほかに、以下のような軍事史的な根拠があった。

すなわち、戦争の帰趨を決する決定的な原因として、兵器の質と量という物的要因の重要性がいまだ鮮明に認識されるようにはなっていなかったのである(16)。戦争の帰趨はながらく、まず何よりも戦略・戦術（指揮者の人的能力）と兵員数・士気・練度といういずれも人間的な要因によって決まると考えられてきた。クリミア戦争を経験したイギリス陸軍によって兵器の質が問題視され、普仏戦争・パリ＝コンミューンやボーア戦争において補給・兵站の重要性が認識されはしたが(17)、いずれも戦争の最終的な帰趨に決定的な影響を与えていない。兵器の質と量の重要性は日露戦争の二〇三高地攻防戦「の泥沼化」や日本海海戦に現れ、さらに、戦車、毒ガス、潜水艦、航空機など新兵器が登場した第一次世界大戦ではより明瞭に露呈するが、それは人的な要因から物的な要因への転換が始まったことを意味するに過ぎない。兵器の質と量がすでに戦争の帰趨を決する最大要因となっていたのであれば、日露戦争における日本の「勝利」も、独墺が第一次大戦において連合国包囲の中五年間にわたって継戦しえたことも完全には説明できないからである。物的な要因への転換は、第二次大戦において戦略爆撃機、弾道ミサイル、核といった現代科学技術の産物と、電子技術や自立制御技術などを背景としたその運用システムが定着し、またそれらを支える産業と兵器体系の巨大で重厚なシステムが形成されて、はじめて完了し、誰の眼にも明らかとなったのである。[18] すなわち、第一次大戦前には兵器とその技術の流出を問題視する視点は、武器移転を規制しうる権力を有する者の間にはほとんどなかった。武器売却は個々の企業の営業の自由の問題であり、あるいは貿易収支を改善し、受け手を自国の影響下における一挙両得策として、積極的に促進こそされなかったものの大いに勧奨され期待された事態だったのである。

③第一次大戦期から第二次大戦期――統制と放任の交錯――

第一次大戦期にヨーロッパの交戦諸国では敵国への武器移転が禁止されただけでなく、泥縄的にではあるが戦時の武器輸出統制と調達管理も始まった。しかし、この状況は大戦後は一変する。英米に対抗しうる大帝国（土、墺、露、独、すなわちローマ帝国の継承者という言葉の真の意味での「帝国」）の解体、秩序の真空状態の出現、ロシア革命と「帝国主義戦争からの離脱」、大戦の悲惨な経験を踏まえて、大戦後には軍縮世論が発生する。殊にヨーロッパでは、国家対立を終了させるために、一方では「ヨーロッパ合衆国」など協調的な将来像がさまざまに模索され、他方では対立と脅威の一因としての兵器産業そのものを不胎化（sterilization）する必要性も唱えられた。それらはワシントンおよびロンドンの軍縮条約に帰結し、軍備を国際的に管理しようとする最初の試みとなり、さらに武器移転を管理する発想も登場した。しかし、イギリスと仏伊独の間には無視しがたい相違があるなど武器移転管理のための国際協調は実を結ばず、武器移転管理は実効性を失った。軍備禁止期のドイツからの武器移転、たとえばソ連における独ソ共同の武器開発や、航空技術者の日本への招聘なども、武器移転管理の難しさを物語るこの時期の事例である。しかし、建前としての武器移転規制と実態としてのさまざまな抜け駆けを特徴とする一九二〇年代の状況も長続きはせず、大恐慌を経験した一九三〇年代には武器移転管理よりも、民間兵器企業を維持存続させる方が重要になり、また、ドイツがナチス期に入って急速な再軍備を行うことから始まる各国の再軍備計画策定の中で、むしろ兵器輸出は表向きにも奨励されることとなり、武器禁輸などの一九二〇年代的な措置は撤廃され、武器輸出統制は完全に解体した。

④戦後冷戦期とその後

冷戦と核の時代には、厳格な武器移転管理と国策としての武器移転（米ソ中だけでなく英仏も）[19]が並行して追求された。民間兵器企業にとって潜在的需要は世界大から自国（自陣営）に縮小し、需要維持と開発体制の維持を最大要因の一つとする軍産複合体が形成される。[20]「冷戦解体」後の現在を武器移転史の中にどう位置づけるかは難問だが、厳格な武器移転管理がありつつも、従来の冷戦の枠を超えた武器移転が急速に広がり、また欧米先進国以外のアジア、アフリカ、中南米諸国（の兵器企業）が送り手として登場していることは注目に値する。こうした新興送り手「国における兵器産業」の形成過程を遡及して研究する必要性が生じている。

(3)　本書の扱う事例

武器移転史についてとりあえず以上のような見取り図が描けるとするなら、本書はこうした見取り図に綺麗には収まらない事例を扱っている。その意味で、奈倉文二・横井勝彦を中心としたこれまでの研究がおもに武器移転史の古典的な事例を明らかにしてきたのに対して、本書は武器移転史研究の最前線を渉猟する試みであるということができよう。

第Ⅰ部は、一見して明らかなようにこの最前線に位置している。すなわち、第2章「近世東アジアにおける武器移転の諸問題――ポルトガル、イエズス会、日本――」（高橋裕史）は上述の見取り図によって「武器移転史」の前史に排除された時期、それも一六世紀という非常に古い時代の西洋から東アジアとりわけ日本への武器移転を論ずる。

それは送り手と受け手の一過性の遭遇にとどまらず、双方にとって大きな意味を持ち、日本の軍事のあり方を大きく変えながら、ある期間継続的に展開した現象である。第3章「イギリス帝国主義と武器＝労働交易」（竹内真人）は時期的には上述の武器移転史の古典的時代に属するが、以下のように四重の意味で従来想定されていた現象とは根本的に異なる。第一に受け手は強兵策を採用する国家ではなく、第二に移転したのは複雑・大型・精巧な兵器ではなく小銃であり、第三に新造品ではなく中古品が主体であった。しかも、第四に、この事例ではイギリス政府は武器移転規制を目指す介入に乗り出し、その背景には武器＝労働交易に対する道徳的な問いが作用していたという点でも同時期のよく知られた現象とは大きく異なり、むしろ一八世紀から一九世紀初頭にかけての大西洋三角貿易と比較対照の可能性を有する事例である。第4章「第二次大戦直後のアメリカ武器移転政策の形成」（高田馨里）もまた上述の見取り図の冷戦開始に当たるアメリカの武器移転政策を扱ってはいるのだが、送り手としてのアメリカ合衆国政府部内が必ずしも一枚岩とはいえないこと、また、この政策が一方では多面的に武器移転を促進しながら、他方では核兵器だけでなく通常兵器に関しても武器移転規制を行わなければならないという両面志向性をもつことを明らかにした。

第Ⅱ部はドイツの再軍備／原爆開発というよく知られた事例を扱うが、それはドイツの兵器産業がドイツの軍隊に対して兵器を供給する能力が奇跡的に高かったという単純な見取り図には回収しきれない複雑な様相を呈している。第6章「第三帝国の軍拡政策と中国への武器輸出」（田嶋信雄）はナチス初期ドイツの中国向け兵器輸出が、外貨および原料資源獲得、開発・生産体制の発展、ドイツ自身の新型兵器への代替によって発生する余剰兵器のはけ口として、ドイツ国防省にとっても死活的な意味をもち、両国の軍拡政策が有機的に密接な関係のもとに進展したことを描き出す。第7章「第三帝国の軍事的モータリゼーションとアメリカ資本――語られざるジェネラル・モーターズを中心に――」（西牟田祐二）は、ドイツの再軍備と電撃作戦能力を物的な面で支えたドイツ自動車企業へのアメリカからの投資に注目して、第二次世界大戦開戦初期におけるアメリカ合衆国の対独宥和論の存在とその根拠を解明する。

以上、二つの章が、史上稀な厳格な非軍事化を外側から強制されたドイツが、史上稀な急速な軍拡を可能にした背景を、ドイツの対外関係に注目しながら論ずるのに対して、第8章「ホロコーストの力学と原爆開発」（永岑三千輝）は、第二次大戦に突入したドイツの戦争指導者たちが切望した原爆の開発にドイツが成功しなかった理由を、言い換えるならドイツにおける兵器の開発・生産体制の「弱さ」を、ホロコーストを必然化した要因と関連付けて理解しようとする試みである。

3　問いと仮説

こうした諸事例に注目しながら、本書は全体を通じて以下の問いに答えようとする。すなわち、いかなる状況において、武器は容易に移転し、それゆえ受け手・送り手双方の軍備拡張は促進されたのかという問いである。予め仮説的に示すなら、それは、送り手と受け手の特徴的な組み合わせが成立し、新技術の実用化と軍事上の革新とが結びつき、また、軍拡と武器移転を正当化する独特の言説が成立する状況であろう。

まず、第一に、武器移転の潜在的な送り手と潜在的な受け手が無差別に結び付くわけではないことは、冷戦解体後の複雑かつ流動的な武器移転の状況からもただちに看取できることであるが、では、そこにはいかなる特徴的な組み合わせが想定できるのだろうか。第2章、第3章、および第6章がそれぞれ端的に示すように、受け手側の秩序の混乱状況と、そこに政治的、軍事的ないし経済的な機会を見出す送り手の形成である。ここで、秩序の混乱状況は、軍閥割拠や内戦状態など国内的な混乱状況も、国際的なそれもありうるが、混乱の地理的範囲と統治権力の範囲との大小関係（混乱は国内的か国際的か）よりもむしろ、混乱状況が陸地的か沿岸・海洋的かの相違の方が移転する武器・武力の性格を決定する要因となるであろう。混乱が国内的か国際的かの相違は諸勢力が必要とする武力の性格を直接的に規定する要因ではないからである。たとえば、清末の李鴻章が海軍力を重視したのに対して、日清戦争後の北洋新軍や民国期の軍閥が陸戦用武力とそれに従属する属地的空軍力を追求したのは、それぞれがその中を生き延び、それを制そうとした混乱状況がどのように認識されていたのかを反映している。こうした混乱状況の中で受け手に必要とされた武力を提供することに送り手側が機会を見出す場合に武器移転は易々と進展するのであるが、受け手側が混乱状況にあることを絶対的な前提条件として、それに対応する形で送り手が登場しうると単純化して考えるべきではないだろう。第2章、第3章の事例はいずれも、何らかの偶然的・短期的な事情で受け手［の一部］に新種の兵器を入手・利用する機会が与えられることによって、受け手とその周辺に混乱状況が現出し、増幅することによって、送り手の行動が本格化し、また送り手が多数登場することを示している。つまり、送受のどちらか一方の論理のみで武器移転は発生するのではないのである(21)。このことは、兵器管理を実効あるものにしようとするなら送受両方を同時に統御・規制できなければならないということを含意している。

こうした送り手と受け手の特有の組み合わせは概して、大国で兵器産業の先発国から、弱小で後発的な国・勢力への武器移転現象によく観察されるであろうが、大国の軍拡とそれを可能にした武器移転はこれだけでは説明できないだろう。本章の冒頭で述べたように大国の兵器開発・生産体制維持のためになされる武器移転や「死の商人」の行動は、必ずしも秩序の混乱状況が存在していなくても、それを生み出し、それへの警戒心を醸成することによっても可能となるのである。そこに作用する第二の状況は、新技術の実用化ないしは利用可能性の認識と、新たな暴力装置・戦術の可能性とが結び付くことである。アメリカ、ドイツなどの原爆開発は、大状況としては第二次世界大戦という「混乱」を背景に進んでいるが、混乱状況にある特定の受け手につけ込んで開発されたわけではなく、新技術と新兵器が可能性として結び付いたところに発生した現象である。ただし、あらゆる新技術が軍拡・武器移転に結び付くわけではないから、いかなる新技術がそこに結び付くかは、第一の送受双方の特定の結びつきや、第三の特徴的な言説ないし正当化の論理と複合して論じられなければならないだろう。

第三に本書は、軍拡・武器移転が現実に起こる際に、いかなる言説がそれを正当化するかということに注目する。なぜならば、兵器は人の生み出した道具ではあるが、他の道具と比べるなら明瞭に殺人・破壊を主目的とする道具であるがゆえに、その利用だけでなく、その保持や移転にも何らかの正当化が必要とされると考えられるからである。この点では、武器移転史の古典的な時代（一八六〇年代から第一次世界大戦前）は、「独立を保持し国益を維持するために武力を必要とする」国家と、自由な商取引の一つとして兵器を供給する送り手という組み合わせの中で、この正当化の必要が相対的には微弱な状況であったが、それは決して超歴史的に当然の状況ではなかった。武器移転／軍拡を正当化する言説は、おそらくは剥き出しの攻撃的・侵略的な言説ではなく、ナショナリズムや民族自治を根拠とする「自衛権」、より一般化して対外恐怖心（xenophobia）の蔓延、あるいは「革命の大義」など、防衛的・自衛的な特徴が観察されるであろうが、そのことは、兵器保持や戦争行為が本質的に道徳的な問いに曝されており、常に正当化されなければならない（＝道徳的な問いを麻痺・無力化し続けなければならない）ということを表していると解釈することができるであろう。こうした道徳的な問いは、第一次大戦後の世界的な「死の商人」批判の高まりの中で、苛烈な形で突き付けられた。いうまでもなく、この大戦は戦勝国にも人的・物的・社会的・経済的に未曾有の傷を残したのだが、人と物を破壊する可能性を供給し続けることによって巨富をなした「死の商人」を非難の槍玉に挙げる世論の背後には、兵器をめぐる道徳的な問いが大戦の経験を踏まえて蘇ったのを看取することができる。

4　本書の成り立ち

本書は、1-(2)で述べたように奈倉・横井を中心に進められてきた武器移転史の共同研究に由来している。それは、科学研究費補助金による共同研究としては、以下の三期に分けることができるが、本書はとりわけ第三期の共同研究の成果である。

一九九九―二〇〇一年度：「第二次大戦前の英国兵器鉄鋼産業の対日投資に関する研究――ヴィッカーズ・アームストロング社と日本製鋼所：一九〇七〜四一年――」（研究代表者：奈倉文二）

二〇〇二―〇五年度：「イギリス帝国政策の展開と武器移転・技術移転に関する研究――第二次大戦前の日英関係を中心として――」（研究代表者：横井勝彦）

二〇〇八―一一年度：「軍縮と武器移転の総合的歴史研究――軍拡・軍縮・再軍備の日米欧比較――」（研究代表者：横井勝彦）

第三期は、軍縮を軍拡・再軍備との関係において、また軍拡・軍縮を武器移転との関係においてとらえることをめざして、それ以前の二期の共同研究[22]から、時間的、空間的に対象を大幅に拡張するとともに、方法的にもそれまでの経済史・経営史的な手法から大きな拡張を図った。

この第三期の共同研究は、こうした拡張の中間的な成果を披露するとともに関連分野の研究者から評価を受けるために、二〇〇九年に二つのパネル・ディスカッションを、また二〇一一年にも一つのパネル・ディスカッションを実施した。本書はこのうち二〇〇九年の二つのパネル[23]の成果を取り纏めたもので、社会経済史学会パネル「ドイツ第三帝国の軍拡政策と国際関係」が本書第Ⅱ部に、政経史学会パネル「武器移転史のフロンティア」が第Ⅰ部に対応する。

本書の各章は、パネル当日のコメントや討論時間に提示されたさまざまな疑問にも応えて、当日用のフルペーパーを加筆修正したものである。本書の第1、5、9、10の各章が他の章より短いのは、パネルの問題提起とコメントに対応しているためである。

これら二つのパネルの成果である本書が、武器が、長い距離も、国境も、道徳的な問いも超えて容易に広まり、軍拡を可能にした面に注目しているのに対して、二〇一一年に実施したパネル「第一次大戦後の日本陸海軍軍縮と兵器関連産業・兵器生産」は、第一次大戦後の日本を対象にして、まがりなりにも軍縮が達成された面に注目している。これら二つの面を合わせて考察するのが、上述の第三期の共同研究の最大の特徴である。二〇一一年パネルの成果に、軍縮や兵器管理に関するその他の成果とを合わせて別の図書の刊行も計画中である。

第二次大戦後の武器移転をめぐる国際環境は、同盟国や影響下に取り込みたい地域・勢力に対する武器移転がなりふり構わず進められたことで特徴付けられるとともに、他方では軍拡や兵器拡散を有効に統御するために、実にさまざまな仕組みが開発され試みられてきた点でも、それ以前の時代とは事なる様相を示してきた。いわゆる冷戦体制の解体後は、核兵器、生物・化学兵器、ミサイル技術など大量破壊兵器にとどまらず通常兵器分野の武器移転も管理するためにワッセナー・アレンジメントが発足し、また武器貿易条約をめぐる困難ではあるが粘り強い取組みが進展している。戦略核に関しても米ロ間で戦略兵器削減条約が発効し、また、それを超えて核全廃を目指す世論と運動は再び高まりつつある。いかにして軍拡と武器移転を規制し、軍縮を達成するかは古くて新しい問題なのである。こうした条約や規制策が数多く蓄積されてきたとはいえ、この古くて新しい問題には実践的にも未解決の領域が多いし、学問的にも解明されなければならないことがらは多く残されている。本書はこうした現在の課題に対する歴史研究の側からのささやかな貢献であるが、この分野の研究が一層進展し、軍拡・軍縮・再軍備をめぐる議論が活発になることを期待したい。

（1）本書では「兵器」と「武器」は同義である。現状において慣用的な使い分け以上の明瞭な区別は存在していない。
（2）一九七二年に締結され発効した第一次戦略兵器制限条約（ＳＡＬＴⅠ）から、批准されなかったもの、本交渉にいたらなかったものなど含めて七次の交渉がなされ、第四次戦略兵器削減条約（プラハ条約）が二〇一〇年四月八日に締結され、両国議会での批准を経て、二〇一一年二月五日の批准書交換で発効した。

（3）これら二国以外の核兵器は削減されていないしこれら二国でも、より実用的な戦術核は協調的な削減の対象にはなっていない。また、核保有国が増加する傾向にあることも、核兵器の分野で協調的な軍縮は進展していないと判断せざるをえない材料である。

（4）主力艦（戦艦・巡洋戦艦）の保有量と建造を制限したワシントン海軍軍縮条約（一九二二年締結）、巡洋艦・潜水艦など補助艦の制限を目指したジュネーブ海軍軍縮会議（一九二七年決裂）、および補助艦を制限したロンドン海軍軍縮条約（一九三〇年締結）。

（5）大艦による恫喝や抑止、また国威発揚といった効果を別にするなら、主力艦が実戦で役に立った例はほとんどない。主力艦による海戦としては日露戦争における日本海海戦（対馬沖海戦）と第一次大戦中の英独間のユトランド沖海戦が知られているが、後者は戦争全体の帰趨にほとんど影響を与えていない。海戦の戦訓から日露戦争後は高速化・重武装化（ド級・超ド級の戦艦・巡洋戦艦の配備）が進展し、ユトランド沖海戦後の新造主力艦は高速・重武装に加えて防御力のさらなる強化の方向に進むが、価格が非常に高くなっているのに実戦上の効果は判然とせず、第一次大戦後の主要国海軍内部には、主力艦の有効性を疑問視する声は広く見られた。

（6）ノースアメリカン社が英国向けに開発した当初のNA-73に搭載されていたアリスン（航空機エンジンや重車両向け変速機の開発・生産を担当したGMの事業部）製のV-1710-39やP-51Aに搭載されたV-1710-81は過給器の性能が低かったため、NA-73／P-51Aは中・高高度での速力・上昇力が劣っていたが、一九四二年にイギリス空軍で、ロールズ＝ロイス社のマーリン65に換装する試験を実施したところ性能が劇的に向上することが判明して、同エンジンがパッカード社でライセンス生産されてP-51に搭載されることとなった。パッカード社は元来は高級乗用車で名を馳せたアメリカの企業で、一九四〇年以降は航空機エンジンの生産拠点を海外に確保したいイギリスとアリソンV-1710に代わる高性能の液冷航空機エンジンがほしいアメリカ陸軍の思惑を受けて、マーリンの初期型をV-1650として生産していた。一九四二年以降は戦時生産に特化するようになり、マーリン66をV-1650-7として大量に製造した。

（7）機関銃については、アメリカでガトリング（Richard Jordan Gatling）の開発したガトリング砲がおもに英国植民地軍で用いられ、また、国産のマクシム機関銃が実用化された一八八〇年代以降も、アメリカ人ホチキス（Benjamin Berkley

Hotchkiss）がフランスで興したオチキス社の一九〇八年型機関銃をイギリス陸軍が Hotchkiss Mk. I として採用した。魚雷は、一八六〇〜七〇年代にオーストリア＝ハンガリー帝国のフィウメで開発された実物とその製造技術がイギリスだけでなく世界各国に移転した。潜水艦はアイルランド人ホランド（John Philip Holland）がアメリカで実用化したが、それがアメリカとフランスの両海軍で採用されたのを見てイギリスも一九〇〇年に同型を導入し、改良型を多数建造したほか、一九一一年にはイタリアのフィアット社ラ・スペツィア造船所で開発されたメドゥーザ型を採用してS型として建造した。光学兵器の主材料である光学ガラスは第一次大戦直前までほとんどをフランスとドイツからの輸入に頼っていたし、イギリス陸軍は照準器や双眼鏡もドイツから輸入していた（山下雄司「イギリス光学産業の市場構造に関する史的考察――第一次世界大戦と戦間期を対象として――」『明大商学論叢』九一‐二、二〇〇九年、二九九〜三〇〇頁）。

（8）現在の安全保障貿易管理の国際的・国内的な枠組みがきわめて複雑多様な諸規定の集積となっているのは、武器移転が非常に多面的な現象であることに、また、その多面性を利用して意図的に不鮮明にされていることにも由来しており、特に単なる武器やその製造技術ではなく、その開発や生産の手段・方法の移転を統御しようとすることが枠組みの複雑さをもたらしている。冷戦期のCOCOMがこれに比べるならはるかに単純な枠組みで済んでいたのは、陣営による色分けが容易で、個々の行為・研究内容や関係にまで立ち入る必要性が低かったからである。

（9）一八六〇〜八〇年代のフランスの日本海軍に対する武器移転は送り手側国家関与が比較的明瞭に検出される稀な事例で、民間技師ではなくフランス海軍技師が多数招聘された。

（10）第二次大戦後、殊に冷戦と核の時代の武器移転をとらえる場合には、送り手・受け手ともに第一の主体は国家であるとの想定がほぼ妥当する。というより、正確には、第二次大戦後の軍産複合体の形成された状況において兵器企業の独自の利害が正面には表れない形で、国際政治の問題として軍備管理が論じられる中で、生み出された概念が「武器移転」である。とはいえ、そこで定義された「武器移転」とは、第Ⅱ部で見るように第二次大戦後に固有の現象ではない。

（11）トレビルコック［二〇〇五］二〇五頁。

（12）外国から発注された兵器に最新技術を盛り込んで、その実用性を検証することは、第一次世界大戦前の兵器企業にとって稀なことではなかった。たとえば、日本海軍向けの戦艦初瀬に搭載されたベルヴィル汽罐、同じく香取・鹿島に装備された一二インチ四五口径砲、巡洋戦艦金剛に装備された一四インチ砲などいずれも、イギリスの艦艇建造業・兵器製造業にとって、新技術の最初の実用化の機会であった。小野塚［一九九八］一六〇～一六一頁、奈倉・横井・小野塚［二〇〇三］第5章第5節参照。

(13) たとえば、ロシアとの戦争に備えて戦艦（のちの鹿島・香取）を急造しようとした日本がイギリスの六社を指名入札に招いた際に（一九〇三年五月、小野塚［二〇〇三］二〇四頁参照）、この情報を聞きつけたドイツのクルップ社は入札参加資格を求めて山本権兵衛海相らに強力に働きかけているのだが、これがドイツの外交政策・世界戦略から直接に導出された結果だということは到底できないであろう。あるいは、日露戦争中、日露両国の海軍士官が新型魚雷買い付けのために、オーストリア＝ハンガリー帝国フィウメ市にあった魚雷の最先端企業ホワイトヘッド社をほぼ同時期に訪れているが、同国海軍は不介入の姿勢を貫いたし（Kriegsarchiv Österreich, MS/PK 1905 X-3/1）、また、その数年後にホワイトヘッド社がイギリス資本に吸収される際もオーストリア＝ハンガリー帝国は一切介入しなかった。

(14) COCOM（Coordinating Committee for Export Controls. 対共産圏輸出統制委員会、一九五〇～九四年）のような戦略的な輸出・技術流出統制策は第二次大戦後冷戦期に初めて出現した現象ではない。産業革命期のイギリスは、一八世紀末以降、先端技術とそれを担う熟練職人の流出を規制するさまざまな立法を行い、それらは最終的に一八四一年まで維持された。第一次大戦前の武器移転に国家介入が乏しいのは流出規制の経験がなかったからではない。

(15) ベッセマ転炉、シーメンス＝マルタン平炉、トマス塩基性転炉など一八六〇～七〇年代の製鋼技術革新を基礎として、鋼を主材料とする大型機械（たとえば、百トン以上の能力を有するクレーン、プレスなど）の普及、巻線・焼嵌めによる大口径・長砲身後装砲の実用化、鋼製の純汽船の登場、装甲鈑用特殊鋼技術の進展などを指す。

(16) 人的要因から物的要因への転換の長い過程の背景には、いうまでもなく軍事における陸から海／空への重心移動という事態が作用していたのであるが、第一次大戦前期には、陸から海への重心移動が始まっていたに過ぎず、したがって、転換の認識も一部の用兵家や技術者を除けば未成熟で、共有されたものではなかった。

(17) 補給と兵站は軍事における人的要因と物的要因の接点にある事象だが、一九世紀後半以降はこれを生産力と技術という物的要因で解決しようとしてきた。

(18) 第二次大戦期の日本で物的要因を軽視した精神主義／観念論が横行したのは、単に日本の特殊性としてのみでなく、こうした人的要因から物的要因への比重転換の認識が形成される世界史的文脈においても捉え直すべきであろう。

(19) 経済面で自立を、軍事面で米との同盟を選択した第二次大戦後の西欧諸国は、経済と軍事の狭間＝兵器生産では、イギリスも含めたヨーロッパ内の共同開発・生産体制（＝ヨーロッパ規模の軍産複合体形成）を構築した。兵器産業はヨーロッパ統合史とNATO史双方の盲点といえよう。

(20) 自国軍の兵器需要も充分には［量のみならず質の面でも］満たせないほどに兵器産業が未熟な国・軍が兵器産業と密接な関係を結んでそれを育成しようとすること（畑野勇『近代日本の軍産学複合体――海軍・重工業界・大学――』創文社、二〇〇五年参照）と、浮沈激しい自国需要だけでは飽き足らないほどに兵器産業が成熟・肥大化した国で民間兵器企業と兵器開発体制を維持するために軍産複合体が形成されることは、似てはいるが本質的に異なる現象である。

(21) つまり、これは、移民やインフレの原因論としても通俗化して知られているディマンド・プルとサプライ［コスト］・プッシュのどちらかに一元化するのではなく、送受双方の関係の方を検出しようとする試みである。

(22) それ以前の第一期の共同研究の成果の一部は、社会経済史学会第七一回全国大会のパネル「イギリス兵器産業と日英関係――一九〇〇―三〇年代――」として発表され、それは奈倉・横井・小野塚『日英兵器産業とジーメンス事件――武器移転の国際経済史――』（日本経済評論社、二〇〇三年）に結実している。また、第二期の成果の一部は政治経済学・経済史学会二〇〇六年秋季学術大会のパネル「国際経済史研究における「武器移転」概念の射程」、および奈倉・横井編著『日英兵器産業史――武器移転の経済史的研究――』（日本経済評論社、二〇〇五年）として発表されている。また、第二期終了後の研究成果は、政治経済学・経済史学会の常設専門部会として二〇〇五年一〇月に発足した「兵器産業・武器移転史フォーラム」においてもしばしば発表されている。http://www.onozukat.e.u-tokyo.ac.jp/Forum_AT.html 参照。

(23) 社会経済史学会第七八回全国大会パネル「ドイツ第三帝国の軍拡政策と国際関係――軍縮と武器移転の総合的歴史研究――」（二〇〇九年九月二七日、東洋大学）、および政治経済学・経済史学会二〇〇九年秋季学術大会パネル「武器移転史のフロンティア――人・もの・武器の交流の世界史的意味――」（二〇〇九年一〇月二四日、岡山大学）

第Ⅰ部　武器移転史のフロンティア——人・もの・武器の交流の世界史的意味——

第1章　武器移転はいかに正当化されたか
——実態と規範——

小野塚 知二

1　はじめに

本章を含む第Ⅰ部は「武器移転史のフロンティア」という概念で括られている。ここでは、そのフロンティアとは武器移転史研究にとって何を意味しているのか、また、それが奈倉文二・横井勝彦を中心とした従来の武器移転史と何が異なるのか、さらに、そうした相違を踏まえて、フロンティアにまで拡張された武器移転史の地平を認識しようとする際に考察すべき論点は何かについて概観することにしよう。

2　「武器移転」概念の性格と武器移転史

「武器移転（arms transfer）」とは冷戦期の軍備管理や核拡散問題を論ずる際に国際政治学が編み出した概念であ

る。「武器移転」とは冷戦期の政策課題に対応した概念だから、初発より規範的な側面をもっていた。それは、大国のよしとする兵器と軍事の秩序から外れた現象を規制しようとする政策課題と密接に結び付いた概念として始まり、ついで、大国の関与する武器移転現象を問題視しようとする民間団体の運動課題とも結び付くようになった。(1)

こうした概念を歴史の世界に拡張した奈倉・横井を中心とする共同研究は、(2)規範的側面をいったんは捨象して、むしろ武器移転現象の実態的側面に注目して、次のように数多くの新しい論点を開拓してきた。すなわち、元来の武器移転概念では送り手・受け手ともに主として国家が想定されていたが、ここでは兵器の生産・取引に携わる民間企業が送り手として独自性をもつことが発見された。また、イギリスやオーストリア＝ハンガリー帝国などでは武器と技術の流出に対する国家関与がきわめて小さかったことが示唆された。

この共同研究では、武器移転が活発化した時期に注目して、一九世紀後半以降の世界史を武器移転史として再構成する提案もなされた。かつて筆者は、武器移転とは、兵器生産・取引と戦争のあり方の両面での特有の世界史的状況のなかで一八六〇年代以降に発生した現象であり、それ以前の時期の兵器および技術の越境移動をも武器移転の語で呼ぶのは概念の濫用に当たるとの試論的な枠組みを発表した。(3)すなわち、一八五〇年代以降の鉄鋼・機械・造船等の産業成熟により、大型・複雑・精巧な兵器の生産能力がイギリスで、ついで欧米諸国で確立することにより、武器移転の第一次的な送り手が形成された。こうした兵器は高価であるため自国からの安定発注を確保しがたく、巨額の投資を回収するために、国外市場へ売り込む必要が発生し、そのさまざまな手法が開発された（「死の商人」の形成）。他方、一八五〇〜九〇年代にアジア・南米を中心として、強兵策を推進する国家が軍事的優位をめぐる競争を始め、武器移転の受け手として登場した。このように送り手と受け手が形成された後、第二次大戦終期までの間に、戦争は人的要素（将官の資質や兵員数・練度・士気）よりむしろ物的要素（兵器の質と量）によって帰趨を決する方向に転換し、兵器の運用・修理・製造とその移転をめぐる問題はそれ以前より格段に重要となった。一九世紀前半までと比べて、世界は格段に武器移転的な性格を帯びるように変わり始めたのである。

多数の受け手と多数の送り手の登場およびそれら送り手間の競合・結託と、軍事史上の転換とが重なる時期であるがゆえに、奈倉・横井を中心に進められた研究の対象時期——これをここで仮に武器移転の古典的時代と呼ぶことにしよう——は、武器移転現象の事例が非常に多く、世界各地の受け手・送り手の間に複雑な移転関係が形成されたことが知られている。また、受け手国の多くが近代国家の体裁を整えつつあった時期であったこと、送り手側も複数事業部を擁する大企業であったことから、双方の文書記録が比較的よく残されており、利用可能性が高かったことも、この古典的時代の研究を進めさせる要因となった。

しかしながら、近年、武器移転史に関するこうした枠組みには収まらないが、無視しえない研究が陸続と登場するようになった(4)。本書の第I部はそうした新しい傾向に属する、武器移転史の地平を切り拓く可能性を秘めた三つの研究によって構成されている。すなわち、上述の世界史的状況よりはるかに古い一六世紀の事例、一九世紀後半ではあるが受け手が強兵策を推進する国家ではなく、また、移転したのも大型・複雑・精巧な兵器を中心とした軍事力ではない事例、および、冷戦以前に始まっていたアメリカ合衆国の武器移転政策を論ずる三つの研究である。この第I部は、古典的な事例以外にも軍備が国際関係の中で形成されたさまを示すこうした新たな研究によって上述の試論的な枠組みを相対化しつつ、武器移転史の可能性を拡張することを目指す。とはいえ、上の枠組みから時間的・空間的にはみ出た三つの事例をも包含しうる新たな武器移転の世界史像を具体的に構築することをただちに目指すのではなく、武器移転現象の規範的側面と実態的側面の関係に注目することで武器移転史のフロンティアを方法的に開拓することにしよう。

3　三つの論点

こうした新たな事例も含めて武器移転現象を見る際に必ず考察すべき論点を三つ整理することにしよう。

(1)　第一の論点：武器移転の目的・意図

まず第一は、兵器の介在する関係が取り結ばれ維持された、すなわち武器移転現象が発生した際の、送り手・受け手それぞれの目的ないし意図に関する論点である。武器移転現象は、有用物の生産・取引という面では経済現象であり、力・優位性の獲得あるいは力関係の変更という面では政治現象である。それはまた、技術や情報の交流をめぐる現象でもある。こうした意味で武器移転は兵器の介在しない他のさまざまな関係と同型性を有する。利益や力への欲望は武器移転現象だけに特別に作用しているわけではない。それゆえ、商店がパンを売り、消費者がパンを買う行為と、武器商人が兵器を売り、政府・軍が兵器を買う行為はどちらも同様の経済的取引であり、売り手と買い手の間に成立する関係には同型性を検出できるだろう。

しかし、そこにはパンと貨幣の交換とは異なる特異性があることにも注意する必要がある。人がなぜパンを欲し、パンがどこでいかに製造され、いかなる経路を流通しているのかについて、われわれは何らかのイメージを持つことができるし、パンの売買に作用する目的や意図はことさら問題にしなくても了解可能であると考えられている。兵器にはこの自明性が必ずしも成立しない。誰が、いかなる意図で兵器を欲望し、それはどこで誰によっていかに製造され、いかなる経路で取引され、いかなるメカニズムで価格や取引条件が決定されるかは直ちに了解可能なことがらではない。そもそも、たとえば「防護巡洋艦」や「山砲」のように過去の語であれ、「ＡＰＣ（装甲兵員輸送車）」といった現在も用いられる語であれ、それがどのようなものを指すのか具体的で明瞭なイメージを持つことすら決して容易ではない(5)。それゆえ、兵器の介在しない関係との間に同型性があるとはいえ、武器移転現象については、送り手と受け手双方の意図・目的に遡ってその関係の実態を明らかにしなければならないのである。

(2)　第二の論点：道徳的な非難と正当化

兵器の介在する関係とそれ以外の関係との相違は、こうした非自明性に尽きるわけではない。兵器は身体・生命・財産を傷つけ損なう道具であるがゆえに道徳的な問いを免れず、是非が語られるという点でも特殊である。上述の武器取引の非自明性も、単に関心や知識が希薄であるからだけでなく、こうした道徳的な評価や判断を回避したい心理の結果として闇に閉じ込められている可能性があるし、また、武器取引に関わる者はしばしば、道徳的な問いを避けるために取引行為自体をさまざまな仕方で隠蔽し、また道徳的な問いを麻痺させる正当化の言説で覆い隠してきたから、武器移転現象は素朴な関心のみでは理解しがたいのだとも考えられよう。

なお、麻薬などの依存性薬物、たとえば、歴史研究にもしばしば登場する阿片の取引も、道徳的な問いを免れえないという点で同様に特殊である。しかし、国家は麻薬取引に関与せずとも成り立つし、麻薬取引を撲滅する側に回ることが常に国家の存立を危うくするわけではないのに対して、国家は軍事や兵器から自由であることはできない。依存性薬物を用いない統治は可能であるが、いかなる暴力装置も用いない統治は、少なくとも現状では不可能だからである。

こうして、武器移転現象は道徳的な是非の問題としても立ち現れるのだが、それをくぐり抜けるさまざまな正当化論と隠蔽の中に溶解していく性格をもつことになる。武器移転はいかなる道徳的な問いに晒され、誰がどのようにしてそれを正当化し、道徳的非難を回避しようとしたのか、これが第二の論点である。それは道徳的な問いを正面から論駁しえたのか、何らかの詭弁やすり替えによって正当化したのか、あるいは、そもそも非難されうる事実そのものを隠蔽することによって突き付けられたであろう問いを回避したのか。また、必ずしも共有された道徳や法意識が成立しない国際関係において、非難や正当化はいかにしてなされたのだろうか。その具体的な姿を探ってみる必要があるだろう。それはとりもなおさず、第一次世界大戦前には武器移転を規制しうる権力側に兵器とその技術流出を問題視する視点がなかったという従来の見解の根拠を問い直すことにもつながるであろう。

なお、ここで、道徳的問いとは、世界宗教における平和思想——たとえば仏教の殺生戒、ラテン語典礼文の「われらに平和・平安を与えよ（Dona nobis pacem）」、イスラームにおける「サラーム（平和）」思想——のように一般的・抽象的な規範から発する問いを想定していない。なぜなら、同じ規範から「邪教に対する戦い」や「平和のための戦争」が正当化され、兵器は宗教の重要な表象とすらなるからである。むしろ、特定の時代・地域・社会において支配的な道徳や法意識から発するがゆえに、それを共有する者には無視できない問いこそが武器移転現象を特徴付けると考えられよう。しかも武器移転現象はしばしば、道徳や法意識を共有しない地域間の境界を越えて発生するから、送り手と受け手の双方に同じ問いが突き付けられるとはいえないし、また、文言上の同じ問いが送受双方に同じ意味を持つ必然性はなく、予想しえない反応を引き起こす可能性もあるだろう。

(3) 古典的時代と道徳的な問い

第三の論点に入る前に、第二の論点が従来の武器移転史研究の主たる関心事ではなかった事情について考えてみることにしよう。本章第2節では、武器移転の古典的な時代は送り手・受け手双方が厖大な史料を残しているがゆえに、その時代についての武器移転史研究がまず進んだと述べたが、これは現在の武器移転現象がしばしば闇の中に沈み、霧に隠されており、それゆえ、安全保障貿易管理はきわめて複雑難解な規定を設けなければ武器移転現象を炙り出すことができないのと比べると大きな相違を見せている。古典的時代の武器移転ははるかに大らかに語られており、契約翌日には新聞に秘密条項も含めて暴露されるほど開放的に報道されていた。この大らかさと開放性は武器移転史に取り組み始めた研究者にとって有利な状況であったが、それは武器移転をめぐる道徳的な問いとの関係では、古典的時代、殊に第一次世界大戦前の武器移転が、問いを麻痺させ、自らを正当化しやすい独特の言説の中に成立していたことを予想させる。

それは端的には、ナショナリズムや「民族の独立」、富国強兵、軍器独立など、この時代の武器移転の主要な受け手となった新興国に共通して観察される言説である。独立を保持し、国を守るために軍備を整えなければならないという時代にあっては強く疑われることのなかった言説は、兵器に対する道徳的な問いを麻痺させる作用を果たしたのである。むろん、この古典的時代にも、軍備計画が政敵から攻撃されないように、また贈収賄や兵器業者間の結託関係を隠蔽するために(6)、秘する必要がまったくなかったわけではないが、国家が兵器を購入することは一般には何らやましいところのないことがらであった。

ところが、第一次世界大戦後は、この状況は一変する。「死の商人」批判論の台頭、平和主義思想、殊に共産主義・社会主義と密接に関連した平和思想の隆盛、それらを背景として成立した海軍軍縮条約、そしてヴェルサイユ条約によって軍備を事実上禁じられたドイツと外交的に孤立したソ連の間の兵器開発協力など、第一次大戦後は、さまざまな問いと非難のまなざしから武器移転を守る仕掛けが何重にも構築され始めた時代であった。なお、第I部各章の扱う事例は、古典的時代のように道徳的な問いを麻痺させ武器移転を正当化する牢固とした言説が成立していない状況での、道徳的な問いのありさまを論ずるという点でも、従来の武器移転史研究にとってフロンティアに位置付けられる。

(4) 第三の論点:問いと実態の関係

最後に、それと関連してもう一つ問わねばならないのは、武器移転に対する道徳的非難と正当化が武器移転現象の実態におよぼした効果である。武器移転の是非、武器移転に対する非難と正当化の言説が登場することによって、武器移転という行為自体が再解釈・再構成されたと考えられるのだが、それは利潤衝動や力の願望など武器移転の動機・目的に対してどのように作用したのか、また再解釈・再構成によって、武器取引に関与する者たちの行動様式、いわば武器移転の実態的な側面には、どのような変化が起こり、武器移転という営みにどのような新たな特徴が与えられることになったのだろうか。武器移転をめぐる是非の問題が武器移転の実態的側面にいかなる特徴を付与したか、これが第三の論点である。

この論点は、古典的な時代に適合して武器移転現象の実態的側面を解明することに巧みであった従来の武器移転史研究が、内包を充実させるとともに外延を拡張するためには避けて通れない課題である。道徳的な問いを麻痺させ、武器移転を正当化する論理構造が、世界的な規模で成立していた古典的時代の一見おおらかな武器移転現象にも、どこかに問いと正当化の刻印があるはずだからであり、他方では兵器拡散に懸念と監視のまなざしが注がれている現在の武器移転現象を正確に認識しようとするなら、道徳的な非難がありながら有効な規制策の不足する中で、現象はわかりづらいものに変質し、容易にはその姿を現さないからである。現在の武器管理の国際的な取組の中で、透明性の確保こそは最大の関心事の一つであるが、透明性はゆえなく欠けているのではなく、非難と正当化の中で必然的に不透明化しているのである。

4　実態的側面と規範的側面の関係

このように、規範的側面と実態的側面の関係に注目することにより、武器移転の世界史的な意味――すなわち、必ずしも道徳や法意識が共有されていない世界において、軍事や兵器をめぐる思想がどのように変化・伝播したのか、さらには、それが、武器移転現象にどのような影響を与えたのかを考究するのが、この第Ｉ部の目的である。本書は武器移転の実態を明らかにするためにも、また実態がしばしば隠蔽されてきた事情を理解するためにも、上述のように武器移転現象が道徳的な問いと無縁ではなかったということ――初発の武器移転概念の規範的性格ではなく、武器移転現象そのものが免れることのできない規範的側面――に注目し、それと実態との相互浸透的な関係を明らかにすることを通じて、拡張された武器移転史の地平がより豊かな成果を生み出すことを期待している。規範的側面を究めなければ武器移転は規制できないし、研究対象としても究められないのである。

なお、何が移転するのか――小火器なのか、要塞技術、大砲・軍艦、あるいは航空システムなのか――も武器移転現象を具体的に考察しようとする際に注意しなければならない点である。移転する兵器や技術の種類は、時代と地域、送り手と受け手の組み合わせによって大きく異なるし、移転の意味や効果も大きく異なる。しかし、移転する兵器や技術の種類にのみ対応して一義的に移転の意味や効果が決まるのではなく、それは動態的に変化する。

たとえば、単なる小火器の移転でも、内戦中の一方の部族が旧式な狙撃銃しか装備していなかったのがカラシニコフ（ＡＫ47およびその改造・模造銃）を大量に供給されることによって、その地域の政治的・軍事的状況を一変させるように、戦略的な意味を持つことすらありうるし、特定の送り手と受け手の間に安定的な武器移転関係が維持されると小火器から始まった移転はより大規模な兵器システムの移転に容易に転化しうる。それゆえ、武器移転現象に突きつけられる道徳的な問いの意味も、移転する兵器・技術の種類のみで一義的に決まるとはいえないだろう。移転現象の実態とそこに突き付けられる問い、および両者の関係は、こうした動態の中でとらえられるべきことがらであり、そこにも武器移転史の重要な課題はあるが、本章はその点について何が問われるべきかは立ち入って考察していない。今後、武器移転現象の規範的側面と実態的側面の関係の動態分析に新たな研究の成果が追加され、議論が展開することを期待したい。

（1）国連の「武器貿易条約（ＡＴＴ）に関する決議」（二〇〇六年）に唯一反対したのがアメリカ合衆国、中国とロシアは棄権しているし、二〇〇八年決議にもアメリカが反対していることに端的に示されているように、三大国は武器貿易条約構想に阻害的ないし消極的な姿勢をとっているため、いまや大国こそが武器移転規制の最大の障害であるという国際世論すらある。

（2）代表的な著作としては、『日英兵器産業とジーメンス事件――武器移転の国際経済史――』日本経済評論社、二〇〇三年、『日英兵器産業史――武器移転の経済史的研究――』日本経済評論社、二〇〇五年。

（3）小野塚知二「日欧関係における兵器産業――第一次大戦前の武器移転の特徴と日本――」政治経済学・経済史学会二〇〇六年秋季学術大会パネル『国際経済史研究における「武器移転」概念の射程』、二〇〇六年一〇月二八日、明治大学。この概要は本書序章に含まれている。

（4）このように武器移転史研究が古典的事例を超えて、フロンティアを開拓するようになった理由は一様ではないが、国内的に見るならば、奈倉・横井・小野塚らによって始められた兵器産業・武器移転史フォーラム（政治経済学・経済史学会の常設専門部会の一つ）の活発な活動を通じて、若い世代の研究者との交流が進んだことと、軍事や兵器が歴史研究にとって日陰の存在（小野塚〔二〇〇三〕からごく当たり前の研究対象と認識されるようになってきたこと（歴史研究における「戦後の終焉」）を挙げることができるだろう。さらに、それらの背景として、武器移転管理や兵器拡散の問題に対する世界的な関心の高まりを見ることも不可能ではなかろう。

（5）ここに、兵器や軍事に対する強い関心や愛着が、いわゆる「オタク」の世界として成立する根拠がある。それは一般には具体的で明瞭なイメージをともなっては知られていない世界なのである。だが、「オタク」は兵器そのものには関心を示すが、その製造・取引といった経済的側面、また武器取引の政治的ないし社会的な側面を問うことは稀だから、それらは学問的に解明されない限り、日の当たらない闇に放置されたままになってしまうであろう。

（6）奈倉・横井・小野塚［二〇〇三］第4章、第5章を特に参照されたい。

第2章　近世東アジアにおける武器移転の諸問題
――ポルトガル、イエズス会、日本――

高橋裕史

1　はじめに

本書で考察されている主要なテーマは、一六～二〇世紀という、長期の歴史における「武器移転 arms transfer」現象である。一般に、武器移転の始期については、「兵器生産・取引と戦争の在り方の両面」に規定された結果、「一八六〇年代以降に発生した」と認識されている(1)。しかし武器移転現象は、一九世紀以前の段階においても見られた現象である。例えば、一三世紀のベルギー公国では、各種の武器が生産され公国内で流通している(2)。また武器移転がもたらした軍産関係や兵器製造の在り方などの「副産物」は、一九世紀と同様に、一六～一七世紀においても確認できる。一例をあげると、一九世紀末～一九二〇年代の日本海軍は、イギリスからの武器移転関係の中で兵器国産化の努力を重ねていた(3)。この事実は一六世紀半ば以降の日本でも、地域的限定があるとはいえ、火縄銃や火薬の国産化の努力が見られた事例に通じるものである。

他方、イエズス会の宣教師たちは、九州地方を中心とする在地領主に、硝石や弾薬等の武器類を提供していたが[4]、「武器移転」の観点から、これを再検討なり再構成なりしている研究は極めて少ないのが、当該分野に関する研究の現段階である。

「表2-1」は、一六〇七年段階でマニラに配備されていた大砲の数と、その製造地を示すものである。ヨーロッパ各地および南米等で製造された大砲が、東南アジアにもたらされていたことが判明する。また一六二一年頃のマカオでは、防御用の大砲が不足していたため、ディオゴ・バス・バボロの率いる使節がマニラに向かい、大型の大砲六門を入手してマカオに帰還している[5]。このように、一六～一七世紀のポルトガル領東インド領国では、武器移転が活発に行われていたのである。

そこで本章では、イエズス会ローマ総合古文書館所蔵の未刊行教会史料を主たる分析素材として利用し[6]、これに若干のポルトガル公文書なども加味して、一六～一七世紀のポルトガル領東インド領国と日本の双方における武器移転現象を、宣教師のそれへの関わりをも射程に入れつつ考察し、一九世に精緻化・大規模化する武器移転の「萌芽的な形態」が、大航海時代にも見られたことの歴史的意義、およびそれに伴う諸問題について論じることにする[7]。

2　ポルトガル領東インド領国と「武器移転」

(1)　東インド領国でのポルトガルの軍事活動と武器移転

一五一〇年にゴアを征服したポルトガルは、インド大陸に対する行政支配と同時進行的に、同大陸沿岸部に商館を開設して経済活動を展開し、各商館を遠洋航海航路で結びつけることで、広範にして排他的な「ポルトガル領東イン

表2－1　マニラ所在大砲一覧表（1607年7月段階）

所在地	数量	製造地域
Santiago 要塞	25門	マニラ13、メキシコ5、ポルトガル2、ペルー2、フランドル2、ジェノヴァ1
San Gabriel 小砦	7門	マニラ3、メキシコ2、ポルトガル1、フランドル1
Dilao 小砦	4門	マニラ2、メキシコ1、ポルトガル1
San Andres 小砦	6門	マニラ4、フランドル1、メキシコ1
San Pedro 小砦	6門	マニラ5、メキシコ1
Nuestra Señora de Guia 要塞	7門	マニラ6、不明1
La Playa 城塞	2門	マニラ1、メキシコ1
Armas 要塞	6門	マニラ2、フランドル2、アカプルコ1、イギリス1
Cavite（要塞？）	8門	マニラ1、フランドル1、不明6
ガレー船 Capitana 号	7門	マニラ5、アカプルコ1、イギリス1
ガレー船 Patrona 号	5門	マニラ4、アカプルコ1

出典：Colin, Francisco and Pastells, Pablo.［1902］pp. 228-230.

ド経済圏」を確立した。ポルトガルの軍事活動は植民地の獲得や敵対勢力の打倒を目的に実行された反面、これらの商館とインド航路、延いてはポルトガル領東インド経済圏の防御も、その重要かつ不可欠な目的の一環となった。そこでポルトガルは武器の製造や技術導入、軍艦の建造と艦隊の組織等を領国内で積極的に展開することになった。

東インド領国の軍事的経営と強化を、その内容に即して分析すると、①イスラム勢力や在地の敵対勢力からの攻撃／脅威を撃破するためのもの、②ポルトガルの支配勢力が弱い地域（アチェーやモルッカ諸島域など）に対する軍事攻略のためのもの、③要塞の軍事力強化のためのもの、④一六世紀末から本格化するオランダ勢力に対抗するためのもの、以上の四種に分類できる。この点をその当時、ポルトガル本国と東インド政庁との間で交わされた公文書で確認しておこう。一六一二年三月二六日付けで、ポルトガル国王がインド副王(8)に宛てた書簡には、次のように記されている。

十分に武装をした少なくとも十二艘のガレオン船から成る艦隊がインド領国に存在すれば、朕への奉仕にとって非常に適切である。すなわちそれは、モルッカ諸島の海域を監視し、インドから連れて来ることが可能なマスケット銃兵によってさらに一層其処を補強することにより、何らかの良き結果を齎すことが出来るであろう。〔……〕オランダ人の主要な意図は、彼らの諸艦隊に要する出費を支えるために、今日あの海域において掠奪を働くことのように思われるので、ポルトガル人はこのような手段によらざるを得ない。(9)

先の四分類でいうと、②と④に該当する指示といえる。一六〇七年一月一八日付け、リスボン発、ポルトガル国王のインド副王宛て書簡には、

朕は、一六〇五年三月十日付け書簡によってマカオ要塞化についての朕の見解を貴下に伝えるよう命じた。貴下が朕に書き送ってきた事により、さらには其処に城壁を回らせることの重要性や、短期間でそれをなすのに非常に好条件だといった事情を朕が承知していることでもあり、朕はとにかくそれを行わねばならないということを諒解する。(10)

とあり、マカオの要塞化について、国王自らが是認の意思表示をしている。先の分類③に該当するものである。インド副王も積極的に領国の軍事防衛を提言している。一六一八年二月三日付け、インド副王のポルトガル国王書簡への返書の一節には、興味深い文言が確認できる。

陛下への奉仕となるすべての事柄に私が臨む情熱と愛を込めて、次のように陛下に言上するのが私の義務だと思われる。すなわち、われわれが此処にいる間は、陛下が、ポルトガルから渡来出来る限り〔のガレオン船〕に、可能な限りの大砲を配備し、それらの〔ガレオン船の〕航海のために充分の人員を搭載して、渡来するよう命じることによって、このインディア領国においてガレオン船の大艦隊を作る。(11)

この副王返書には、東インド領国の防衛に必要な大砲の配備とガレオン艦隊の編成が、ポルトガル国王の果たすべき「軍事義務」として明言されている。

このようにポルトガルは、「海の防衛」と「陸の防衛」という二重の防衛構造によって、領国全体の「安全保障」を行っていた。この目的を遂行すべくポルトガルは、インド大陸諸他の地域に兵士、武器、艦隊等を送り込むことに

なったのである。

ポルトガルによる東インド領国での軍事活動には、対日武器供与もあった。これはさらに、日本の在地領主に対するものと、日本イエズス会に対するものとに分類できる。前者については一般に、下剋上の渦中にある在地領主が、富国強兵のために、ポルトガル人商人から硝石諸他の軍事品を入手した、という認識がなされている[12]。

しかし、これを武器移転史の文脈から再構成するならば、ポルトガルのデマルカシオンに属する日本への武器輸出という翻訳が可能となる。一四九四年六月七日付けで締結されたトルデシーリャス条約によって、日本はポルトガルのデマルカシオン（征服支配領域）に編入された。ただし、日本はポルトガルの植民地とはならなかったため、日本へは武器輸出という形態となったといえる。しかし九州地方の在地領主への武器転売によって、ポルトガルは日本を東アジアの武器輸出市場として、東インド領国のポルトガル経済圏に組み込み、日本は武器輸入を介して、ポルトガルの海外市場の一翼を担うことになった。ポルトガルによる日本への武器移転は、後に見るように、むしろ日本イエズス会への武器供給と同会自体の武装化を通じて鮮明な形を採って行われることになった。

(2)　軍事活動に関する諸種の事例

インド大陸に火器が、いつ、どこを経由してもたらされたのかについては、諸説あって詳らかではない。しかしポルトガルがインド大陸に進出する以前に、すでに火器は同大陸に存在していた[13]。

ポルトガル国王ジョアン三世は、自国の本格的なインド大陸進出に併せて、積極的に大砲等の製造に関与しただけではなく、砲術師や大砲鋳造師も育成し、また兵器廠や輜重隊の創設と改善に国庫財源を充当するなど、積極的に東インド領国への武器移転策を実行している[14]。一五二〇年代のポルトガルは、東インド領国に艦船六〇隻、砦六カ所を保有していたが、これらに装備された大砲は、都合、一〇七三門であった[15]。こうした、国王自らの軍事積極策、インド海域に出没する海賊対策、新たな土地を獲得する上での軍事攻略等の必要性から、インド海域に進出するポルトガル船は、一五三一年以降、火砲の搭載を義務付けられることになった[16]。

このような「海と陸の軍事力」は、ポルトガル領東インド領国自体の発展と共に膨張を始めた。その結果、一五八〇年代の東インド領国には、約二一基の要塞が存在していたが、一六三〇年代には四〇基と倍増する[17]。また現地の敵対勢力から貿易船と領国自体を防衛するために、一七世紀の東インド領国は複数の艦隊を機動させていた。そこで、ゴア市が一六三五年頃に保有していた、主な常設艦隊の規模とその年間経費を参考までに記す[18]。

①カナラ海岸艦隊。一〇〜一五隻のフスタ船団から成り、一隻に二〇〜二五人の兵士が乗船していた。この艦隊に要する年間経費は二万一千〜二万一七五〇クルザドであった[19]。

②機動艦隊。一五〜二〇隻のフスタ船団で、敵船の発見、要塞の護衛と臨戦が課せられた。年間経費は二万四七五〇〜二万七千クルザドであった。

③北方艦隊。一五〜二〇隻のフスタ船団で、グジャラート地方にあるスーラト、ディウ、ダマン、バサイン、シャウルの各要塞を守り、商船団の航海を護衛するなど、最も重要な常設艦隊であった。年間経費は一万五千クルザドを要した。

④コモリン岬艦隊。ガレー船一隻とフスタ船一〇隻から成り、一隻あたりの兵員数は二五人、マナル、ジャファナパタン、トラバンコール海岸、コウラン、コチン、クランガノルの各要塞を守った。年間二万〇〇二五〜二万一千クルザドの経費を要した。

右に記した主力常設艦隊の年間支出総額は、最大八万四七五〇クルザドで、同時期のゴア市全体の年間支出総額が約二〇万クルザドであったので、これらの常設艦隊の支出分だけでも、ゴア市全体の支出総額の約四〇%を占めていた[20]。一七世紀にポルトガルの軍備が拡張されたのは、オランダなどが東インド海域に進出し、インド大陸諸他の地域にはイスラム教徒や、これと結んだ在地の敵対勢力が存在していたためであった。そのためポルトガルは、インド西岸以西の地域やセイロン等で軍事施設を増強せざるを得なくなった[21]。それゆえ武器や軍事施設だけではなく、軍事活動に従事する人的側面においても整備と合理化が行われた。

一六一八年にポルトガル王室艦隊の終身総司令官に任命されたドン・アントニオ・デ・アタイデは、自らの職務や艦隊に関する一種の規定集を編纂しているが、その中には、艦隊の銃器や弾薬等に関する戦略的な情報が含まれている[22]。またアタイデ自身も砲手の選抜と訓練に非常に強い関心を持っていた[23]。このように一六〜一七世紀のポルトガルは、ハード、ソフトの両面において東インド領国における軍事と軍備の充実化を図って行ったのである。

ポルトガルの東インド領国での軍事活動の一環として、注目すべき事実がある。領国内の防御施設の補強費用を捻出するために、対日航海のための「日本航海権 viagem de Japão」を給付することが頻繁に行われていたことである。一例として、一六一〇年一一月一〇日付け、リスボン発、インド副王宛てポルトガル国王書簡の一節を紹介する。

朕は貴下に次のことを再び依頼せねばならない。つまり、あり得る最も穏やかな方法で前述のマカオの要塞化が行われるよう大いに尽力すること。〔……〕日本航海の売却代価の半分は朕の王室資産にいれることとし、それで大砲用の銅を購入してゴアに送付すること。そして他の半分はマカオの要塞化の費用に充て、司教・聴訴官・最年長の市会議員・ミゼルコルディア院長の命令によってそれに消費すること[24]。

日本航海権の売却益を、大砲の資材購入費と要塞化費に充当させるこの行為は、ポルトガルの対日貿易という経済行為を、東インド領国の軍事活動に置換させるものである。日本側から見た「南蛮貿易」がその枠を超えて、大砲のゴア移転という形態で、ポルトガルによる武器移転の一角を構成する要素として機能させられていたのだった。

(3) インド、マカオにおける武器等の製造

諸種の武器移転はもとより、領国の維持と経営を軍事面から支えるには、領国内での「武器の自給自足」を常態化することが不可欠である。そこで本節では、インドおよびマカオ両地での武器製造の実態を取り上げることにする。

ポルトガルによるインドでの武器製造は、ポルトガルのインド大陸経営と軍事活動の進展とともに本格化することになった。事実、歴代のポルトガルのインド総督は、弾薬はゴアでの、大砲はマカオでの製造を計画していた(25)。

インド大陸にあった主要な造船所はゴア、バサイン、コチン、ダマンで、特にゴアにはインドでは最も高度に組織されて整備の整った造船所と兵器工場が開設されていた(26)。またゴアには Ribeira Grande というポルトガル国王の泊地があり、そこには大砲鋳造所や鋳鉄場が設けられていた(27)。実際、ポルトガル政庁は一五九六年と一六一五年に、コチンで年間二隻のキャラック船を建造するよう命じ、これが不可能な場合は毎年一隻をコチンで、残りの一隻をダマンもしくはバサインで建造するよう指示している(28)。因みにバサイン、ダマン、コチンで建造されたキャラック船とガレオン船は、通常、ゴアに廻航された上で最後の仕上げが施され完成された(29)。

一方マカオでは、高性能・高品質の大砲鋳造家として名高いマノエル・タバレス・ボカロが大砲工場を稼動させ、アジア全域のポルトガル植民地や在地支配者に大砲を供給していた(30)。ボカロ家は三代にわたってゴアとマカオで大砲を製造し、これは一五八〇～一六八〇年のおよそ一世紀に及んだ。インド総督はボカロの大砲をマカオからゴアへ輸送し、ソロル、フローレス、ティモールに入植したポルトガル人も、ボカロの工場から大砲の供給を受けていた(31)。ボカロの製造する大砲は、東インド領国におけるポルトガルの軍事力と軍事活動を支えるほどの重要性を持っていたと思われる。事実ゴアのインド副王は、「閣下にご尽力いただきたいのは、このナウ船が到着して出発するまでの間に、必件のマノエル・タバレス・ボカロが大砲を一つ残らず鋳造できるようにすることである。またこの目的のために、必

要なお金と便宜のすべてを彼に与えるようご尽力いただきたい」と、ボカロに対する便宜供与を要請している[32]。

一七世紀には日本産の銅が大量にマカオに運ばれ、主にボカロの工場での大砲製造に使用された。また日本の銅の一部はマカオからゴアに移送され、ゴアでの大砲製造にも使用された[33]。日本産の銅はポルトガルの武器資材として輸出されていたのである。事実、一六三四年に行われたポルトガルの日本航海の目的の一つは、大量の日本銅をマカオとゴアの大砲工場に供給することであった。その時のカピタンであるロポ・サルメントは、マカオに四〇〇〇ピコ以上の日本銅をもたらし、その大半がボカロの工場で鋳銅砲の製造に使用された[34]。日本との国交断絶後もポルトガルにとって日本の銅市場に再参入することは重要であり、一六四七年に日本に向かったポルトガル使節の一行は、銅市場への参入を許可してもらうために派遣された[35]。

ポルトガルのデマルカシオンに包摂されていた日本は、日本航海権と銅の二つの側面から、東インド領国におけるポルトガルの軍事活動と武器移転を支えていたわけである。

3　一六～一七世紀ヨーロッパの軍事産業

ポルトガルの対外武力進出と、ゴアやマカオでの大砲工場の設営と大砲鋳造が可能となるには、当時のヨーロッパで、兵器製造や取引を中心とする軍事産業が成立していたことが不可欠の前提条件となることは想像に難くない。そこで本節では、一六～一七世紀のヨーロッパにおける軍事産業を、大砲を中心に概観する。

一六世紀ヨーロッパの主要な大砲生産地であるが、北海沿岸低地帯南部ではマリーヌ、ディナン、ナミュール、アントウェルペン、トゥールネ、モンスなど、ドイツはニュルンベルク、アウグスブルク、マリエンブルク、フランクフルト等で、イタリアはヴェネツィア、ベルガモ、ブレッシア、ジェノヴァ、ミラノ、ナポリであった。注目すべきは一五世紀後半～一六世紀前半、ドイツとフランドルの大砲のほとんどが、ポルトガルとスペインへの輸出を目的に製造されていたことである。(36)

ヨーロッパ北部ではスウェーデンでの大砲製造が顕著であった。スウェーデンは良質の銅、錫、鉄鉱石、広大な森林、水量豊かな河川など、大砲等の生産に必要な鉱物資源や自然条件に恵まれていた。スウェーデンは豊かな埋蔵量の鉄資源を基に中世の頃より製鉄業を積極的に展開し、(37)一五二〇年代には火器生産のための製造業が興った。スウェーデン王室も自ら大砲工場を所有して外国人技術者を雇用し、火器生産水準の向上を図った。恵まれた自然条件と王室による積極的な保護・支援策もあって、一七世紀のスウェーデンは、大砲を中心にヨーロッパ第一の兵器産業国となっていた。(38)

スウェーデンと大砲取引を行っていた国の一つがオランダである。オランダは一六世紀半ば以降、大砲への需要を急速に高めたが、その背景はスペインと恒常的に戦争状態にあったこと、海軍の組織化とさらなる武装化が必要だったこと、海外への商業的進出を本格化させていたことで、この時期のオランダはイギリスからも積極的に大砲を輸入していた。(39)一七世紀にイギリス産業が不振に陥ると、オランダは自国での大砲生産を開始した。マーストリヒト、ユトレヒト、アムステルダム、ロッテルダム、デン・ハーフなどに大砲工場を設け、日本やドイツなどから輸入した銅と錫で青銅砲の生産も開始した。(40)国内での大砲生産の一方で、オランダはスウェーデンとの取引を一七世紀以降、活発化させている。その理由であるが、相継ぐ戦争のせいでスペインとドイツにある兵站源を断たれていた状況のもとに、三十年戦争による武器の需要が高まり、オランダ国内の資本家や企業家がスウェーデンに埋蔵されている未開発の資源を投資対象としだしたからであった。(41)その取引の一端をスウェーデンからオランダへの輸出量から見ると、一六二六年の年間輸出量は二二トンであったが、三七～四〇年の年間輸出量は七八〇トンに達した。四一～四四年には年間九四〇トン、四五～七年の三年間には年間一一〇〇トンに及んだ。(42)

オランダでの大砲需要増を反映してドイツでも大砲製造が盛んとなった。ドイツでは早くも一六〇四年にアスラーの製鉄所が稼動していた。一六一二年にはオランダ人がマルスベルクにある六基の溶鉱炉のうち二基を掌握、二〇年代には鋳鉄砲の生産を軌道に乗せることに成功した。この結果、一七世紀中期以降にはドイツ西部での大砲生産が急成長した。この事態を前にスウェーデンの大砲製造業界はドイツを競争相手として意識し出した(43)。

次に一七世紀半ばのヨーロッパにおける主要大砲生産地を記すと、スウェーデンでは一六五〇年頃には年間一五〇〇～一六〇〇トンの鋳鉄砲の生産が可能であった。同じ頃のイギリスの年間製造量は一〇〇〇トン未満ではあるが、この二国が当時の最重要大砲生産国であった。他にバスクのビスカージャ、ロシアのトゥーラ、フランスのペリゴール等でも大砲が製造され、トゥーラでは年間二五〇～三〇〇トンの生産が可能であった。しかしこれらの地域の総生産量はスウェーデン、イギリスのそれを超えるものではなく、全地域を合わせた鋳鉄砲の最大生産能力は年間およそ五〇〇〇トンほどであった(44)。

こうした大砲取引では、その任にあたる大砲商人が存在していた。リエージュ出身の著名な大砲商人W・G・ド・ベッケは一五九五年にスウェーデンに移住し、同国の大砲産業を発展させた。エリアス・トリップという大砲商人は、アムステルダムやドルトレヒト等で大砲やその資材となる銅と鉄を商うほか、イギリスとロシアからは鋳鉄砲も輸入している。一六四〇年代にはペーター・トリップという商人が、ローレンス・ド・イェール、ガブリエル・マルセリスなどと組んでポルトガルの使節に大砲と弾薬を売却している(45)。先述したスウェーデンとオランダの大砲取引でもギヨーム・ド・ベッケ、エリアス・トリップ、ヤコブ・トリップ、ルイス・ド・イェールなどが主要な大砲商人として両国の取引を仲介した(46)。この時代にも「死の商人」が存在していたことになる。

一五世紀後半のポルトガルは一大「大砲市場」で、これはポルトガルの海外進出と貿易の進展に伴い、大砲への需要が国内で高まったからであった。ポルトガル国王は大砲、砲術師、大砲鋳造師をフランドル、ドイツから招聘し、アントウェルペンからは大量の銅も輸入して青銅砲の鋳造に用いた(47)。フランドルとドイツからポルトガルへ大砲という武器単体、そして砲術師と大砲鋳造師という技術の移転、すなわち武器移転が行われていたのである。ポルトガルは大砲の輸入と引き換えに西アフリカ産の金、象牙、黒胡椒、香料諸島産の各種香料をアントウェルペンに輸出していた(48)。つまり、東インド領国での征服事業の産物である交易活動自体が、ポルトガルとアントウェルペン間の「武器交易」を成立・促進させていたことになる。「霊魂と胡椒」に加えて、「武器と胡椒」もポルトガルの征服事業の目的かつ手段として機能していたのである。

ポルトガル国王は国内での大砲産業を活発化させるため、あらゆる種類の武器の輸入を無課税とした(49)。兵器廠や輜重隊の創設とその改善に国庫財源を充当したばかりではなく、こうした税制上の特権もポルトガル国内の大砲生産を刺激し、大砲を増産させたのであろう。大砲の増産には大砲鋳造の際の、量と質の両面での向上が不可欠であり、リスボンに王立大砲鋳造所が三カ所、民間鋳造所が二カ所設けられたことは、こうした戦略を反映したものである(50)。しかしポルトガルでの大砲増産は思惑通りに行かなかった。予備の砲、弾薬、弾丸が手に入らなかったからである(51)。そのため、先述したように、一六二一年頃のマカオでは防御用の大砲が不足し、ディオゴ・バス・バボロの率いる使節がマニラに向かい、大型の大砲六門を入手してマカオに帰還した(52)。この一件も、ポルトガルが領国内に大砲を十分供給できるほど量産化できていなかった実情を物語っている。

以上概観してきたように、大航海時代の草創期より、大砲を介した「武器の商業網」がヨーロッパの北と南を結び付け、複数の地域間での「大陸内」武器移転が行われていた。スウェーデンから起こった「大砲の波」が北から南へとポルトガルにも伝わり、さらにポルトガルの海外進出とともに大砲の波は「武器移転」現象として東へも伝わることになった。ポルトガルの東洋進出以前のヨーロッパ大陸における、大砲資材の産出地と武器の商業網の存在が「大陸外」武器移転、すなわち、ポルトガルの東インド領国への武器移転を招来かつ可能とする前提条件として機能することになった意義には大きいものがある。

4　武器移転とイエズス会宣教師

本節ではポルトガル領東インド領国において宣教・改宗活動を行い、短期間で教勢の拡大に成功したイエズス会宣教師による、ポルトガルを介した日本への武器の調達・供与、そして移転の実態について論じることにする。

(1)「外交儀礼品」から「軍需物資」へ

イエズス会宣教師による日本の在地領主や政治権力者への武器供与の在り方は、外交儀礼品としての武器の「献上」、有力キリスト教徒領主への軍事援助としての武器の「調達と供与」、主としてこの二つの形態をとって行われた(53)。

宣教師たちは外交儀礼品としての武器を政治的有力者に献上した。この目的は、ザビエルが大内義隆に「三つの砲身を有する高価な燧石の鉄砲」を贈呈したところ、大内が「非常な満足の意を示し、ただちに街路に立札を立てさせ、その中で、彼は、その市ならびに領国内で、デウスの教えが弘められるならば喜ばしいとも、誰しも望みのままにその教えを信じてもよいとも宣言し、それを周知せしめた(54)」ように、有力領主から布教許可を獲得して布教を行い、信者の獲得と教団の地盤固めをすることであった。武器を外交儀礼品として提供していた段階では、宣教師たちの側にも直接的な武器の使用は伴わっていず、また武力の実行主体ともなっていない。逆に供給を受けた在地のキリスト教徒領主の側こそ、武器の主体的な行使者であった。この段階での日本イエズス会は、あくまでもキリスト教徒領主から「保護される」側にあったからである。

日本布教の拠点である長崎の開港とそこへの定着までの間、宣教師たちは布教活動が保障される地を転々とし、局地的で不安定な活動を強いられていた(55)。このような不安定性から脱却するには、教団や布教に好意と理解を示す有力者、それもキリスト教に改宗した在地領主に武器を供与し、教団をその軍事的庇護の傘下に置く必要があった。ここに宣教師による武器の供与が実行されることになったのである。

(2) 在日イエズス会宣教師による武器の供与と在地領主

イエズス会の教勢が拡大し始めた頃の日本は権力闘争の渦中にあった。そのような戦乱の中にあって、九州の在地領主たちはポルトガル船の入港する港湾を抱え、舶来の軍需品を容易に入手できる条件に恵まれていた。一方、イエズス会東インド巡察師のヴァリニャーノは、「領主からの好意と援助がなければキリスト教徒の保持と進歩はなく、改宗の拡大も不可能である」と認識している(56)。この認識に立つならば、日本イエズス会の保護者である「キリスト教徒領主」の滅亡は、宣教師と信者を含む教団全体の滅亡をも意味していた。事実ヴァリニャーノは、「肥前地方では戦争と騒乱のために諸般の事情が攪乱して行っているので今年は何事も為し得まい。〔……〕我々全員は教化よりも、どこに避難でき、我々が当地に保有している、この僅かなものをどこに保護できるのかを考えることの方に追われている」との深刻な危機感を表明している(57)。そのため、キリスト教徒領主が存亡の危機にさらされた時、日本イエズス会は保護者と教団自体の破滅を回避し、併せて将来的な教勢をも潜在的に確保するために、武器の調達と供与を積極的に開始せざるを得なくなった。ここに教団は、武器を「外交儀礼品」から「軍事品」へと位置づけし、同時に「保護される」教団から「保護する」教団へと、自らのスタンスをも変えることになったのである。それを伝える教会側の史料を二点、訳出する。

まず、ロレンソ・メシアの、一五八〇年一〇月二〇日付けの「年度報告書」には、

有馬地方のキリスト教界が滅亡という大きな危機に晒されていたので巡察師〔ヴァリニャーノ〕は、貧者全員に

施していた喜捨に加えて食糧を大量に購入させた。その喜捨は貧者たちがカーサに請い求めに来ていたものである。彼は焼失した諸要塞も救済するよう命じ、その困窮の度合いに応じて食糧と金銭を自分でできる範囲でそれらの要塞に支給した。さらに鉛と硝石も支給した。以上を実行するにあたって巡察師は、ナウ船〔のポルトガル人たち〕とともに入念に準備をしていたのである。これらの物資には、およそ六〇〇クルザド近くが費やされた(58)。

とあり、ヴァリニャーノ主導による有馬晴信への軍事品の供与が確認される。末端の一イエズス会士ではなく、事実上のイエズス会総長代理である巡察師という職位を考える時、ヴァリニャーノによる軍事的梃入れは、イエズス会総長名代の直接指揮下での軍事活動であり、これ以降の在日イエズス会士による軍事活動の「正当性」という点では大きな方向性を与えた行為といえる。次の史料は、有馬晴信と龍造寺隆信との沖田畷の戦いに関する、一五九三年五月二九日付け、マニラ発、マルコ・アントニオの「証言録」の一節である。

有馬殿が肥前の王と戦争となった時に、肥前の王は大軍を抱えていたので、有馬殿に対して優勢であった。キリスト教徒である有馬殿は、イエズス会のパードレたちから援助を受けた。彼らは自らの所有する兵士と性能の良い大砲で武装したフスタ船で有馬殿を助けた。有馬殿がパードレたちから受けていた援助が原因で、肥前の領主は有馬殿に報復できなかった(59)。

ここで注目すべきことは、「イエズス会のパードレたち」が「兵士と性能の良い大砲で武装したフスタ船」を「所有」していたという点である。先のヴァリニャーノの援助行為は、ポルトガル船からの軍事品の「調達」であったが、後者の事例は、教団所有のフスタ船の供与である。この事実は、大砲を装備したフスタ船という軍船が長崎に移転され、教団に配備されていたことを示している。換言すれば、日本イエズス会の軍事活動が、従来のポルトガル船という「教団外」軍事力ではなく、「教団内」軍事力へと大きくシフトし、加えて軍船の装備に必要な大砲を中心とする武器が、教団によって「移転」されていたのである。

宣教師による武器供与の形態を関係イエズス会史料の記述で分析すると、①大友宗麟がベルシオール・カルネイロに大砲や硝石の調達を依頼しているように、キリスト教徒領主側からの要請によるもの、②前掲メシアの報告書に記されたヴァリニャーノの行動に見られる、宣教師側からポルトガル人への働きかけ、つまり「口利き」によるもの、③来航ポルトガル船からの自発的な供与によるもの(60)、以上の三形態に分類と集約が可能である。

武器の提供を受ける在地領主の側であるが、宣教師による「外」からの武器の調達と供与は、その調達ルートが絶たれると武器の入手は著しく困難となる。またキリスト教に改宗しないと宣教師ルートでの武器の入手も困難であった。このような不安定性と偏向性を解消するためにも、銃や大砲等の国産化による「内」からの調達と供給が不可避となった。これ以外にも当時の政治状況など、銃器の国産化を展開・加速化させる諸環境も作用し、鉄砲伝来から十有余年にして、各地で鉄砲の製造と流布が見られるようになった。

在地領主へ恒常的に武器を供与するには、教団自体がある程度の武器を備蓄・保有していることが前提となる。このことを裏書しているのが、一五九〇年に開催された、第二回日本イエズス会全体協議会の「諮問第三」に対するヴァリニャーノの裁決である。同諮問はイエズス会士による日本人領主の戦争行為への介入をめぐる諸問題を論じているが、ヴァリニャーノはその決議事項に関して、次のような裁決を下している。

要塞建築を引き受けたり、イエズス会が使うためであれ、戦時にキリスト教徒の領主たちを助けるためであれ、大砲、弾薬、鉄砲その他の武器や戦争資材 artillería ni municiones, espingardas y otras armas y aparejo de guerra を所有したり、キリスト教徒の領主のためにそれらを調達したりすることを禁止する。ただしパードレに同行して従僕が、海賊や盗賊の危険がある道や場所を行く際に使用するためならば、一部の武器を我々のカーサの適当なところに人目につかないように保管して所有することは構うまい。しかしそれらの武器も件の戦争に提供してはならない(61)。

武器の「所有と調達」を「禁止」するということは、まさにそれが実際に行われていたからであって、教団による各種武器の備蓄と保有が否定できない「事実」であったことを、この裁決は証しているのである。事実、同協議会の「諮問第四」の議事録には「件の要塞のためのものであれ、キリスト教徒の領主たちを救援するためのものであれ、ファルコネス砲、ベルソス砲その他、日本にある大砲は一つ残らずマカオへ送り、同地で売却されねばならないという点で全員の見解が一致した」(62)とあり、教団が各種の大砲を保有していたことも判明する。ただし教団によるキリスト教徒領主への武器供与を武器移転と看做せないのは次の理由による。①在地領主へ武器を供給して当座の危機を回避できれば当面の安全が教団に保障されるケースが多かったこと、②在地領主の側では自らの軍事力の欠如なり脆弱部分を補充できればよく、とりわけ火器国産化以降は、恒常的に教団からの武器供給を受ける必要性がさほどなかったこと、③龍造寺隆信による長崎攻略を除き、教団の存続を根本から揺るがすような脅威が少なかったこと等である(63)。そのため恒常的な武器の配備と移転の必要性はさほど高くなかったのである。

(3)　日本イエズス会の「武装化」と武器

長崎を活動拠点とする以前の日本イエズス会は、教団に友好的な領主の支配領域を転々として布教を行い、教勢の拡大と定着を図っていた。この事実は、キリスト教徒領主からの強固な保護を前提に、宣教・改宗活動を展開することを意味していた。キリスト教徒領主の下での教団に対する安全の保障があって初めて、キリスト教信仰で結束した宣教師、教会、信者という「キリスト教共同体＝教界」の誕生と存続が可能であったからである。

しかし教団の活動と存続を保障してくれる筈のキリスト教徒領主が、戦乱によって政治生命はもとより、肉体的生命をも失うことは、キリスト教共同体が異教徒領主の支配下に置かれて破壊され、教団の支配領域が消滅することを意味していた(64)。教団はキリスト教徒領主と運命共同体の一つ船に相乗りしていたからである。だからこそキリスト教徒領主へ武器を供給してその軍事力を増強させ、教団の安定を図らねばならなかったわけである。

一方、日本イエズス会は、教勢の拡大に伴って在日宣教師や信者が増加し、ヴァリニャーノ来日時の教団規模は、日本開教の頃とは比較すべくもなく大型化した。このことは、教団自体に自らの危機管理を請け負う部分が増大したことを意味する。原理原則的に教団を保護するのはキリスト教徒領主の側であったが、彼らには教団を保護するだけの軍事的な余力がなかった。そうしたキリスト教徒領主側の教団向け軍事力の欠如と脆弱さを、日本イエズス会は自らの手で埋め合わせなければならなくなった。この事実を明確に認識した時、日本イエズス会は従来の軍事的「他力本願」から軍事的「自力本願」へと、教団の危機管理に関する戦略を大きく転換することになったのである。それを決定的にした契機が、大村純忠によるイエズス会への長崎と、その周辺村落である茂木の寄進行為であった。

一五七〇年の開港以来、長崎はポルトガルの対日貿易の拠点として、同時に日本イエズス会の本拠地としても機能することになった。また長崎は、イエズス会の財務会計職を担うプロクラドールが駐在する、教団の経済的拠点でもあった。加えて長崎自体も、イエズス会と信者たちを中心に発展するようになった。したがって、日本イエズス会の心臓部である長崎が、龍造寺隆信その他の異教徒領主の手に落ちることは、日本におけるイエズス会の存在自体の決定的な破滅も意味していた。

このような最悪の事態を回避するには、長崎の軍事力強化を目的に大砲、火薬、弾薬などの武器を保有して長崎に配備することが不可欠であった。そこで、イエズス会日本布教長に下されたのが、巡察師ヴァリニャーノによる「長崎の軍事要塞化」の指令である。

キリスト教徒とパードレの裨益と維持のために、通常ポルトガル人のナウ船が来航する長崎を十分堅固にし、弾薬、武器、大砲その他必要な物資を供給することが非常に重要である。同じく茂木の要塞も、同地のキリスト教徒の主勢力が置かれている大村と高来の間の通路なので、安全にしてよく調えることが大切である。この両地は我々が管理する重要な地であるので、上長たちはそれらの地が十分に供給を受けるよう、大いに配慮し尽力することが適切である。そこで第一年目の今年は、それらの地を奪い取ろうとする敵からの、いかなる激しい攻撃にも堅固であるよう、要塞化に必要な経費を全額費やすこと。それ以後は、それらの地を一層強化し、大砲その他必要な諸物資をより多く供給するために、ポルトガル人のナウ船が支払うものの中から、毎年一五〇ドゥカドを費やすこと。長崎をより安全で堅固にするために、そこで生活できる妻帯したポルトガル人がさらに大勢居住するよう努めること。城壁を有したならば、彼らをその中の要塞に配置するのがよいであろう。このようにして、あらゆる危険に対して、より安全で堅固なものにするためである。さらに住人と兵士で以って長崎を強大にし、彼らの資質と能力に応じて全員に武器を持たせ、生じ得るあらゆる事態に備えること。(65)

この指令の中には長崎への「武器供給」という文言が確認できる。ここにおいて日本イエズス会は、自ら武器移転という行為に着手せざるを得なくなったのである。事実、当時の日本布教長ガスパル・コエリョは、在マニラのイエズス会士アントニオ・セデーニョに軍需物資の救援を要請するに至っている。

兵士、弾薬、大砲、兵隊に必要な食糧と、一～二年分の食糧購入用の金銭を十分に船載したフラガータ船を当地日本に派遣してもらいたい。〔……〕大砲と、これを操られる兵士を十分搭載した三～四隻のフラガータ船は日本では稀少なので、当地のキリスト教徒の領主たちからの援助もあるならば、この海岸全域を支配して服従しようとしない敵対者を疑いなく恐れさせることができる。(66)

要塞化に伴う長崎を中心とする軍事規模であるが、イエズス会とフランシスコ会双方の記録によると、イエズス会はそれ相応の量の武器を保有していたと思われる。一五八九年三月一〇日付け、長崎発、オルガンティーノのイエズス会総長宛て書簡の一節には、「〔準管区長のコエリョは〕火縄銃の弾薬その他の武器でもって、有馬の要塞の防御工事を行ったので、有馬には砲門がいくつも存在した」と記されている。(67)また一五九〇年一〇月一四日付けで、ヴァリ

ニャーノは長崎からイエズス会総長に宛てて、

件のパードレ〔コエリョ〕は命令と理性に反してフスタ船を造らせ、数門の大砲を購入した。〔……〕私は当地に到着すると、パードレ・コエリョが集めたすべての武器、弾薬をすぐ秘密裏に売却させた。またマカオで誰か我々の友の手を介して売却されるように、すべての大砲をナウ船に積み込むよう命じた。(68)

と報告している。さらにフランシスコ会のフライ・マルティン・デ・ラ・アセンシオンの報告書には、次のように記されている。

イエズス会のパードレたちは長崎の町を砲台、堡塁、濠、稜堡、大砲、弾薬、守備兵その他、町々を防備するのに必要な装備品で要塞化した。〔……〕また彼らは、自らの手にある港と村落を守るために何隻かの武装したフスタ船を所有している。〔……〕イエズス会のパードレたちは、一〜二重の柵で長崎に囲いをめぐらし、カーサの傍には稜堡を置いていた。そこには数門の大砲があり、長崎港の入り口を防御し、同じようにフスタ船を数門の大砲で武装していた。そのフスタ船の船長はイルマンで、彼は近隣にいる異教徒たちから長崎港を守っていた。(69)

右に訳出した三史料には、具体的な武器の保有量を示す数値こそ記されていないものの、ヴァリニャーノがあわてて「秘密裏」に売却させねばならなかったほどの武器が保有・配備されていたとみて大過ないであろう。そこで問題となるのは、それだけの量の武器をどこから調達していたのか、ということである。

大量入手が可能であったと思われる銃器類を例に考えると、種子島への鉄砲伝来から長崎の軍事要塞化まで三〇年余りが経過している。その間、鉄砲は種子島から根来、堺、国友に広がり日本での国産化が可能となっていた。こうした事情を踏まえると、イエズス会が日本国内で大量の鉄砲を調達していたのではないかとの推測が可能となる。しかしイエズス会は日本での教勢拡大に伴い、日本転覆の首謀者との激しい中傷を受けている。したがって、イエズス会が安易に国内で日本人から武器調達を行うことは、そうした中傷を自ら裏書することになるので現実的に困難である。そこで第一の調達先として、マカオから入手していたと考える方が妥当であろう。このことを推測させる史料が、前節で紹介した第二回日本イエズス会全体協議会議事録の「ファルコネス砲、ベルソス砲その他日本にある大砲は、これを一つ残らずマカオへ送り、同地で売却されねばならない(70)」という一節である。既述のように、マカオでボカロが大砲を鋳造し始めるのは長崎要塞化が決定された一五八〇年頃からなので、教団が長崎の武装化に必要な大砲をマカオに発注したことは、マカオと日本イエズス会との結びつきを考えても十分あり得たことであろう。

次に想起すべきは長崎の軍事要塞化の指令が出された一五八〇年という年で、この年にはフェリペ二世がポルトガル国王を兼任し、名目的ではあっても、イエズス会の保護者となった。そのため日本イエズス会は、公的にスペイン国王に保護を仰ぐ大義名分を手にできた。またマニラはミゲル・ロペス・デ・レガスピによる征服後、東南アジア海域におけるスペイン勢力の拠点として機能し、新大陸経由でスペインからの軍事力も配備され、日本からの要求にもある程度応えられる状況にあったとイエズス会側は踏んでいた筈である。これらの諸点と先に引用したコエリョの書簡から、武器の第二の調達先はマニラであったと考えられる(71)。

以上の考察の結果、次の諸点が明らかとなった。

日本イエズス会は、日本の中世末~近世へと至る戦国動乱期に布教活動を本格化させた。戦国動乱の時代は、イエズス会の日本での教勢拡大を促す社会的・宗教的条件となったが、同時に日本イエズス会が武器の供給と移転に従事せざるを得なくなる軍事的条件の一つとしても教団に作用することになった。

次に、日本イエズス会が頼みの綱としたキリスト教徒領主たちの「保護者」としての当事者能力を見限った時点において、日本イエズス会には保護者からの「軍事的自立」を実行する選択肢しかなくなった。これは、日本イエズス会が武器を介した軍事力の「供給者」から「行使者」へと、その立場を変える大きな転換点となった。このこともまた、教団の軍事活動を規定する二つ目の要因とならざるを得なかったといえる。そして、教団の軍事的自立と軍事力の行使者という姿勢の変化を糸口に、教団はさらに歩を進めてイベリア両国との軍事的連携を深め、それをより強固なものにしていくのであった[72]。

一方、日本イエズス会による軍事活動の進展と同時進行的に、「公儀」による日本の政治的統一も完遂されていった。この過程において公儀は「惣無事令」などの発布と施行によって、公儀以外の武力行使は「私的武力」の行使として厳禁した。したがって教団の武力行使は、たとえ教団の側から見て、それがスコラ神学で是認された正当戦争論を踏まえた「正戦」の条件を満たす公的なものであっても、公儀にとっては私的武力の動員と行使による私戦にほかならず、公儀の軍事専管権に対する明白な侵犯にほかならなかった。そしてイエズス会宣教師たちの日本における存在と宣教・改宗活動が、日本の武力征服と国家体制転覆のための手段であると位置づけられた時、宣教師たちの唱える「正戦」は公儀、延いては日本に対する「政戦」として受け止められ、公儀はキリスト教勢力の否定と排除を日本の「国是 ragióne di stato」として位置づけ禁教に踏み切った。ここに日本イエズス会による武器の供給等をはじめとする軍事活動は封印されることになったのである。

この間における日本への武器の供給であるが、イエズス会とポルトガルに取って代わったオランダが、成立期江戸幕府の軍事力増強の求めに応じる形で「商教分離」の原則に基づき、鉛や火薬などの軍需品を供給した[73]。その一方でオランダは、東南アジア海域における制海権の確立と勢力の拡大と安定化のために、平戸オランダ商館に武器の一時的移転と保管を行わせた[74]。しかし幕藩制国家の確立とともにオランダの武器供給活動は縮小し、東南アジア海域でのオランダの覇権が確立されると、オランダは平戸での貿易活動を中心に平和産業に従事し、「海賊」から「商人」へ転身せざるを得なくなった[75]。

以後、江戸期を通じての海外からの武器の供給・調達はほとんど見られなくなり、江戸時代後半における蘭学の発達や、幕末における海防体制の必要から、高嶋秋帆に見られる西洋砲術の研究、島津忠義によるグラヴァー商会からの洋式武器の購入など、全国的な藩政改革の一環として武器の購入・開発が展開されるまで、武器の日本への渡来は沈黙を余儀なくされることになったのである。

5 国家と修道会——武器移転をめぐる規範問題——

時代や地域を問わずに武器は「身体・生命・財産を傷つけ損なう」がゆえに、古来よりそれに対する「道徳的な問い」や「是非」という「規範」、もしくは「道徳的非難」による束縛を受けざるを得なかった[76]。ここから、次に記すような「三つの問い」が発生することになる。一つ目は、武器を介在させた「送り手」と「受け手」の関係構築とその維持の目的、二つ目は武器移転が是認された理由、三つ目は武器移転の是非が武器移転の実態に与えた特徴、以上である[77]。本節ではこの「三つの問い」に対する回答を順に記していくことにする。

「一つ目の問い」に対する回答であるが、㈠ポルトガル領東インド領国での武器を介在させた送り手と受け手の関係の目的の場合、この両者は共にポルトガル国家の体現者であったので、①武器移転によって東インド領国を維持・経営・支配してさらなる富を獲得して増大させ、拡充させた軍事力でもって新たな支配地の獲得を実現すること、②王室布教保護権により課せられた、東インド領国でのカトリック布教を推進・展開させるためにも、イエズス会の活動の安全と保護を「保証」かつ「保障」することが目的であった。㈡イエズス会と日本の在地領主の場合、送り手としてのイエズス会の目的は、①武器と引き換えに布教活動を展開して教勢の拡大を図るという宗教的目的と、②王室布教保護権の見返りとして、布教に友好的な領主やキリスト教徒領主の領内にナウ船を誘致してポルトガル商人に利益をもたらすことで、ポルトガルの国益に資するという世俗的目的、この二つであった。受け手である在地領主の場合は、宣教師を介して入手できる西欧渡来の軍需品で富国強兵化を実現して乱世の覇者になるという、明確な政治的・軍事的目的であった。このように、ポルトガル領東インド領国でのポルトガル、イエズス会、日本の在地領主との間の送り手と受け手の目的関係は多重構造的な性質を有していた。

「二つ目の問い」への回答であるが、㈠ポルトガル国王とインド総督の間で武器移転が是認されたのは、一つ目の問いへの回答の中で言及した理由による。それゆえ、ポルトガル国王とインド総督の間における武器を介在させた関係の目的と、この両者における武器移転是認の理由は見事に重なっている。㈡イエズス会の場合、日本の不安定な政情と教団の置かれていた危機的状況に対処し、教団とキリスト教徒領主の安定を確保するためにも「教団による教団のための」武器移転は是認されたと考えられる。第二回日本イエズス会全体協議会議事録の一節には、「日本では戦争が絶え間なく、戦争の行き着く先は極めて不確実である。そのため、心の中で我々のことを敵対者であると考えている者たちが勝利を収めるようなことが起きるならば、彼らは我々を敵として処置するので大勢のパードレが殺害され、キリスト教徒とイエズス会に深刻な破滅がもたらされる可能性がある[78]」とあり、日本イエズス会全体がこのような深刻な危機感を共有していたことが判明する。そのため教団は、大砲を主体とする各種武器の移転・保有・配備を実行することになったのである。

しかし諸種の経済活動に端を発してフランシスコ会等からの激しい非難を前に、イエズス会は日本での軍事活動の正当性の論拠を示さねばならなかった。そこで教団は、正当戦争理論を適用して自らの軍事活動を正当化した[79]。正当戦争理論は、日本イエズス会による軍事活動が、軍事力の「私的な行使」による「武力の私物化」ではないことを明らかにし、教団の軍事活動をスコラ神学的に裏づけする理論的支柱だったからである。教団が武器を供与した在地領主の場合、日本にはなかった西欧武器の入手と実戦での利用は、歓迎の対象であれこそすれ非難や否定の対象ではなく、その国産化も自国の強兵化を促進するものとして積極的に推進されるところとなった。

「三つ目の問い」への回答であるが、㈠ポルトガル領東インド領国では、武器を介在させたポルトガル国王とインド総督の関係樹立の目的と、武器移転是認の理由は表裏一体の関係にあった。それゆえ、この「目的と是認」二つの関係は、東インド領国における征服と支配を正当化して過激化させるという点において緊密度を高めることになった。㈡イエズス会の場合、まず在地領主との関係を見ると、日本開教から銃の国産化と流布までの間の期間は、イエズス会が武器の供給を餌に在地領主よりも優位な立場にあった。しかし信者の増加と教勢の拡大・定着、銃の国産化と各地への伝播が確立されると、武器の調達者としての宣教師の役割は総体的に後退し、逆に教団と武力との関係が日本征服嫌疑をもたらす運びとなり、(80)皮肉にも後の時代におけるイエズス会の日本からの追放の直接的な原因の一つを形成することになった。次にポルトガル国王との関係であるが、ヴァリニャーノやカブラルが中国征服を同国王に提言しているように、(81)武器が介在したことでイエズス会宣教師たちの、ポルトガル国王の「世俗外」能吏としての性格が一層強まることになった。(82)しかしこれは同時にイエズス会宣教師たちの修道精神や修道理念の退廃をもたらし、日本からの駆逐を加速化させることにもなった。

6　おわりに

以上、一六世紀末のポルトガル領東インド領国と日本における武器移転と、その周辺の諸問題について考察を加えてきた。これまで分析してきた事例から一般化できるところを以下に記す。

ポルトガル領東インド領国における武器移転に関する問題を、以下の㈠〜㈣の論点に着目してまとめると、㈠「ポルトガルによる武器移転」の場合、①東インド領国内でのポルトガルの軍事活動には、武器単体の移転、技術もしくは技術者の移転、ゴアやマカオ等での武器の再生産など、近現代の武器移転と兵器産業を構成する基本要素が既に確認される。②東インド領国経営の本格化とともにゴア、コチン、マカオに大砲鋳造工場が設けられて高性能の大砲が生産され、領国内各地に供給された。これは本国からの武器移転→植民地内再生産→植民地内自給自足という「越境する武器」の定着過程と形態を示している。③一七世紀以降のオランダの進出に対抗するため、ポルトガルは領国内の陸地に加えて、領国を取り囲む海域でのさらなる軍事活動を展開することになった。このことは、一六三〇年代のゴアに常設艦隊が四艦隊保有されていたように、武器の移転と保有・配備を一七世紀において総体的に拡大させた。④ポルトガル領東インド領国に見られる武器移転は二つの「類型」に分類が可能である。一つは、ポルトガル支配地の場合、技術と再生産を伴う移転である。第二に、支配地以外の、例えば日本の場合、武器本体の供与とその使用技術、生産技術の提供である。⑤ゴア市は兵士と砲手への支給金を市の財政の中から支出していた。ゴア市の財政に軍事関係の支出が予算として組み込まれていたわけで、軍事活動はゴア市行政の一環に編入されていたのである。⑥当時のポルトガル領東インド領国では、各地の要塞とインド貿易航路の防衛・維持が優先課題であったため、各種の武器を取引目的で他国へ大量に輸出する必要性は低かった。このため東インド領国では、領国外を対象とした兵器産業、延いては兵器取引が醸成される環境や条件等は少なかったと考えられる。

次に(二)「イエズス会による日本への武器調達・供与」の場合、①日本イエズス会は日本の国情や在地領主の政治状況を視野に入れ、武器の調達・供与と引き換えに布教許可を得ることに成功した。この過程において銃を中心とする火器が九州から近畿地方の間で普及し火器の国産化が展開された。②日本イエズス会は長崎に大砲その他の武器や弾薬、兵士を配備し、いわば「世俗外」軍事力の導入を行った。これは教団による軍事介入行為が、従来の武器の「供与」から「移転」へと変質したことを意味している。③日本イエズス会はキリスト教徒領主からの軍事援助と保護に見切りをつけ、これまでの「教団外」軍事力に依存せず、「教団内」軍事力を保有し行使するという戦略の転換を行うことにした。その局面変化に対応する形で大砲および諸他の武器の使用と配備が不可欠となり、ここに教団による武器移転が積極的に行われることになったのである。

㈢「インドと日本双方における武器移転」であるが、①ポルトガル領東インド領国での武器移転はポルトガルの武力進出・征服と連動して同時進行的に行われたが、日本の場合はイエズス会宣教師による布教許可の獲得、および教勢の拡大と維持という目的と連動して行われた点に武器移転をめぐる彼我の差異があった。②東インド領国での武器移転は、同領国の獲得・維持・経営のための軍事活動に不可欠な移転で、これにはさらに領国内での武器再生産も含まれた。日本の場合、武器供給はもとより武器に付随する諸技術（操作法や製造法）も伴っていた。この前提となっているのは、(a)宣教師やポルトガル商人など、基本的に「平和」活動に従事する階層が主体となって海外に進出し、自己の勢力を定着・拡大させる過程で必要となること、(b)中国や日本のように、武器の供給・移転地に強大な政治権力による国家と人民支配が確立されて高度な政体・文化・支配体制が見られ、ポルトガルによる征服行為が困難であること[83]、等である。③送り手と受け手であるが、東インド領国への武器の送り手はポルトガル国王、受け手はインド総督であった。一方、同領国内での送り手は総督、受け手は要塞司令官等のインド政庁関係者であった。これは送り手・受け手ともに同一国家という点で自己完結的な事例である。④イエズス会宣教師の求めに応じて行われた武器移転は、受け手が国家ではなく世俗外組織の修道会であり、特異な事例として注目できる。⑤イエズス会宣教師から日本の在地領主権力への武器供与は、送り手が修道会で受け手が地方権力という構図で、一般的な武器移転の送り手・受け手の在り方とは異なる形態である。以上、とりわけ③～⑤から判明するように、ポルトガル領東インド領国での武器移転に伴う「送り手」と「受け手」については、多元的かつ多層的な性格と現象が見られる。

㈣「その他」であるが、①武器「技術」の移転から日本への武器供給を考えると、種子島への鉄砲という武器単体の伝来よりも、むしろ鉄砲製造の技術が伝来したことの方に大きな意味がある。種子島には三挺前後の鉄砲しかもたらされなかったのに、短期間の内に各地で銃の国産化が展開したのは、当時の政情に加えて、銃の製造技術が移転されたからこそ可能だったからでもある。日本への武器移転ということであれば、むしろイエズス会による長崎要塞化と武器保有の方に注目すべきである。②イエズス会宣教師から日本の在地領主権力への武器供与は、国家関与の極めて少ない現象として把握可能かもしれない。しかし宣教師たちはポルトガルの軍事網に参入して武器をもたらしていたにすぎず、直接的にはポルトガルが深く関与していたので、上述のような把握をするならば、それは正鵠を射た理解ではないであろう。

最後に、本章で扱った「武器移転」概念の導入による、大航海時代に関する当該研究の可能性と有効性について付言しておきたい。

本章で扱った領域とテーマを、萌芽的「武器移転」の観点から分析する場合、その対象として有効なのは、やはりポルトガル領東インド領国の軍事規模や軍事構造であろう。東インド領国への武器単体の移動、技術移転、武器の再生産、領国内取引など、近現代における武器移転に連動する基本的な諸要素が、限定的ながらもすでに確認されるからである。

無論、研究上の課題も少なからず存在している。例えば一六世紀末の段階では、産業革命以降の鉄鋼業の広範な発展に基づく大規模な兵器産業あるいは兵器企業なるものが誕生し存在していたとは考えにくい。また技術移転といっても、兵器本体の製造技術、操作技術、修理技術などがあるわけで、そうした分業体制に基づく技術移転であったのか、またどの程度の規模の技術が要求され展開されていたのか、という点も解明されねばならない。当然、地域差による制約や条件なども考慮せねばなるまい。さらに近代以降の産業、技術、取引、企業の概念を、そのまま一六世紀という時代と世界に援用することの危険性も忘れてはならない。このような困難や課題があるとはいえ、大航海時代から絶対主義の時代、そして産業革命期を経て帝国主義時代へと至る広範な時空間を、「武器移転」や「兵器産業」という一本の糸で結びつける一起点として、一六世紀ポルトガル領東インド領国における武器移転と兵器製造の研究が有するであろう意義は、決して小さいものではない筈である。

大航海時代のポルトガルの海外進出史では、主にその進出の経緯や過程、あるいは個別植民地の経営に主たる研究の比重が置かれている。しかし、そうしたポルトガルによる海外進出と植民地経営の構造を解明するには、個別の軍事行為の実態だけではなく、東インド領国全体におけるポルトガルの軍事構造や軍事規模についても、分析のメスを加えなければならない。それにはポルトガル本国から東インド領国への武器の供給、技術者の派遣、領国内での武器の製造と供給分配など、さまざまな論点からの分析と再構成が必要である。同時にこの論点からの研究は、前史としての、また萌芽的形態としての「武器移転」史研究への道を拓くものになろう。一方、イエズス会宣教師による武器の調達・供給行為のさらなる解明にも困難が伴う。その理由であるが、まず宣教師が在地のキリスト教徒領主に対して軍事援助を行っていたとはいえ、それは基本的に武器の調達・供給の範囲を超えるものではなかったからである。また武器の製造や修理等に関わる技術の導入に、宣教師自らが日本で積極的に関わったという事実もさして見られないからでもある。(84) さらに教団自体がポルトガルの東インド領国における軍事経営に軍事要員として参入させられていたということも希薄であり、むしろ逆にポルトガルの軍事能力や武力を、教団の中に取り入れる姿勢が顕著であったからである。

以上の論点を今後の研究上の課題として指摘し、本章を終えることにしたい。

(1) 小野塚［二〇〇九］五頁。
(2) 詳細は Gaier, C. [1973] を参照のこと。
(3) 奈倉・横井・小野塚［二〇〇三］五頁、奈倉・横井［二〇〇五］二頁。
(4) 高橋［二〇〇六］一九九～二〇〇、二一七～二二〇頁。

（5）Boxer, C. R. [1963] p. 105.

（6）イエズス会ローマ総合古文書館 Archivum Romanum Societatis Iesu はローマのイエズス会本部内にあり、良質の関係一次史料を大量に保管している。本稿で利用した主たるイエズス会史料は、「日本・シナ部 Japonica-Sinica」に分類されているもののうち、日本関係のものである。イエズス会史料は四〇年ほど前より外部への公開と利用が行われており、特に日本関係の史料のほぼすべては、写真版本の形態で上智大学キリシタン文庫に所蔵されており、所定の手続きを踏めば閲覧と利用が可能である。ただしイエズス会史料はポルトガル語、スペイン語、イタリア語、ラテン語のいずれかの言語で記されているため、利用にあたってはこれらの言語の習得が前提となる。

（7）本章が考察の対象とする大航海時代が武器移転の始期の起点でないことはいうまでもない。本章はあくまでも一九世紀以降に大規模な展開を見せる武器移転の「前史」として、一六～一七世紀における武器移転現象を論じるものにすぎない。勿論、武器移転がいつ頃、どこで開始されたのかという問題を解明する必要性と重要性は言を俟たない課題である。

（8）ポルトガル領東インド領国に駐在したインド副王と総督について若干の説明を行う。ポルトガルの海外領で「副王 vice-rei」の統治が行われていたのは、東インドとブラジルだけであった。しかし東インドでは新大陸のスペイン植民地とは異なり、副王領が形成されなかったので、インド領国の首長は「総督 governador」であり、この総督の中に副王の称号を与えられた者がいたのである。東インドにおいて、国王名代として王権を行使できるのは副王だけであったが、領国統治に関して発給する勅令の様式にしても、副王号を帯びた総督と帯びない総督との間には基本的な差異はなかった。高瀬［二〇〇六］二九九～三〇〇頁。本章では史料で明記されている場合を除いて総督の名称で統一表記する。

（9）高瀬［二〇〇六］二一五～二一六頁。本章で引用したポルトガル国王書簡は、大航海時代にリスボンのポルトガル国王政府と、ゴアに所在したインド領国政庁との間で、両所の間を往復していたナウ船を利用して取り交わされた公文書の重要な一角を構成するものである。この公文書は折々の季節風（モンスーン）を利用して運ばれたことから「モンスーン文書 Livros das Monções」と呼ばれている。モンスーン文書はポルトガルの国王政府からインド領国政庁に発給された文書、ゴアからリスボンに発給されたインド領国政庁文書の写しからなり、継続して現存しているのは一五八四～一八六六年の分である。

（10）高瀬［二〇〇六］一三七頁。

(11) 高瀬［二〇〇六］三九六頁。
(12) 箭内［一九六三］九五～九七頁。
(13) Khan, I. A. [1981] pp. 146-164.
(14) チポラ［一九九六］二八頁。
(15) パーカー［一九九五］一四三頁。
(16) パーカー［一九九五］一五〇頁。
(17) 高瀬［二〇〇六］四一～四六頁。
(18) 高瀬［二〇〇六］五〇～五一頁。
(19) 通貨単位のシェラフィン xerafim は、ゴアのインド領国政庁が鋳造した銀貨で、基本的には一シェラフィン＝三〇〇レイスであった。一方、クルザド cruzado はポルトガルで鋳造されていた金貨ではあったが、東インド領国で使用されていたわけではなく、計算貨幣として用いられ、一クルザドは四〇〇レイスであった。ここから一シェラフィン＝〇・七五クルザドの換算率であったことが判明する。高瀬［二〇〇六］一三九、一五一頁。
(20) 高瀬［二〇〇六］五四頁。
(21) 高瀬［二〇〇六］四六頁。
(22) Boxer, C. R. [1984] Cap. IX, p. 33. なお参考までに『一六四〇年三月二〇日付け、アヴェイラス伯爵のための服務規程』の一節を訳出する。「すべての銃器が正しく装備されているようにすること。またさまざまな種類の口径用の砲弾を利用できるようにし、それを手際よく並べ、その砲弾に対応している銃に装着できるようにしておくこと。〔……〕乗組員たちは、天気が良く海上が非常に穏やかな時にはいつでも、火縄銃とマスケット銃の発砲練習をしなければならない。〔……〕船に搭載してある武器は一つ残らず、一五日ごとに火器係による点検、清掃、修繕を受けねばならない。同様に各種の銃器と砲架も定期的に手入れをし、あらゆる弾薬と軍需物資も戦闘行為に使用できる状態に保っておかねばならない」（Boxer, C.R. [1984] Cap. X, pp. 39, 40, 44）。
(23) Boxer, C. R. [1984] Cap. IX, p. 39.
(24) 高瀬［二〇〇六］一八四～一八五頁。

(25) パーカー［一九九五］一八〇頁。
(26) Boxer, C. R. [1984] Cap. I, p. 38.
(27) 高瀬［二〇〇六］五五頁。
(28) Boxer, C. R. [1984] Cap. I, p. 38.
(29) Boxer, C. R. [1984] Cap. I, p. 39.
(30) チポラ［一九九六］二四五頁。ちなみに一六三六年二月一一日付け、マカオ発、マノエル・ラモスの書簡の一節には「鋳造師のマノエル・タバレス・ボカロは、鉄を使って大砲の鋳造を引き続き行い、四五門の大砲を作り上げている。〔……〕それらは極めて良質のものである」と記されている（Boxer, C. R. [1963] p. 277）。
(31) Boxer, C. R. [1985] Cap. VII, p. 165.
(32) 一六三五年五月四日付け、ゴア発、インド副王リニャレス伯爵の書簡の写し。Boxer, C. R. [1963] p. 267.
(33) Boxer, C. R. [1931] p. 72., Boxer, C. R. [1963] pp. 8, 132, n. 276.
(34) Boxer, C. R. [1963] p. 139. ピコは重量単位で、一ピコは約六〇～六一 kgである。
(35) Boxer, C. R. [1931] p. 72.
(36) チポラ［一九九六］二九、三〇頁。
(37) Boëthius, P. B. [1958] pp. 148–149.
(38) チポラ［一九九六］四九～五一頁。
(39) チポラ［一九九六］四七頁。
(40) チポラ［一九九六］四八～四九頁。
(41) Boëthius, P. B. [1958] p. 150.
(42) チポラ［一九九六］五一～五二頁。
(43) チポラ［一九九六］五四～五五頁。
(44) チポラ［一九九六］六六頁。
(45) チポラ［一九九六］一六二～一六三頁。

(46) チポラ［一九九六］五一頁。
(47) チポラ［一九九六］三〇頁。なおマヌエル一世の治世（一四九五～一五二一年）には総計五二〇〇トン以上の銅が輸入されていた（チポラ［一九九六］一七九頁）。
(48) チポラ［一九九六］三〇頁。
(49) チポラ［一九九六］三一頁。
(50) チポラ［一九九六］一七九頁。
(51) パーカー［一九九五］一八〇頁。
(52) Boxer, C. R. [1963] p. 105.
(53) 高橋［二〇〇六］一九九～二〇〇、二一七～二一九頁。
(54) 松田他［一九七八］六〇頁。
(55) 高橋［二〇〇六］二〇四～二〇九頁。
(56) *Regimiento para el Superior de Japón, ordenado por el Padre Visitador, en el mes de junio del año de 1580*, Archivum Romanum Societatis Iesu, Jap. Sin. 8-I, f. 266.
(57) 一五七九年一二月五日付け、口之津発のイエズス会総長宛て書簡。Jap. Sin. 8-I, f. 237v.
(58) Jap. Sin. 45-I, f. 19.
(59) Colin, F. and Pastells, P. [1900] p. 67.
(60) 一五六六年一一月一五日付け、福田発、ジョアン・カブラルの同僚宛て書簡の一節に「ドン・バルトロメウはすべての異教徒との戦争に追われ非常に危険な状態にあった。〔……〕さらに大勢の敵が参集して彼と戦おうとしたが、口之津港にいた大勢のポルトガル人たちはこの事態に気づくと、彼に援助を申し出て数丁の火縄銃 alcuni archibusi を貸与した」とある。Jap. Sin. 6-I, ff. 179, 180.
(61) Valignano, A. [1954] pp. 649-650.
(62) Valignano, A. [1954] p. 601.
(63) 一五八四年までの日本イエズス会の各種報告には、龍造寺隆信による教団への圧迫が記されていたが、彼の戦死以後の報告書には、そうした記述がほとんどなくなっている。高瀬［一九七七］一〇七頁。

（64）一五七九年一二月五日付け、口之津発、ヴァリニャーノのイエズス会総長宛て書簡の一節には「この有馬と大村の二名の領主は非常に弱体なので、龍造寺 Riosogi はあらゆることを望むままに、しかも極めて容易に彼らに行うだろうと思われる。それゆえ、龍造寺が有馬と大村の地の全キリスト教界を破滅に追いやるのではないか、と我々は非常に心配している」と記されている。Jap. Sin. 8-I, f. 237v.

（65）*Regimiento para el Superior de Japón, ordenado por el Padre Visitador, en el mes de junio del año de 1580*, Jap. Sin. 8-I, ff. 262-262v.

（66）一五八五年三月三日付け、有馬発の書簡。Jap. Sin. 10-I, ff. 23, 23v.

（67）Jap. Sin. 11-I, ff. 71-71v.

（68）Jap. Sin. 11-II, ff. 234v, 235v.

（69）Alvarez-Taladriz, J. L.［1973］pp. 87, 124, 200.

（70）Valignano, A.［1954］p. 601.

（71）その頃のスペイン人はマニラに良質の鋳造所を所有して銃器などを大量に生産し、それらの武器をマニラやガレオン船の要塞化に用いていた。Boxer, C. R.［1985］Cap. VI, p. 10.

（72）高橋［二〇〇六］二二六～二三〇頁。

（73）岡田［一九八三］八五～九四頁。

（74）加藤［一九八六］一四～二三頁。

（75）加藤［一九九三］九八～一〇六頁。

（76）小野塚［二〇〇九］六頁。

（77）この間は、二〇〇九年一〇月二四日、岡山大学を会場に開催された「政治経済学・経済史学会秋季学術大会」におけるパネル・ディスカッション②「武器移転史のフロンティア——人・もの・武器の交流の世界史的意味——」において、問題提起者の小野塚知二氏より高橋、竹内、高田の三報告者に対して出されたものである。

（78）Valignano, A.［1954］p. 599.

(79) 高橋［二〇〇六］二三四～二三五頁。
(80) ちなみにヴァリニャーノは、第一次日本巡察に関する公式報告書の中で「日本の領主たちは、我々が日本で何がしかの悪事を企てているのではないか、もし自分たちの諸領国のキリスト教化を許せば、日本で我々を維持してくださっているポルトガル国王陛下のために、我々がキリスト教徒とともに反乱を起こすのではないか、との強い疑惑をかねてより抱いている」と書き残している。Valignano, A. [1954] p. 147. 松田毅一他［一九七三］六三頁。
(81) 高瀬［一九七七］八一～八四、九一～九八頁。
(82) ヴァリニャーノはポルトガル領東インド各地域を巡察後に、その公式報告書である『東インド管区とその統轄に関する諸事の要録』を一五八〇年八月に長崎で脱稿している。この報告書の中には、ポルトガル国王の能吏としてのヴァリニャーノの提言が幾多も確認される。一例をあげると、東インド領国の統治に関してヴァリニャーノは、「インドが的確に統治されるならば、ポルトガル国王陛下は〔インドに対して〕強大な支配力を掌中に収められることであろうし、改宗を拡大し、またポルトガル領東インド領国を増大させるための機会が、日を追うごとに増すだろう。しかしポルトガル国王陛下の支配力が弱ければ、ポルトガル人と原住民には一層深刻な困難が色々と生じるであろう。これは、インドが的確に統治されていた時の経験が常に明示してきている通りである。インドの善き統治は、その一切がインドの指導者たち、すなわちインド副王と総督たちにかかっている」と主張し、当時、何かと不正行為で批判を浴びていたインド総督ら、駐インドポルトガル政庁関係者の綱紀粛正の必要を求めている。Valignano, A. [1975] p. 280. 高橋［二〇〇五］三二六頁。
(83) 例えば来日して四カ月ほどの時点でヴァリニャーノは、対日武力征服の可能性に関し、一五七九年一二月二日付け、口之津発、イエズス会総長宛て書簡で「たとえ外国人の兵士が古代のローマ人よりも強大な軍事力を持っていようとも、日本は外国人の兵士の手で征服され得ない。その理由であるが、日本はこの世で最も堅固で険しい土地であり、また日本人は、交際し得るとしても、最も好戦的だからである。というのも、一番身分の低い百姓や漁師でさえ、いつも武器を所持し、絶え間のない戦争状態に置かれ、非常に意志堅固だからである。そのため、彼らが刀 catanas に手をかける時には、いつも人を殺して〔自分も〕死なねばならないと決意をしているからである。また彼らは、自然のままで難攻不落の要塞を数多く所有している。なぜなら、それらの要塞は高い場所だけではなく、非常に険しい山の中にもあるからである。日本人は極めて大勢だし、しかも海に囲まれた島々にもいるため、彼らに対抗できる強国も兵士も存在しない」と報じている。Jap. Sin. 8-I. ff.

235v-236.

（84）一七世紀半ばの中国で布教活動を展開したイエズス会宣教師の中には、中国宮廷からの依頼を受けて、大砲製造を行ったり、大砲製法に関する技術書を著したりする者がいた。詳しくはチポラ［一九九六］二三五～二三七頁。

史料

松田毅一・佐久間正・近松洋男訳注、ヴァリニャーノ『日本巡察記』平凡社（東洋文庫二二九）、一九七三年。
松田毅一・川崎桃太訳注、フロイス『日本史　六』中央公論社、一九七八年。
高橋裕史訳注、ヴァリニャーノ『東インド巡察記』平凡社（東洋文庫七三四）、二〇〇五年。
高瀬弘一郎訳注『モンスーン文書と日本——十七世紀ポルトガル公文書集——』八木書店、二〇〇六年。
Valignano, Alessandro. a *Sumario de las cosas de Japón*, ed., José Luis Alvarez-Taldriz, Tokyo, 1954.
Valignano, Alessandro. b *Adiciónes del Sumario de Japón*, ed., José Luis Alvarez-Taldriz, Osaka, 1954.
Valignano, Alessandro. c *Sumario de las cosas que pertenecen a la India Oriental y al govierno de ella* in *Documenta Indica*, vol. XIII, ed., Josephus Wicki, Romae, 1975.
Archivum Romanum Societatis Iesu, Jap. Sin. 6-I, 8-I, 11-I, 11-II, 41, 45-I.
Alvarez-Taladriz, José Luis. ed., *Documentos Fransiscanos de la Cristiandad de Japón (1593-1597)*, Osaka, 1973.

研究書等

生田滋『大航海時代とモルッカ諸島——ポルトガル、スペイン、テルナテ王国と丁子貿易——』中央公論社（中公新書一四三三）、一九九八年。

宇田川武久「近世初頭における火器の普及と生産」『国立歴史民俗博物館研究報告第25集』国立歴史民俗博物館、一九九〇年。

岡田章雄『日欧交渉と南蛮貿易』岡田章雄著作集Ⅲ、思文閣出版、一九八三年。

小野塚知二「パネル・ディスカッション②武器移転史のフロンティア——人・もの・武器の交流の世界史的意味　問題提起」『二〇〇九年度政治経済学・経済史学会秋季学術大会・総会　報告要旨』政治経済学・経済史学会、二〇〇九年。

加藤榮一「「平戸時代」前半期のオランダ船日本貿易の実態」『たばこと塩の博物館研究紀要第二号　紅毛文化　日蘭貿易とその影響』一九八六年。

加藤栄一『幕藩制国家の形成と外国貿易』校倉書房、一九九三年。

杉山博「中国・朝鮮・南蛮の技術と軍事力」『岩波講座日本歴史8　中世4』一九七六年。

高瀬弘一郎『キリシタン時代の研究』岩波書店、一九七七年。

高橋裕史『イエズス会の世界戦略』講談社（選書メチエ三七二）、二〇〇六年。

チポラ、カルロ・M『大砲と帆船』大谷隆昶訳、平凡社、一九九六年。

奈倉文二・横井勝彦・小野塚知二編『日英兵器産業とジーメンス事件——武器移転の国際経済史——』日本経済評論社、二〇〇三年。

奈倉文二・横井勝彦編『日英兵器産業史——武器移転の経済史的研究——』日本経済評論社、二〇〇五年。

パーカー、ジェフリ『長篠合戦の世界史』大久保桂子訳、同文舘、一九九五年。

箭内健次「南蛮貿易」『岩波講座日本歴史9　近世1』一九六三年。

Boëthius, B. "Swedish Iron and Steel, 1600–1955" in *The Scandinavian Economic History Review*, 6.

Boxer, Charles Ralph. "Notes on Early European Military Influence in Japan (1543-1853)" in *The Transaction of the Asiatic Society of Japan*, second series, vol. VIII, 1931.

Boxer, Charles Ralph. *The Great Ship from Amacon: Annals of Macao and the old Japan Trade 1555–1640*, Lisboa, 1963.

Boxer, Charles Ralph. *From Lisbon to Goa, 1500–1750: Studies in Portuguese Maritime Enterprise*, Great Britain, 1984.

Boxer, Charles Ralph. *Portuguese Conquest and Commerce in the Southern Asia, 1500–1750*, London, 1985.

Colin, Francisco and Pastells, Pablo ed., *Labor Evengélica, Ministerios Apostolicos de los Obreros de la Compañia de Jesus, Fundación y Progressos de su Provincia en las Islas Filipinas*, tomo II, Barcelona, 1900.

Colin, Francisco and Pastells, Pablo ed., *Labor Evengélica, Ministerios Apostolicos de los Obreros de la Compañia de Jesus, Fundación y Progressos de su Provincia en las Islas Filipinas*, tomo III, Barcelona, 1902.

Gaier, Claude. *L'Industrie et le Commerce des Armes dans les Anciennes Principautés Belges du XIIIme à la Fin du XVme Siècle*, Paris, 1973.

Khan, Iqtidar Alam, "Early Use of Cannon and Musket in India: A. D. 1422–1526" in *Journal of the Economic and Social History of the Orient*, vol. XXIV/Part II, 1981.

第3章　イギリス帝国主義と武器＝労働交易

竹内　真人

1　はじめに

本章で考察対象とする「武器移転 arms transfer」は、これまでの武器移転史研究において考察されてきた大型・複雑・精巧な兵器の移転ではなく、一八世紀から一九世紀までの時期にアフリカと南西太平洋諸島で行われた銃（小火器）の移転である。(1) この武器移転は奴隷や年季契約労働者という植民地労働力を獲得する民間の武器＝労働交易業者によって行われ、銃の移転を推進するためのイギリスの国家的関与は概して希薄であった。(2) 一方、イギリス政府は奴隷貿易廃止以後の時期にアフリカと南西太平洋地域の武器＝労働交易に対する規制介入を行っている。(3)

アフリカにおける武器＝労働交易が奴隷貿易商人によって行われていた点については、先行研究史上でも十分に考察されてきた。すでに『アフリカ史雑誌 *Journal of African History*』誌上では「奴隷貿易と銃貿易とアフリカ社会の破壊との関連」をめぐって活発な議論が行われ、奴隷貿易商人がアフリカの諸部族に銃を供与して奴隷狩りを行わせていた事実が指摘された(4)。一方、一九世紀後半期の南西太平洋諸島でも武器＝労働交易が行われ、年季契約労働者としての島民の募集が行われたが、先行研究を振り返ってみても、その実態に関する考察は十分になされていない(5)。

そこで本章では、南西太平洋武器＝労働交易をアフリカの武器＝労働交易と比較しながら分析し、なぜ銃が南西太平洋諸島で容易に拡散してきたのかを考察する。その際、武器＝労働交易の実態とそれに対するイギリスの規制介入との間の関係に注目し、武器＝労働交易がいかに行われ、それに対してイギリス政府がいかなる規制措置をとったのかを分析する。本章では、「帝国主義」という概念を、一つの国(本章ではイギリス)がその国境線を越えて世界の諸地域をさまざまな手段を使ってコントロールないし支配することと定義するが、なかでもイギリス宣教師が武器＝労働交易規制に果たした役割を重視する。というのも、一九世紀にイギリスが海外での植民地労働者の「保護」を進める上で、宣教師が極めて重要な役割を果たし、しかもそれがイギリス帝国の拡張を促していく側面もあったからである(6)。それゆえ本章では、宣教師と国家権力(イギリス政府、西太平洋高等弁務局、イギリス海軍)との関係に注目し、両者がどのような関係にあったのか、また、イギリスの規制介入が南西太平洋諸島民をどの程度「保護」したのかを考察する。

以下、まず第2節では、一九世紀後半期に行われた南西太平洋武器＝労働交易を一八世紀の大西洋奴隷貿易と比較し、その両方に共通した銃の拡散構造を明らかにする。続く第3節では、イギリスがなぜ南西太平洋武器＝労働交易の規制に踏み切ったのか、その原因を奴隷貿易廃止運動の時期にまで遡って究明する。その後第4節では、その規制措置がどの程度の実効性を持ち、南西太平洋諸島民をどの程度「保護」したのかを考察する。

次節では、南西太平洋武器＝労働交易をアフリカの武器＝労働交易と比較し、武器＝労働交易がいかに行われ、その結果、どのような種類の銃が同地に拡散していたのかを考察することにしよう。

2　武器＝労働交易による銃の拡散構造

(1)　大西洋奴隷貿易における武器＝労働交易

大西洋奴隷貿易は、イギリス、西アフリカ、西インド諸島の三極間で行われ、一八世紀に最盛期を迎えた貿易システムである。この奴隷貿易で流通した商品に注目してみると、イギリスから西アフリカには綿織物、鉄製品、ラム酒、ビーズ、銃などの商品が、西アフリカから西インド諸島にはこれらの商品と交換された奴隷労働力が、西インド諸島からイギリスには砂糖などの熱帯産品が輸出されていたことがわかる(7)。

この奴隷貿易によって約一〇〇〇万人の奴隷が一五世紀から一九世紀までの四世紀間に西アフリカから輸出されたが(8)、その奴隷と交換する目的で同地に輸入された商品のなかでも、銃と弾薬が最高の奴隷獲得能力を示していた。それゆえヨーロッパの奴隷商人は、奴隷を獲得するために、毎年二八万三〇〇〇丁から三九万四〇〇〇丁もの銃を西アフリカの諸部族に輸出し、そのうちイギリスが輸出した銃は毎年一五万丁から二〇万丁程度であったと推計されている(9)。大西洋奴隷貿易において、「銃と奴隷の交換関係(10)」、すなわち武器＝労働交易が極めて重要な役割を果たしていたことが明らかであろう。

「武器の送り手」である奴隷商人の目的はこうした奴隷労働力の確保にあったが、一方「武器の受け手」である西アフリカの諸部族も銃を「最高の価値ある商品」とみなしていた。なぜなら、銃を保持することによって、彼らは「力」と「威信」を獲得できたからである。それゆえ、西アフリカの諸部族は、奴隷商人から大量の銃を獲得しようとし、近隣諸部族に対して積極的に奴隷狩りを行うようになった。こうして、西アフリカにおける部族間抗争は激化し、奴隷狩りの結果、西アフリカの人口は著しく減少することになった[11]。

大西洋奴隷貿易によって西アフリカに拡散した銃の種類を考察すると、それは主として燧発式マスケット銃（前装滑腔銃）であり、その多くがバーミンガムの小銃製造業者によって生産された銃だったことがわかる[12]。燧発式マスケット銃は火縄銃よりも煙が少なく、特に夜間での奴隷狩りに適していたから、西アフリカの諸部族はとりわけこの燧発式マスケット銃を好んだという[13]。こうした銃の三八・五％は粗悪な銃であり、撃てばすぐに爆発してしまうような「奴隷銃 slave guns」も多かったが[14]、「タワー・マスケット Tower musket」と呼ばれるイギリスの軍事用マスケット銃（ブラウン・ベス銃）も西アフリカには輸出された[15]。しかし、奴隷商人は西アフリカ諸部族への銃の供給をそれほど危険なものとは考えなかった。なぜなら、燧発式マスケット銃は雨や湿度の高い天候では点火しえず、それゆえ槍の代わりにしかならないことが多かったからである[16]。とはいえ、奴隷を傷つけずに捕獲することを目的とする部族間抗争においては、銃の殺傷能力は低い方が好ましかった。こうして武器＝労働交易が活発に行われた結果、西アフリカには大量のマスケット銃が拡散することになったのである。

(2) 南西太平洋の武器＝労働交易

南西太平洋武器＝労働交易は、一八六〇年代以降の時期に南西太平洋諸島（メラネシアとミクロネシア）で行われた労働力募集であり、約八万九五〇〇人の島民が植民地労働者としてオーストラリアのクイーンズランドとフィジーの英領植民地に移送された[17]。この労働力募集は、イギリスの法規制がかけられた年季契約労働システムのもとで行われ[18]、後述するように一定の労働契約期間後に島民を島に戻す規則が課せられていた。しかし、その交易実態は大西洋奴隷貿易と酷似しており、銃と交換に労働力を募集する武器＝労働交易が行われた。

南西太平洋諸島での労働力募集は、「労働契約」によるよりも、むしろ物々交換によって行われ、トレード・ボックス trade box と呼ばれた箱に詰め込まれた多様な商品と交換に労働力が募集された。労働交易船ボブテイル・ナグ *Bobtail Nag* 号に乗船したW・E・ジャイルズは、一八七七年に行われた労働交易の実態を記した回顧録の中で、トレード・ボックスには、綿織物、ナイフ、タバコ、ビーズ、銃や弾薬などの商品が詰め込まれており、「これらの贈り物の助けがなければ、労働力を募集することは不可能であっただろう」と指摘している[19]。しかも、多様な商品のなかで、特に南西太平洋諸島民が好んだものは銃と弾薬であった[20]。つまり、大西洋奴隷貿易の場合と同様に、武器＝労働交易の結果、大量の銃と弾薬が南西太平洋諸島にも拡散することになったのである。

南西太平洋諸島で武器＝労働交易が開始された直後は、同地における言語の多様性ゆえに交易業者と島民間の意思疎通が難しく、それゆえ交易業者による島民の強制的な誘拐行為も行われた[21]。しかし、ほどなくそれは、銃の供与によって労働力を獲得する「ビジネス」へと転化した[22]。武器＝労働交易業者は、労働力募集に協力する現地諸部族に対して銃を供与し、その見返りとして彼らに他部族の島民を誘拐させ、労働力を確保しうるようになったからである。

こうして、武器＝労働交易業者と接触する機会の多い「海岸部の諸部族」は「内陸部の諸部族」と頻繁に部族間抗争を行うようになり、生け捕りにされた島民は銃と交換する目的で交易業者に与えられた。例えば、一八八四年にクイーンズランドの労働交易船エセル号は労働力募集を行ったが、そこで「募集」された島民は部族間抗争によって捕獲された内陸部の島民だったという[23]。一方、部族間抗争によって島民を奪われた諸部族にとって、武器＝労働交易は部族間抗争を利用した島民の誘拐行為にほかならず、それゆえ対立部族や武器＝労働交易業者に対して頻繁に報復攻撃するようになった。こうして南西太平洋諸島における銃の需要は部族間抗争や部族間抗争からの自己防衛のために劇的に高まることになった[24]。

注目すべきことに、南西太平洋諸島で拡散した銃は、大西洋奴隷貿易によって西アフリカで拡散した銃と比較しても、はるかに高性能なスナイダー・エンフィールド銃（撃発式後装施条銃）だった。イギリス政府はクリミア戦争

（一八五三〜一八五六年）によって急増した武器需要に対応するために、エンフィールド造兵廠を建設し、アメリカ式製造方式を導入して大量生産されたエンフィールド銃（撃発式前装施条銃）を一八五三年から軍隊で使用した[25]。このエンフィールド銃の公式射程距離は一二〇〇ヤードで、有効射程距離は五〇〇ヤードもあり、従来のブラウン・ベス銃の六倍もの性能を有していた[26]。しかし、一八六〇年代後半になると前装銃から後装銃への革命的技術革新が起こり、それゆえイギリス軍は一八六七年から、ニューヨークのジャコブ・スナイダーが発明した銃尾装置をエンフィールド銃に取付けたスナイダー・エンフィールド銃を使用するようになった。この銃は、エンフィールド銃とは異なり、真鍮製の弾薬筒を使用しており、それゆえ天候の良し悪しにもかかわらず狙撃することができた。しかし、一八七一年になると、イギリス軍は弾薬筒の素早い装填が可能な新型の撃発式後装施条銃マルティニ・ヘンリー銃を導入し、それゆえ不要となった大量のスナイダー・エンフィールド銃を「余剰兵器」として廃棄処分した[27]。こうして、大量のスナイダー・エンフィールド銃が貿易商人の手に渡り、特に一八七〇年代以降の時期のアフリカや南西太平洋諸島で流通するようになったのである[28]。

このように、一九世紀後半期に行われた南西太平洋武器＝労働交易を一八世紀の大西洋奴隷貿易と比較すると、その両方に共通した銃の拡散構造を確認しうる。しかし、その銃の性能に注目してみると、南西太平洋諸島で流通した銃の方が大西洋奴隷貿易で流通した銃よりもはるかに高性能であったことがわかる。つまり、南西太平洋諸島へのスナイダー・エンフィールド銃の流入の結果、同地の治安は悪化し、島の人口は急激に減少するようになったのである。次節では、イギリス政府がなぜ南西太平洋武器＝労働交易に対する規制介入を行ったのか、その原因を、奴隷貿易廃止運動の時期にまで遡り、イギリス宣教師が果たした役割に注目しながら考察することにしよう。

3　イギリスの規制介入の人道主義的原因

(1)　奴隷制廃止とイギリス宣教運動の拡大

イギリスの奴隷制度の廃止にキリスト教の人道主義的イデオロギーが果たした役割は、先行研究史上においてもよく知られている。ロジャー・アンスティは、カリブ海植民地経済の衰退に奴隷制廃止の経済的原因を求めるエリック・ウィリアムズ（いわゆる「ウィリアムズ・テーゼ」[29]）を批判し、クエーカー教徒、メソジスト教徒や英国教会派の福音主義者たちの人道主義的活動を強調した。[30]その後、シーモア・ドレッシャーは、奴隷貿易廃止運動の時期（一七九一〜一八〇六年）にカリブ海植民地経済がむしろ活況を呈しており、その衰退は奴隷貿易廃止以後に生じたことを経済史的に立証し、[31]「ウィリアムズ・テーゼ」に根本的疑念をなげかけた。デーヴィッド・デーヴィスも、奴隷制が人類の進歩に逆行するという観点が一八世紀末になって初めて支配的になったと主張し、奴隷制廃止の人道主義的原因を論証している。[32]奴隷制廃止の人道主義的原因は先行研究史上においても十分に強調されてきたといえよう。[33]

史実を振り返ると、この奴隷制廃止運動が高揚した一八世紀末から一九世紀初頭の時期のイギリスでキリスト教宣教運動の再編がみられたことがわかる。英国教会派の福音伝道協会 Society for the Propagation of the Gospel（以下ＳＰＧ）が英領北アメリカで先駆的布教活動を展開した後、一七九〇年代のイギリスでは新たな宣教団体、すなわちバプティスト伝道協会 Baptist Missionary Society（一七九二年）、ロンドン伝道協会 London Missionary Society（以下ＬＭＳ）（一七九五年）、エディンバラ・グラスゴー伝道協会 Edinburgh and Glasgow Missionary Societies（一七九六年）、アフリカ東洋伝道協会 Society for Missions to Africa and the East（一七九九年）が結成され、[34]それと同時に奴隷制に対する宗教的態度は一変した。クラパム派と呼ばれた英国教会派の福音主義者たちは、奴隷制を「国民的な罪 national sin」と見なし、クエーカー教徒やメソジスト教徒とともに奴隷制廃止運動を展開し、その結果、一八〇七年に奴隷貿易を、一八三四年にはイギリス帝国内の奴隷制を法的に廃止した。[35]この人道主義的イデオロギーはその後の先住民の「保護」に関する特別委員会報告書（一八三七年）[36]にも反映し、その報告書は、先住民の間に近代文明を普及し彼らが平和的かつ自発的にキリスト教を受け入れることを促すものになった。この目的を達成するために、トマス・ホジキンは一八三七年に先住民保護協会 Aborigines' Protection Society（以下ＡＰＳ）を、またジョセフ・スタージは一八三九年に反奴隷制協会を結成した。ニュージーランドの併合もまたこうした人道主義的イデオロギーの一つの結果であった。[37]

奴隷制に反対する人道主義的イデオロギーを持つイギリス宣教師たちはその後アフリカを含む世界各地に広がった。その太平洋への進出は一七九七年にＬＭＳが初めてタヒチに到着した時に始まった。その後、ＬＭＳの活動はソシエテ諸島、サモア、マルケサス諸島、クック諸島に拡大し、ウェズリー派メソジスト伝道協会 Wesleyan Methodist Missionary Society（以下ＷＭＭＳ）が一八三〇年代までにトンガとフィジーに進出した。メラネシアへの進出は、一八三九年にＬＭＳ宣教師ジョン・ウィリアムズがニュー・ヘブリディーズのエロマンガ島に到着した時からである。[38]一八四八年には、プレスビテリアン宣教師ジョン・ゲディもカナダのノヴァスコシアからニュー・ヘブリディーズのアネイチュム島に移り、[39]プレスビテリアン派ニュー・ヘブリディーズ・ミッション New Hebrides Mission（以下ＮＨＭ）がその後成立した。[40]

ＮＨＭは、スコットランド、カナダ、オーストラリア、ニュージーランドの多様なプレスビテリアン派教会の支援を受け、それゆえ、ＬＭＳやＷＭＭＳが持っていた国際的な人道主義的ネットワークを保持していた。ＮＨＭの活動地域はニュー・ヘブリディーズ南部であり、有力な宣教師にはジョン・イングリスとジョン・ペイトンがいた。一八四九年には、ニュージーランドの英国教会主教G・A・セルウィンが、NHMの宣教地域を避け、ニュー・ヘブリディーズ北部とソロモン諸島に入り、SPGの支援のもと、メラネシアン・ミッション Melanesian Mission（以下MM）をJ・C・パティソン（一八六一年にメラネシア主教に就任）とともに設立した。[41] 他方、LMSはニューカレドニアとロイヤルティ諸島の先住民に伝道し続けたが、フランスの軍事的介入が強まるなか、[42] ニューギニアに宣教活動の重点を移すことを決定し、一八七一年にサミュエル・マクファーレンとA・W・マリーを派遣した。W・G・ローズとジェームズ・チャーマーズも一八七三年と一八七七年にそれぞれニューギニアに送られ、[43] 一八七五年にはWMMSの宣教師ジョージ・ブラウンがニューブリテンに新たなミッションを開設している。[44] 反奴隷制的な人道主義的イデオロギーを持つイギリス宣教師が南西太平洋諸島でも活発に布教活動を行っていた事実がうかがえよう。

(2)　南西太平洋武器＝労働交易の開始とクイーンズランド政府による規制

南西太平洋の武器＝労働交易は、マオリ戦争が続行中の一八六〇年代に始まった。クイーンズランドとフィジーで生じたプランテーション労働力の深刻な不足のため、南西太平洋地域は急速にこれらの植民地の「労働力供給源」となった。武器＝労働交易業者は現地諸部族に銃を供与し、その対価として労働力を募集した。その結果、部族間抗争は活発化し、島民の誘拐という違法行為も行われるようになった。

イギリス政府は島民の誘拐に関する情報を宣教師やAPSから、またロイヤルティ諸島での誘拐に関してはフランス政府からも得ていたが、[45] マオリ戦争が続いている間は、南西太平洋の武器＝労働交易を直接的に規制する措置をとらなかった。それゆえ、NHMの宣教師ジョン・ペイトンは武器＝労働交易を批判する人道主義的キャンペーンを展開し、一八六七年に島民誘拐の事実をイギリス植民省とクイーンズランド植民地政府に送付した。[46] しかし、イギリス政府はクイーンズランド政府に圧力をかけるにとどまり、ポリネシア労働者保護法（一八六八年制定）を可決したのも結局クイーンズランド政府であった[47]。この法律はクイーンズランド移民局に同植民地への労働力募集を規制する権限を与えたものであり、以後、島民の導入には植民地政府の許可証が必要とされた。この許可証を取得するためには、誘拐行為を犯すと没収される五〇〇ポンドの保証金 bond だけでなく、三年間の契約終了後、労働者を島に戻すための保証金も必要になった[48]。労働交易船の船長は募集が合法的に行われたことを証明するために、宣教師や領事、その他の責任ある人々からの証明書をクイーンズランド港の移民官に提示することが義務づけられた。一方、本法に違反して導入された労働者一名につき、船長に対して二〇ポンドの罰金が課せられ、支払われなければ、労働交易船も没収された。クイーンズランド到着時には、労働者は本法に則して登記され、雇用者はこの登記簿を保持することを義務づけられた。労働監督官も任命され、クイーンズランドでの島民雇用時の最低賃金[49]と食料・衣服の量も定められた[50]。こうして南西太平洋諸島での労働力募集は年季契約労働システムのもとで行われるようになった。

しかし、ポリネシア労働者保護法はイギリス海軍に南西太平洋地域の誘拐問題を扱う権限を与えておらず[51]、そのため違法な労働交易は同法制定後も存続した。イギリス海軍船ロザリオ *Rosario* 号のパーマー中佐は一八六九年に労働交易船ダフネ *Daphne* 号がフィジーのレブカ島で島民一〇〇人を奴隷のような状態で移送しているのを発見したが、クイーンズランド政府にさらに規制を要求する以上の措置をとらなかった[52]。一方、クイーンズランド政府は一八七〇年から労働交易船にも監督官を任命したが、この規制措置も実効性を伴うものではなかった。労働交易船上での監督官の任務は明らかに過多であり、そのため監督官たちは概して迅速かつ断固たる措置をとれなかった。監督官は、島民全員が自発的に志願したか、またプランテーションでの労働に適しているかを確認するだけではなく、船上での食料・衣服の支給量がポリネシア労働者保護法の規定に合致しているか、また労働者が出身地に正しく戻されたかを一人で確認することを義務づけられたからである。法律上は、違反した船長に対し労働者の募集の即時停止を命令することも義務づけられたが、それを行わない監督官は多かった。監督官の任命時に、船長が彼の命令に従順な監督官を推薦することは一般的に行われていたし、およそ監督官を任命することさえ、月一〇ポンドという低賃金のために極めて困難であったからである[53]。

(3)　パティソン主教の殺害とイギリスの規制介入の開始

こうした状況下で、交易業者は南西太平洋諸島における武器＝労働交易を続けた。それゆえ、部族間抗争は激化し、島民を奪われた諸部族は異国船に対して無差別攻撃を行うようになった。その結果、イギリス政府の規制介入の契機となる事件が生じた。一八七一年九月、ＭＭのパティソン主教がサンタクルーズ諸島民によって殺害された事件である。パティソンの殺害はフィジー労働交易船による誘拐行為がその原因と考えられ、ほどなくイギリス本国の注目を引いた[54]。そのニュースは一二月にロンドンに届き[55]、各派の教会・宣教師協会・ＡＰＳは、人道主義的出版物やイギリス国会議員に対するロビー活動、さらには人道主義的ネットワークを通じた啓蒙活動によって、違法な労働交易に反対する世論を積極的に喚起した[56]。例えば、ＡＰＳ会長Ｆ・Ｗ・チェソンは一八七一年に行われた講演の中で、「もし誘拐がポリネシアの島々で行われ、クイーンズランドかフィジーかを問わず、島民が欺瞞や取引によって連れ去られているのが真実であれば、我々はザンジバルとアラビア沿岸の黒人移送を鎮圧すべきよりも、むしろこの種の奴隷貿易をこそ鎮圧せねばならない[57]」と述べた。

こうした人道主義的イデオロギーのキャンペーンの結果、イギリス政府は遂に南西太平洋地域の誘拐問題をイギリス政府の立法措置で解決することを決断するようになった[58]。しかしイギリス政府は労働交易を廃止するよりも、それを規制することを目指した。植民省政務次官 Parliamentary Under-Secretary of State for the Colonies のナッチブル・ヒュジェセン（在位一八七一〜一八七四年）は、太平洋諸島民保護法案の審議で、「私はこの違法な交易の鎮圧ではなく規制を主張する」というパティソン主教の言葉を引用している[59]。太平洋諸島民保護法は一八七二年に可決され、その後、太平洋で誘拐行為を犯したイギリス国民はオーストラリア植民地の最高裁判所でも、またイギリスのどの自治領の海事裁判所でも裁かれることになった。(60)

しかし、太平洋諸島民保護法には依然として抜け道が存在した。フィジーはイギリスの裁判権 jurisdiction の管轄外に置かれていたため、労働交易船の船長はフィジー国旗を掲げることによって容易にイギリスの法規制を逃れることができたからである。それゆえ、APSは、ウェズリー派メソジスト教徒と連携して、介入に消極的なグラッドストン自由党内閣に対しフィジーを併合するよう強要し、(61)植民省政務次官のナッチブル・ヒュジェセンも植民大臣のキンバリーにフィジー併合を要求した。(62)キンバリーは、イギリス海軍オーストラリア・ステーションの司令官J・G・グッドイナフ准将とフィジー領事E・L・レアードに、フィジー併合が妥当かどうか調査するよう命じた。彼らは併合を推奨したが、併合を推奨する彼らの報告書がロンドンの植民省に届いたのは、一八七四年二月のディズレーリ保守党への政権交代後であった。しかし、フィジーを併合すべきだという人道主義的認識は自由党も保守党も共通して持っており、新植民大臣カーナーヴォン卿は前政権の対フィジー政策を引き継いで、一八七四年に遂にフィジーを併合するに至った。(63)その後設置されたフィジー政府は、即座にクイーンズランド政府の規制措置をモデルとして、労働交易船に監督官を任命した。(64)

以上の分析から明らかなように、イギリス政府が太平洋諸島民保護法を制定し、フィジー併合を実施した原因は、イギリス宣教師による人道主義的キャンペーンの展開とイギリス世論の高揚にあった。すなわち、イギリスの規制介入の原因は宣教師による人道主義的活動に求められるのである。(65)それでは、フィジー併合後の時期に、イギリスは南西太平洋の武器＝労働交易をどのように規制しようとし、それはどの程度の実効性を持ったのだろうか。次節ではこの点について考察することにしよう。

4 南西太平洋武器＝労働交易に対するイギリスの規制介入の限界

フィジー併合後、イギリス政府は南西太平洋の武器＝労働交易の規制を本格化した。一八七五年には太平洋諸島民保護法を改正して西太平洋高等弁務局の設立を決定し、一八七七年八月には西太平洋枢密院令[66]を発布してフィジーに西太平洋高等弁務局を設置、同年一一月には初代フィジー総督アーサー・ゴードンを西太平洋高等弁務官に任命している（在位一八七七～一八八三年）。以後、オーストラリア連邦政府が一九〇一年に太平洋諸島労働者の導入禁止を決定し、イギリスの武器＝労働交易が急速に終息に向かうまで、イギリス政府は主として西太平洋高等弁務局とイギリス海軍を通じて、南西太平洋の武器＝労働交易を規制しようとした。

本節では、フィジー併合以降に行われたイギリスの介入が、南西太平洋の武器＝労働交易をどの程度規制し、南西太平洋諸島民を「保護」したのかを考察する。その際に注目する必要があるのは、この時期の南西太平洋諸島が同時期のアフリカ大陸と同様、英仏独による争奪戦の舞台であったという歴史的事実である。フランスはすでに一八四二年にタヒチを、一八五三年にはニューカレドニアを併合し、ドイツも一八八四年にニューギニア北東部を、一八八六年にはマーシャル・カロリン諸島とソロモン諸島北部を併合している。アメリカ合衆国も、一八六〇年代からサモアへの関心を高め、一八七五年までにはハワイに独占的な交易拠点を設立している。このような状況下で南西太平洋の武器＝労働交易も多国籍化し、イギリスの武器＝労働交易のみならず、仏独米の武器＝労働交易も南西太平洋地域には存在していた[67]。

こうした状況を考慮した上で、本節では、イギリス政府の規制措置が南西太平洋武器＝労働交易の規制に対してどの程度の実効性を持ったのかを考察する。まず、イギリスが規制介入した後の南西太平洋武器＝労働交易の状態を考察してみよう。

(1) 外国の武器＝労働交易の活発化と島民による報復攻撃の激化

すでに述べたように、イギリス政府は南西太平洋諸島民の誘拐を防ぐために西太平洋高等弁務官を一八七七年に任命した。しかし、西太平洋高等弁務官は、南西太平洋諸島で誘拐行為を犯すイギリス人に対する裁判権を保持したものの、外国人に対しては裁判権を保持しなかった。それゆえ、武器＝労働交易業者は、仏独米の国旗を掲げることによって、イギリス政府の法規制を逃れようとした。イギリス植民省官僚F・W・フラーはこの状況を次のように記している。「シドニー税関での調査時に、〔オーストラリア・ステーション司令官〕グッドイナフ准将は、五艘のイギリス船が〔一八〕七二年一〇月から〔一八〕七四年六月までにその国旗を変え、そのうち二艘はフランス国旗、一艘はアメリカ国旗、一艘はドイツ国旗、一艘はハワイ国旗を掲げていたことを発見した。〔……〕シドニーや他の場所の住民側で太平洋諸島民保護法の効力から逃れようとする例は当時極めて多かった(68)」。

つまり、武器＝労働交易業者は船の国籍変更を行うことによってイギリスの規制から逃れようとしたのである。その際、彼らは国際的な商業ネットワークを頻繁に利用した。例えば、一八八三年に部族間抗争を利用してニュー・ヘブリディーズ島民に対する誘拐行為を犯したカレドニア *Caledonia* 号は、もともとイギリス人武器＝労働交易業者のドナルド・マクリードが保有したイギリス船であったが、島民誘拐時にはマクリードの共同事業者であるアメリカ人交易業者の名前（プロクター）に名義変更されており、アメリカ国旗を掲げる完全な権利を保持していた。その後、カレドニア号は、マクリードが現地支配人を務めるフランス企業ニュー・ヘブリディーズ会社 Compagnie Calédonienne des Nouvelles Hébrides の所有物となり、その船名もフランス名のエルネスティン *Ernestine* 号に変えられた(69)。このような国際的な商業ネットワークを利用した武器＝労働交易業者の活動は特にイギリス政府による規制介入後に活発化することになった。西太平洋高等弁務官やイギリス海軍は外国の武器＝労働交易を規制する法的権利を保持していなかったからである。

外国の武器＝労働交易業者による島民誘拐は、次の事例からも明らかである。ヴェンチャー *Venture* 号のドイツ人船長W・ヴォルシュは、ソロモン諸島サンクリストバルの首長タキと密約を結んだ。ヴォルシュは、タキに銃と弾薬を供給する代わりに、他部族から島民を誘拐させた。ヴォルシュはこの誘拐行為について次のように述べている。「もし〔労働契約に基づいて〕島民を雇用すれば再び島に戻さなければならないが、〔……〕島民をすぐに連行すれば〔彼の〕好きなように利用しうる」と。[70]

このような武器＝労働交易業者の違法行為に対して、島民を奪われた諸部族は銃を用いて報復攻撃した。その攻撃対象は、武器＝労働交易業者だけではなく、イギリスの宣教師や海軍将校も含まれており、白人への無差別攻撃という特徴を示していたと思われるほどである。例えば、一八七五年にはオーストラリア・ステーション司令官グッドイナフ准将が、一八八〇年にはサンドフライ号のバウアー少佐が殺害されている。換言すれば、イギリス政府の規制介入にもかかわらず、南西太平洋地域はスナイダー・エンフィールド銃を使用した小規模戦争の状態に突入しており、島民からの報復攻撃は、彼等を人道主義的に「保護」しようとした海軍将校を殺害するほどのものであった。[71]

こうした危機的な状況にもかかわらず、西太平洋高等弁務官のアーサー・ゴードンは、南西太平洋地域で活動する外国の武器＝労働交易に対して新たな法的規制措置をとれず、むしろオーストラリア・ステーションに所属するイギリス海軍将校に対する統制権を獲得することに集中していた。このゴードンの態度はイギリス海軍との間に深刻な亀裂を生み、西太平洋高等弁務官とイギリス海軍との協調体制を乱すことになった。そのため、イギリス政府は一八八一年にオーストラリア・ステーションの司令官を新たに西太平洋高等弁務官に任命しようとしたが、ゴードンはこの計画に反対し、結局、挫折した。[72]

こうした状況を是正するために、宣教師たちは、一八八二年以降、南西太平洋の武器＝労働交易に対する新たな法的規制措置を求める人道主義的キャンペーンを展開した。その結果、イギリス政府は一八八四年にニューギニア南西部の保護領化を実施し[73]、また南西太平洋諸島民への銃と弾薬の供給をイギリス人に対して禁じる武器規制法規を発布した。この武器規制法規は、西太平洋枢密院令の規定に基づいて公布され、一八八四年七月一日から施行されたが、銃と弾薬を南西太平洋諸島民に供給したイギリス人は三カ月間の禁固か一〇ポンドの罰金を課せられることになった[74]。

しかし、この武器規制法規は外国人による武器供与を規制しなかった。それゆえ、この法規にもかかわらず、外国の武器＝労働交易業者による銃と弾薬の供給は引き続き行われた。クイーンズランド労働交易業者ウィリアム・ウォンが指摘したように、銃や弾薬の交易は、その後イギリス人の手を離れ、ドイツ人やフランス人の武器＝労働交易業者によって行われるようになったのである[75]。

つまり、外国の武器＝労働交易が存在する限り、南西太平洋武器＝労働交易の規制は困難であり、それゆえイギリス政府は諸外国と新たに交渉する必要があった。それではイギリス政府はいかなる外交措置をとり、イギリス宣教師はその外交措置に対してどのような行動をとったのだろうか。次節では、この点についてさらに考察してみよう。

(2) 武器＝労働交易規制のための勢力圏の画定

イギリス政府は南西太平洋の武器＝労働交易を規制するために、以下二つの外交措置を試みた。一つは南西太平洋地域における勢力圏 spheres of influence の画定であり、もう一つは武器＝労働交易規制のための国際協定の締結である。ここではまず、南西太平洋地域における勢力圏の画定過程を分析してみよう。

イギリス政府は、南西太平洋地域でより強い影響力を保持していた英仏独間で同地域を分割し、各国の勢力圏内で各国の武器＝労働交易を規制させることを試みた。ちょうどこの時期には、同様の試みがアフリカ武器＝労働交易についてベルリン西アフリカ会議（一八八四〜一八八五年）でも行われており、イギリス政府にとって、南西太平洋地域の分割と武器＝労働交易規制のための外交交渉を行うことは時宜にかなっていた(76)。

まずイギリス政府はエジプトにおける英仏対立を緩和するために、南西太平洋地域においては対仏宥和政策をとろうとし、フランスによるニュー・ヘブリディーズ併合を認めようとした。しかし、NHM（特にジョン・ペイトン）は、プレスビテリアン派教会の国際的なネットワークを用いて、これに反対する人道主義的キャンペーンを行い、フランスによるニュー・ヘブリディーズ併合を妨げた(77)。NHMの対仏嫌悪感は、イギリスのプロテスタント宣教師が共有していた反カトリック主義に根ざしており、南西太平洋地域における英仏関係を悪化させる結果を招いた(78)。

それゆえイギリス政府は、南西太平洋地域の分割をまずはドイツ政府と進め、一八八五年に南西太平洋地域の勢力圏画定のための英独委員会を設置した。交渉の結果、一八八六年にドイツはマーシャル・カロリン諸島を併合し、イギリスはギルバート・エリス諸島を勢力圏下に置き、ソロモン諸島はイギリスとドイツの間で分割された(79)。しかしながら、ドイツ政府の協力にもかかわらず、武器＝労働交易の規制は依然として困難であった。フランスの交易業者は、イギリスとドイツの法規制にもかかわらず、武器＝労働交易を続けることが可能だったからである(80)。

さらに、イギリス政府がドイツ政府と交渉している間に、フランス政府は、イギリス政府から政治的な見返りを求め、一八八六年にニュー・ヘブリディーズに軍隊を派遣した。一方、イギリス政府は、NHM、オーストラリア、ニュージーランドから政治的圧力があったため、フランスのニュー・ヘブリディーズ併合を認めることはできなかった。それゆえ、イギリス政府は、リーワード諸島（ソシエテ諸島の一部）の併合をフランス政府に認める代わりに、一八八七年、ニュー・ヘブリディーズにおいて法と秩序を維持するための英仏合同海軍委員会を設立した。しかしながら、フランス政府は武器＝労働交易の規制に消極的であり、ニュー・ヘブリディーズにおける英仏共同法廷の設立や、西太平洋高等弁務次官のニュー・ヘブリディーズ駐在に反対した。その結果、この海軍委員会の設置にもかかわらず、フランスの武器＝労働交易は無規制のまま存続することになった[81]。外国の武器＝労働交易を規制するためには、国際協定を締結することが不可欠だったのである。

(3) 武器＝労働交易規制のための国際協定

それでは、イギリス政府は国際協定の締結をどのように試みたのだろうか。

イギリス政府はまず、南西太平洋における武器＝労働交易を法的に規制するための国際協定を締結するために、一八八四年に仏独米露を含む七カ国に打診した[82]。しかし、アメリカ合衆国はこの協定の締結に関心を示さなかったため、国際協定の締結は困難であった[83]。それゆえ、イギリス政府は続く一八九〇年から一八九三年に南西太平洋の武器＝労働交易を規制する国際協定の締結を再び試みている。注目すべきことに、すでにイギリス政府はブリュッセル会議（一八八九～一八九〇年）においてアフリカの武器＝労働交易の規制に関して諸外国と交渉しており、そこで締結されたブリュッセル協定は、北緯二〇度線から南緯二二度線までのアフリカ大陸を武器供給禁止区域と定め、そこでの銃貿易を締結国政府の管理下に置くことに成功していた[84]（図3-1を参照のこと）。その後のアフリカでの武器＝労働交易の規制は実効性を有していたとはいえなかったが[85]、イギリス政府が南西太平洋地域において同様の国際協定の締結を目指すためには好機であった。

まずイギリス政府は、フランス政府の反発を恐れて労働交易の規制を後回しにし、太平洋諸島での武器供給禁止国際協定の締結を優先した。この国際協定はイギリス植民省によって一八九一年末までに起草され、一八九二年には仏独米露を含む九カ国に打診された[86]。この協定の適用区域は、北緯二〇度線と南緯四〇度線、西経一二〇度線と東経一二〇度線で囲まれたすべての太平洋諸島と定められたが、サモアとトンガはその対象から外されていた（図3-2を

図３－１　ブリュッセル協定における武器供給禁止区域

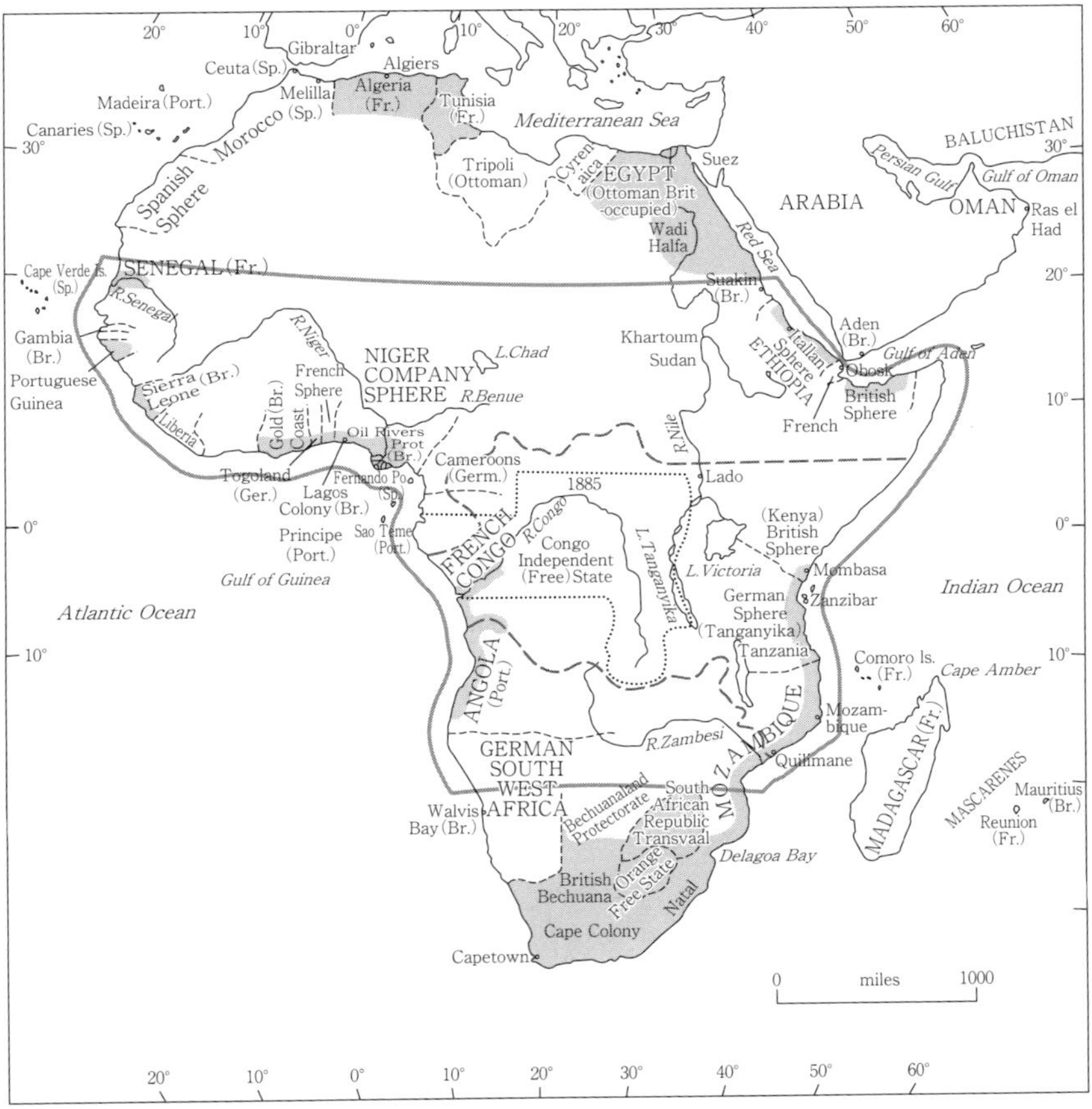

出典：Miers［1975］p. 370 所掲の地図より作成。
注：図中の━━は武器供給禁止区域を示す。

参照のこと）。この協定区域の島民に対して締結国の国民が銃や弾薬を供給した場合は武器規制法規と同様の処罰（禁固三カ月か罰金一〇ポンド）が課せられることになり、しかも、どの締結国の海軍も協定違反者を逮捕しうるものとされた(87)。

この国際協定の締結に特に熱心であったのは、西太平洋高等弁務官のジョン・サーストン（在位一八八八～一八九七年）とNHM宣教師のジョン・ペイトンであった。サースト

図３－２　武器供給禁止国際協定の適用区域

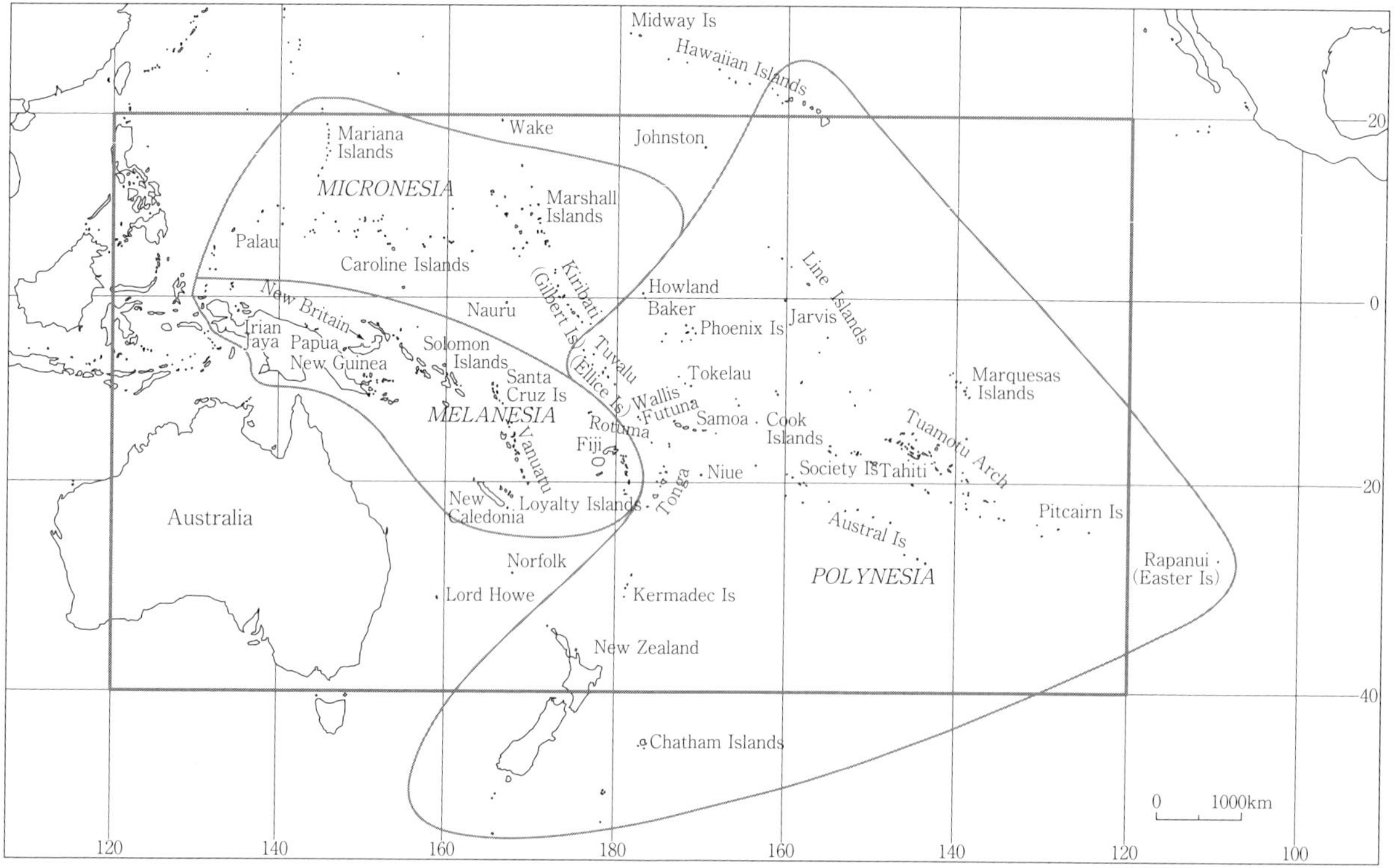

出典：Denoon, Firth, Linnekin, Meleisea and Nero［1997］p. 7 所掲の地図より作成。
注：太枠内のすべての太平洋諸島、ただしサモアとトンガは除く。

ンは、アメリカ合衆国がこの国際協定に合意すればフランスも合意すると考え、アメリカに代表団を送るようＮＨＭに要請した。この要請の結果、国際的な人道主義的キャンペーンを展開するために、ペイトンがカナダとアメリカ合衆国を訪問することになった(88)。

ペイトンの国際的キャンペーンは、宗教と外交との密接な関連性を示している。というのも、彼が行った国際的な人道主義的キャンペーンの結果、アメリカ世論は高揚し、アメリカ合衆国政府は武器供給禁止国際協定の締結に合意するようになったからである。

ペイトンは一八九二年八月にシドニー港を出発し、同年九月にサンフランシスコに到着した。その後、汎プレスビテリアン会議に出席するために、カナダのトロントに向かった(89)。この会議の席上、彼はアメリカ合衆国だけが武器供給禁止国際協定に反対してきたと主張し(90)、人道主義的キャンペーンを展開するよう参加者に強く要請した。そのための委員会はすぐに組織され、武器供給禁止国際協定の締結を求める嘆願書がアメリカ合衆国政府に送られた(91)。このペイトンの国際的な人道主義的キャンペーンの結果、同国際協定に関するアメリカ合衆国民の関心は高まり、ベンジャミン・ハリソン大統領（在位一八八九年三月～一八九三年三月）は武器供給禁止国際協定の締結に賛同した(92)。

しかし、その後に行われたアメリカ大統領選挙の結果、ハリソン大統領は退陣することになり、グローヴァー・クリーヴランドが新たに大統領に就任した（在位一八九三年三月～一八九七年三月）。それゆえ、イギリス政府は、武器供給禁止国際協定に対するクリーヴランド政権の態度を懸念するようになった。しかし、ペイトンがアメリカ合衆国で人道主義的キャンペーンを続けていたことは、イギリス政府にとって好ましかった。というのも、ペイトンは一八九三年五月にワシントン市で開催されたプレスビテリアン教会の総会に参加し、人道主義的キャンペーンを活発に展開していたからである(93)。それゆえ、クリーヴランド政権に対しても武器供給禁止国際協定の締結を求める嘆願書が送られ、その結果、クリーヴランド大統領はこの国際協定の締結に賛成した。ペイトンはクリーヴランド大統領主催のホワイトハウスでの昼食会にも招待され、大統領と直接面談している。(94) このようなペイトンの国際的な人道主義的キャンペーンの結果、アメリカ合衆国は武器供給禁止国際協定に合意するようになったのである。

しかし、アメリカ合衆国政府の合意にもかかわらず、武器供給禁止国際協定の締結は依然として困難であった。フランス政府がさらなる政治的見返りを狙ってこの国際協定に反対したからである。ロシア政府も、露仏同盟を締結していたため、フランスに同調し、この国際協定に反対した。すなわち、イギリスの外交政策はフランス政府による反英外交政策によって制限され続けていたのである。(95)

このように、フィジー併合以降に行われたイギリスの規制介入の過程を分析すると、南西太平洋武器＝労働交易に対する規制がほとんど効果を持たなかったことがわかる。その原因は、南西太平洋地域で多国籍化した武器＝労働交易の存在にあった。南西太平洋地域で勢力圏を画定しても、武器＝労働交易を規制する国際協定が存在しなければ、外国の武器＝労働交易に対するイギリス政府の規制介入はほとんど実効性を持ちえなかったのである。イギリスの規制介入が効果を持たなかったことは、南西太平洋諸島民の「保護」も同様にほとんど効果を持たなかったことに等しい。

5　おわりに

本章の分析によって明らかになった点をまとめておこう。

第一に、本章での考察によって、アフリカや南西太平洋諸島における武器移転が主として民間の武器＝労働交易業者によって行われていた点が明らかになった。一八世紀の大西洋奴隷貿易と一九世紀後半期の南西太平洋武器＝労働交易を比較すると、イギリスによる奴隷貿易廃止にもかかわらず、武器＝労働交易による銃の拡散構造が存続していた点が明らかとなる。この銃の移転は民間の武器＝労働交易業者によって商業ビジネスとして行われ、銃に対する高い需要は現地諸部族側に存在していた。しかし、銃の種類に注目すると、大西洋奴隷貿易と南西太平洋武器＝労働交易の差異も明らかとなる。大西洋奴隷貿易で流通した燧発式マスケット銃と比較して、南西太平洋諸島で拡散した銃は撃発式後装施条銃（スナイダー・エンフィールド銃）であり、一八六〇年代後半の革命的技術革新によって生産された高性能な銃であった。こうして、この性能の良い銃が「余剰兵器」として拡散した結果、「労働力供給源」としての南西太平洋諸島の治安は極度に悪化し、同地域の人口も急激に減少することになったのである。

第二に、本章では、イギリス政府が武器＝労働交易に対する規制介入を行った原因がイギリス宣教師による人道主義的イデオロギーのキャンペーン（世論操作とロビー活動）にあったことが明らかとなった。イギリス宣教師は武器＝労働交易による治安悪化と人口減少を懸念し、それゆえ宣教地域における法秩序の維持を目指してイギリス政府の規制介入を要請したが、その際に注目すべきことは、イギリス宣教師が国際的な人道主義的ネットワークを利用したことである。つまり、武器＝労働交易に対するイギリスの規制介入は、より広範なイギリス宣教師の人道主義的ネットワークによって支えられ、しかもそれによって醸成された人道主義的世論の高揚の結果として実施されたのである。

第三に、本章の分析から、イギリス政府による規制介入にもかかわらず、武器＝労働交易に対するイギリス政府の規制がほとんど実効性を持たなかったことが明らかとなった。その主な原因は国際的な商業ネットワークによって多国籍化した武器＝労働交易業者の活動にあった。外国の武器＝労働交易に対して実効性のある規制介入政策を展開することはイギリス一国では不可能であり、それは武器＝労働交易規制のための国際協定が存在しない状況ではなおさらであった。それゆえイギリス政府は、南西太平洋地域を分割し、各国の勢力圏内の武器＝労働交易を各国政府によって規制させることを試みたが、それは先住民の主権を無視した帝国主義的領土分割政策にほかならず、武器＝労働交易規制の実効性もフランス政府が反英外交政策を展開していたために乏しかった。こうして武器＝労働交易による銃の拡散構造は存続し、銃は南西太平洋地域で容易に流通することになった。この点は奴隷貿易廃止以後の時期のアフリカ武器＝労働交易においても同様であると考えられるが、本章においてはアフリカ武器＝労働交易の展開とそれに対するイギリス宣教師の活動について十分に考察することができなかった。イギリスの自由主義的介入がアフリカと太平洋諸島の分割に帰結した過程を包括的に明らかにするためにも、今後の課題にしたい。

（1）我が国の武器移転史研究の代表的成果である奈倉・横井・小野塚［二〇〇三］と奈倉・横井［二〇〇五］は大型・複雑・精巧な兵器の武器移転現象をこれまで分析してきたが、銃（小火器）の移転について十分な注意を払ってきたとは言えず、その分析領域も日英関係に限定されてきた。本章はこうした武器移転史の研究領域を時間的・空間的に拡張する試みである。

（2）一八世紀のアフリカにおける銃の移転が奴隷商人によって行われていた点については、すでにパーカー［一九九五］や横井［一九九七］が指摘している。最近では、一九世紀の銃の取引・密輸に関して注目すべき研究成果が発表され始めている。Tagliacozzo［2005］; Grant［2007］; Storey［2008］参照。

（3）南西太平洋武器＝労働交易に対するイギリスの規制介入の過程については、Takeuchi［2009］を参照されたい。

（4）『アフリカ史雑誌』に掲載された論文のうち、一八世紀の大西洋奴隷貿易と銃貿易の関係に関する論文としては、Inikori［1977］と Richards［1980］が最も有益である。

（5）南西太平洋武器＝労働交易に関する研究史については、竹内［二〇〇八］一三九〜一四二頁を見よ。なお本章は、竹内［二〇〇八］に大幅な加筆・修正を加えたものである。この点を御許可頂いた慶應義塾経済学会には特に感謝したい。

（6）イギリス宣教師の活動とイギリス帝国の関係に関する英語での研究成果としては、例えば、Stanley［1990］; Stanley［2003］; Porter［2003］; Porter［2004］; Etherington［2005］などがある。

（7）最近の研究をみると、イギリス、西アフリカ、西インド諸島以外にも、ヨーロッパ大陸や北アメリカ植民地で中継貿易地点が存在していたことが確認されている。その詳細な貿易ルートについては、Morgan［2000］p. 13 参照。

(8) 池本・布留川・下山［一九九五］一二三～一二七頁。
(9) 横井［一九九七］五二～六三頁。
(10) Inikori [1977] p. 351.
(11) 銃は奴隷狩りだけではなく奴隷狩りからの自己防衛目的でも使用された。横井［一九九七］五六～五七頁。
(12) Richards [1980] pp. 44-45.
(13) Gemery and Hogendorn [1978] p. 247.
(14) Inikori [1977] pp. 358-361.
(15) White [1971] p. 177. 西アフリカ諸部族はこうした銃のなかから「良い銃」と「悪い銃」を見分ける術を持っていたという。Inikori [1977] p. 360.
(16) ブラウン・ベス銃の公式射程距離は二〇〇ヤード程度しかなく、実際には精巧な弓の射程距離よりも短い八〇ヤード程度しかなかった。ヘッドリク［一九八九］九九～一〇〇頁。
(17) メラネシアにおける労働力募集はロイヤルティ諸島、ニュー・ヘブリディーズ（現在のヴァヌアツ）、ソロモン諸島、およびニューギニア（現在のパプア・ニューギニア）で行われ、ミクロネシアではギルバート諸島（現在のキリバス）で行われた。島民約六万二五〇〇人がクイーンズランドへ（一八六三～一九〇四年）、約二万七〇〇〇人がフィジーへ移送された（一八六四～一九一一年）。Price with Baker [1976]; Siegel [1985] 参照。
(18) 年季契約労働システムについては、Northrup [1995] を見よ。
(19) ジャイルズの回顧録の全文はデリク・スカーによってすでに出版されている。Giles [1968] p. 38. なお、ジャイルズが乗船したボブテイル・ナグ号の監督官の日誌はクイーンズランド州立公文書館に所蔵されており、それと照合しても、ジャイルズの回顧録の記述の信頼性は確認しうる。Journal of A. Nixon, *Bobtail Nag*, 11 April-14 August 1877, Queensland State Archives, Brisbane, Item ID 846982 (No. 291) 参照。
(20) 島民が銃を好んだことは、Reed [1943] p. 102 でも指摘されている。
(21) 初期における島民誘拐については、Docker [1970] を見よ。
(22) Scarr [1967a] pp. 5-7; Scarr [1967b] p. 139.

（23） Journal of Christopher Mills, *Ethel*, 4 June 1884, Queensland State Archives, Item ID 7876 参照。
（24） 島民は労働契約期間を終えて島に戻る時にも積極的に銃を持ち帰った。Giles［1968］p. 33 参照。労働の対価を現物で与える現物給与制 truck system については、Graves［1983］を見よ。
（25） イギリス銃産業へのアメリカ式製造方式の導入については、横井［一九九七］八二～一〇九頁を参照。
（26） ヘッドリク［一九八九］一〇三～一〇四頁。
（27） ヘッドリク［一九八九］一一五頁、横井［一九九七］七五頁。
（28） 撃発式後装施条銃のアフリカへの流入については、Hyam［2010］pp. 104–105, Miers［1975］pp. 188–189 参照。その南西太平洋諸島への流入については、Graves［1983］pp. 93–94 参照。
（29） このテーゼに関しては、ウィリアムズ［一九八七］参照。
（30） Anstey［1975］.
（31） Drescher［1977］.
（32） Davis［1984］.
（33） 最近の研究としては、Turley［1991］を参照されたい。
（34） Porter［2004］ch. 1 and 2. なお、アフリカ東洋伝道協会は後に英国教会派伝道協会 Church Missionary Society に改名した。
（35） Cell［1979］; Porter［1999］pp. 201–204.
（36） *Report from the Select Committee on Aborigines (British Settlements), British Parliamentary Papers (hereafter PP)*（1837）, VII［425］.
（37） Porter［1999］pp. 206–210.
（38） Gunson［1978］pp. 11–21; Samson［1998］p. 9.
（39） Patterson［1882］ch. 7.
（40） Inglis［1887］p. 37. ＮＨＭの概略については、Proctor［1999］参照。
（41） Hilliard［1978］ch. 1; Porter［2004］pp. 159–161.
（42） Garrett［1982］pp. 189–205.

(43) Lovett [1899] ch. 13; Garrett [1982] pp. 206–207.
(44) Garrett [1982] pp. 220–222.
(45) McIntyre [1967] p. 242.
(46) Steel [1880] pp. 389–393.
(47) ポリネシア労働者保護法の制定当時は、メラネシアもまたポリネシアと呼ばれていた。
(48) 労働者一名につき一〇ポンド。
(49) 年間六ポンド。
(50) Polynesian Labourers Act, 4 Mar 1868, *PP* (1867–8), XLVIII [C. 391], pp. 73–80.
(51) Bach [1986] p. 51.
(52) Ward [1948] pp. 222–223; Morrell [1960] p. 177; Docker [1970] pp. 60–62.
(53) Corris [1973] pp. 27–28.
(54) Murray [1885] pp. 214–216; Corris [1973] p. 27.
(55) McIntyre [1967] p. 240.
(56) 例えば、Harvey [1872]; Kay [1872] を参照。
(57) Fox Bourne [1899] p. 32.
(58) McIntyre [1967] p. 41.
(59) *Hansard's Parliamentary Debates, 3rd ser.*, CCIX, 15 Feb 1872, col. 522.
(60) Pacific Islanders Protection Act, 27 June 1872, *Hertslet's Treaties*, XIII (London, 1877), pp. 669–676.
(61) Porter [1999] p. 215; Legge [1958] ch. 6.
(62) McIntyre [1967] p. 247; Eldridge [1973] p. 152.
(63) McIntyre [1962] pp. 270–288; McIntyre [1967] pp. 328–336.
(64) Corris [1973] pp. 28–29.
(65) 宣教師がイギリス国内の帝国主義意識の形成と展開に果たした役割については、Thorne [1999] を参照。世論操作の側面については、Mackenzie［1986］も見よ。

(66) Western Pacific Order in Council, 13 Aug 1877, *Hertslet's Treaties*, XIV (London, 1880), pp. 871-909.

(67) このうちフランスの労働交易に関する先行研究としては、Shineberg［1984］とShineberg［1999］があり、ドイツの労働交易については、Munro and Firth［1987］とMunro and Firth［1990］がある。

(68) Minute by F. W. Fuller, 18 May 1881, Western Pacific High Commission Original Correspondence, National Archives (Kew), CO 225/9, f. 173.

(69) Commander W. A. D. Acland to Commodore J. E. Erskine, 10 Dec 1883, CO 225/16, f. 96.

(70) このヴォルシュの言葉は、ヴェンチャー号の乗組員W・M・マーティンによってオーストラリア・ステーションのウィルソン准将に密告された。W. M. Martin to Commodore J. C. Wilson, 7 Jan 1881, CO 225/7, fos. 90-92.

(71) Takeuchi［2009］pp. 20-21, 32.

(72) Takeuchi［2009］pp. 28-32, 40-41. 同様の対立は、東アフリカの奴隷貿易鎮圧過程でも、ザンジバル領事のジョン・カークとイギリス海軍の間で生じた。Howell［1987］pp. 216-222参照。

(73) Takeuchi［2009］pp. 48-54.

(74) Arms Regulation, 5 April 1884, CO 225/15, f. 216.

(75) Wawn［1893］pp. 150-151.

(76) ベルリン西アフリカ会議での武器＝労働交易に関する議論については、Miers［1975］pp. 169-189を見よ。

(77) Takeuchi［2009］pp. 59-67, 77-80. なお、ニュー・ヘブリディーズは、フランスのニューカレドニア植民地の「労働力供給源」であった。

(78) イギリス宣教師の反カトリック主義は、フランスによるタヒチ併合以降、強化された。Porter［2004］pp. 124-125; Koskinen［1953］pp. 110-125.

(79) Takeuchi［2009］pp. 67-77.

(80) この点は、一八八六年に王立地理学会の研究員としてソロモン諸島を航海したC・M・ウッドフォードによって指摘されている。彼はその後一八九六年から一九一四年まで西太平洋高等弁務次官を務め、イギリスのソロモン保護領内に駐在した。

Diary of C. M. Woodford, 4 June 1886, Pacific Manuscripts Bureau, Australian National University, Canberra, PMB 1290.

(81) Takeuchi [2009] pp. 80-97.

(82) その他の国はイタリア、オーストリア＝ハンガリー、ハワイであった。

(83) Takeuchi [2009] pp. 57-58.

(84) ブリュッセル協定については、Miers [1975] pp. 346-363と横井［一九九七］六九〜七〇頁を見よ。

(85) Miers [1975] pp. 305-308; 横井［一九九七］七二〜七九頁。

(86) イギリス政府は、まずフランス、ドイツ、アメリカ合衆国、ロシア、イタリア、オーストリア＝ハンガリー、ハワイの七カ国にその国際協定を打診し、その後スペインとオランダにも打診した。Salisbury to Her Majesty's Representatives at Paris, Rome, Berlin, Vienna, St. Petersburg, Washington, and Honolulu, 17 June 1892, CO 225/41, f. 193; Foreign Office (FO) to Colonial Office (CO), 7 July 1892, CO 225/41, fos. 192-193; CO to FO, 22 July 1892, CO 225/41, f. 194.

(87) Draft International Declaration for the Protection of Natives in the Islands of the Pacific Ocean, n.d., CO 225/37, fos. 565-566.

(88) Paton [1965] pp. 448-450; Michael [1912] pp. 148-149.

(89) Paton [1965] pp. 450-454; Michael [1912] p. 149.

(90) "Pan Presbyterian Council", *The New York Times*, 27 Sept 1892, p. 2.

(91) Paton [1965] pp. 454-455; Langridge and Paton [1910] pp. 24-25.

(92) 武器供給禁止国際協定に対するアメリカ政府の賛意は次の書簡に示されている。John W. Foster (U. S. Secretary of State) to M. H. Herbert (Secretary of Legation at Washington), 11 Oct 1892, CO 225/41, fos. 349-351.

(93) "Veterans in Church Work", *The New York Times*, 21 May 1893, p. 16.

(94) Paton [1923] p. 218; Langridge and Paton [1910] p. 25; Paton [1965] pp. 460-461.

(95) フランスの反英外交政策については、Martel [1986] p. 65も参照されたい。

参考文献

池本幸三・布留川正博・下山晃［一九九五］『近代世界と奴隷制――大西洋システムの中で』人文書院。

E・ウィリアムズ（中山毅訳）［一九八七］『資本主義と奴隷制――ニグロ史とイギリス経済史』理論社（Williams, Eric［1961］*Capitalism and Slavery*, New York）。

竹内真人［二〇〇八］「イギリス帝国主義と南西太平洋の武器・労働交易」『三田学会雑誌』一〇一巻三号、一三七～一六〇頁。

奈倉文二・横井勝彦・小野塚知二［二〇〇三］『日英兵器産業とジーメンス事件――武器移転の国際経済史』日本経済評論社。

奈倉文二・横井勝彦［二〇〇五］『日英兵器産業史――武器移転の経済史的研究』日本経済評論社。

ジェフリ・パーカー（大久保桂子訳）［一九九五］『長篠合戦の世界史――ヨーロッパ軍事革命の衝撃　一五〇〇～一八〇〇年』同文舘（Parker, Geoffrey［1988］*The Military Revolution: Military Innovation and the Rise of the West, 1500–1800*, Cambridge）。

D・R・ヘッドリク（原田勝正・多田博一・老川慶喜訳）［一九八九］『帝国の手先――ヨーロッパ膨張と技術』日本経済評論社（Headrick, D. R.［1981］*The Tools of Empire: Technology and European Imperialism in the Nineteenth Century*, New York and Oxford）。

横井勝彦［一九九七］『大英帝国の〈死の商人〉』講談社。

Anstey, Roger［1975］*The Atlantic Slave Trade and British Abolition, 1760–1810*, London.
Bach, John［1986］*The Australia Station: A History of the Royal Navy in the South West Pacific, 1821–1913*, Kensington, NSW.
Cell, John［1979］"The Imperial Conscience", Peter Marsh（ed.）, *The Conscience of the Victorian State*, New York, pp. 173–213.
Corris, Peter［1973］*Passage, Port and Plantation: A History of Solomon Islands Labour Migration 1870–1914*, Carlton, Vic.
Davis, David Brion［1984］*Slavery and Human Progress*, New York and Oxford.
Denoon, D., Firth, S., Linnekin, J., Meleisea, M. and Nero, K.（eds.）［1997］*The Cambridge History of the Pacific Islanders*, Cambridge.
Docker, E. W.［1970］*The Blackbirders: The Recruiting of South Seas Labour for Queensland, 1863–1907*, Sydney.
Drescher, Seymour［1977］*Econocide: British Slavery in the Era of Abolition*, Pittsburgh.
Eldridge, C. C.［1973］*England's Mission: The Imperial Idea in the Age of Gladstone and Disraeli 1868–1880*, London.

Etherington, Norman (ed.) [2005] *Missions and Empire*, Oxford and New York.

Fox Bourne, H. R. [1899] *The Aborigines Protection Society: Chapters in its History*, London.

Garrett, John [1982] *To Live among the Stars: Christian Origins in Oceania*, Suva.

Gemery, Henry A. and Hogendorn, Jan S. [1978] "Technological Change, Slavery and the Slave Trade", Clive J. Dewey and A. G. Hopkins (eds.), *The Imperial Impact: Studies in the Economic History of Africa and India*, London, pp. 243-258.

Giles, W. E. [1968] *A Cruize in a Queensland Labour Vessel to the South Seas*, ed. Deryck Scarr, Canberra.

Grant, Jonathan A. [2007] *Rulers, Guns, and Money: The Global Arms Trade in the Age of Imperialism*, Cambridge, MA. and London.

Graves, Adrian [1983] "Truck and Gifts: Melanesian Immigrants and the Trade Box System in Colonial Queensland", *Past & Present*, 101, pp. 87-124.

Gunson, W. N. [1978] *Messengers of Grace: Evangelical Missionaries in the South Seas 1797-1860*, Melbourne.

Harvey, Thomas [1872] *The Polynesian Slave Trade: Its Character and Tendencies; with Reasons Adduced for its Total and Immediate Prohibition*, Leeds.

Hilliard, D. L. [1978] *God's Gentlemen: A History of the Melanesian Mission, 1849-1942*, Brisbane.

Howell, Raymond C. [1987] *The Royal Navy and the Slave Trade*, London and Sydney.

Hyam, Ronald [2010] *Understanding the British Empire*, Cambridge.

Inglis, John [1887] *In the New Hebrides: Reminiscences of Missionary Life and Work, Especially on the Island of Aneityum, from 1850 till 1877*, London.

Inikori, J. E. [1977] "The Import of Firearms into West Africa 1750-1807: A Quantitative Analysis", *Journal of African History*, 18: 3, pp. 339-368.

Kay, John (ed.) [1872] *The Slave Trade in the New Hebrides: Being Papers Read at the Annual Meeting of the New Hebrides Mission, Held at Aniwa, July 1871*, Edinburgh.

Koskinen, Aarne A. [1953] *Missionary Influence as a Political Factor in the Pacific Islands*, Helsinki.

Langridge, A. K. and Paton, F. H. L. [1910] *John G. Paton: Later Years and Farewell. A Sequel to John G. Paton — An Autobiography*, London.

Legge, J. D. [1958] *Britain in Fiji, 1858–1880*, London.

Lovett, Richard [1899] *The History of the London Missionary Society, 1795–1895, Vol. 1*, London.

Mackenzie, John M. [1986] *Propaganda and Empire: The Manipulation of British Public Opinion 1880–1960*, Manchester and New York.

Martel, Gordon [1986] *Imperial Diplomacy: Rosebery and the Failure of Foreign Policy*, London and Kingston, Ont.

McIntyre, W. D. [1962] "New Light on Commodore Goodenough's Mission to Fiji, 1873–74", *Historical Studies: Australia and New Zealand*, 10: 39, pp. 270–288.

McIntyre, W. D. [1967] *The Imperial Frontier in the Tropics, 1865–75: A Study of British Colonial Policy in West Africa, Malaya and the South Pacific in the Age of Gladstone and Disraeli*, London and New York.

Michael, C. D. [1912] *John Gibson Paton, D. D., the Missionary Hero of the New Hebrides*, London.

Miers, Suzanne [1975] *Britain and the Ending of the Slave Trade*, London.

Morgan, Kenneth [2000] *Slavery, Atlantic Trade and the British Economy, 1660–1800*, Cambridge.

Morrell, W. P. [1960] *Britain in the Pacific Islands*, Oxford.

Munro, D. and Firth, S. [1987] "From Company Rule to Consular Control: Gilbert Island Labourers on German Plantations in Samoa, 1867–96", *Journal of Imperial and Commonwealth History*, 16: 1, pp. 24–44.

Munro, D. and Firth, S. [1990] "German Labour Policy and the Partition of the Western Pacific: The View from Samoa", *Journal of Pacific History*, 25, pp. 85–102.

Murray, A. W. [1885] *The Martyrs of Polynesia*, London.

Northrup, David [1995] *Indentured Labor in the Age of Imperialism, 1834–1922*, Cambridge.

Paton, J. G. [1923] *The Story of Dr. J. G. Paton's Thirty Years with South Sea Cannibals*, London.

Paton, J. G. [1965] *John G. Paton, Missionary to the New Hebrides: An Autobiography*, ed. James Paton, reprint edn., London,

Banner of Truth Trust.

Patterson, George [1882] *Missionary Life among the Cannibals: Being the Life of the Rev. John Geddie, D. D., First Missionary to the New Hebrides*, Toronto.

Porter, A. N. [1999] "Trusteeship, Anti-Slavery, and Humanitarianism", A. N. Porter (ed.), *The Oxford History of the British Empire Vol. 3 The Nineteenth Century*, Oxford and New York, pp. 198–221.

Porter, A. N. (ed.) [2003] *The Imperial Horizons of British Protestant Missions, 1880–1914*, Grand Rapids, MI. and Cambridge.

Porter, A. N. [2004] *Religion versus Empire? British Protestant Missionaries and Overseas Expansion, 1700–1914*, Manchester and New York.

Price, C. A. with Baker, E. [1976] "Origins of Pacific Island Labourers in Queensland, 1863-1904: A Research Note", *Journal of Pacific History*, 11: 2, pp. 106–121.

Proctor, J. H. [1999] "Scottish Missionaries and the Governance of the New Hebrides", *Journal of Church and State*, 41, pp. 349–372.

Reed, Stephen Winsor [1943] *The Making of Modern New Guinea with Special Reference to Culture Contact in the Mandated Territory*, Philadelphia.

Richards, W. A. [1980] "The Import of Firearms into West Africa in the Eighteenth Century", *Journal of African History*, 21, pp. 43–59.

Samson, Jane [1998] *Imperial Benevolence: Making British Authority in the Pacific Islands*, Honolulu.

Scarr, Deryck [1967a] "Recruits and Recruiters: A Portrait of the Pacific Islands Labour Trade", *Journal of Pacific History*, 2, pp. 5–24.

Scarr, Deryck [1967b] *Fragments of Empire: A History of the Western Pacific High Commission, 1877–1914*, Canberra.

Shineberg, Dorothy [1984] "French Labour Recruiting in the Pacific Islands: An Early Episode", *Journal de la Société des Océanistes*, 40: 78, pp. 45–50.

Shineberg, Dorothy [1999] *The People Trade: Pacific Island Laborers and New Caledonia, 1865–1930*, Honolulu.

Siegel, Jeff [1985] "Origins of Pacific Islands Labourers in Fiji", *Journal of Pacific History*, 20: 1, pp. 42–54.

Stanley, Brian [1990] *The Bible and the Flag: Protestant Missions and British Imperialism in the Nineteenth and Twentieth Centuries*, Leicester.

Stanley, Brian (ed.) [2003] *Missions, Nationalism, and the End of Empire*, Grand Rapids, MI. and Cambridge.

Steel, Robert [1880] *The New Hebrides and Christian Missions, with a Sketch of the Labour Traffic*, London.

Storey, W. K. [2008] *Guns, Race, and Power in Colonial South Africa*, Cambridge.

Tagliacozzo, Eric [2005] *Secret Trades, Porous Borders: Smuggling and States along a Southeast Asian Frontier, 1865–1915*, New Haven and London.

Takeuchi, Mahito [2009] *Imperfect Machinery? Missions, Imperial Authority, and the Pacific Labour Trade, c. 1875–1901*, Saarbrücken, Germany: VDM Verlag.

Thorne, Suzan [1999] *Congregational Missions and the Making of an Imperial Culture in Nineteenth-Century England*, Stanford.

Turley, David [1991] *The Culture of English Antislavery, 1780–1860*, London and New York.

Ward, J. M. [1948] *British Policy in the South Pacific, 1786–1893: A Study in British Policy towards the South Pacific Islands prior to the Establishment of Governments by the Great Powers*, Sydney.

Wawn, William T. [1893] *The South Sea Islanders and the Queensland Labour Trade: a Record of Voyages and Experiences in the Western Pacific, from 1875 to 1901*, London.

White, Gavin [1971] "Firearms in Africa: An Introduction", *Journal of African History*, 12: 2, pp. 173–184.

第4章　第二次大戦直後のアメリカ武器移転政策の形成

高田馨里

1　はじめに

本章では、第二次大戦終戦直後の米国の初期「武器移転（arms transfer）」政策[1]の形成過程を、国際連合における軍備規制政策策定を射程において設置された国務省武器軍需品政策委員会（Policy Committee on Arms and Armaments：以下、ＰＣＡ）を中心に論じることを目的とする。戦後のアメリカ合衆国において国家安全保障政策、武器移転を含む対外援助政策策定過程に軍部の影響力が強まりつつあるなか、ＰＣＡは、一九四六年五月末、政策立案過程での国務省の指導力の維持を目的に設置された委員会である。ＰＣＡは、これまでの研究で比較的取り上げられてこなかったが、その理由は、この機関の扱う対象が通常兵器だったからだと考えられる。

武器移転政策関連の先行研究は、米ソ冷戦体制という枠組みの中での米国国家安全保障体制構築と連関させるものであるか、もしくは冷戦終結後の新たな国際レジーム構築過程を分析したものであった。近年では同盟国間の武器移転における「核拡散問題」および「大量破壊兵器」問題については、核不拡散を目指す国際レジーム構築努力と関連して活発な議論が行われている。(2) 同様に注目されてきたのは、米国の「軍産官学複合体」問題、(3) 一九七〇年代以降の日米貿易摩擦と連関した対共産圏禁輸政策問題であった。(4) 通常兵器の売却に関してはカーター政権の武器移転政策を同時代的な観点から扱う研究も著わされてきた。(5)

米国の戦後武器移転を歴史的に考察した重要な先行研究としてチェスター・パッチの著書がある。この研究は、戦時の武器貸与法と戦後の武器移転政策に連続性はないと指摘し、一九四七年二月のギリシャとトルコへの軍事支援を端緒に、一九四九年の相互防衛援助法成立過程を分析しているが、PCAの役割や国連におけるアメリカ政府による軍備規制提案問題には若干触れているに過ぎない。(6)

本論では、PCAの活動を考察し、戦後における米製通常兵器の国際的拡散の起点を明らかにしたい。一九四六年一月の国連原子力委員会設置後、これを補完する目的で翌年二月、国連通常軍備委員会（Commission for Conventional Armaments：以下、CCA）が設置された。このCCA設置とアメリカ合衆国によるギリシャ、トルコへの援助提案は時を同じくしている。一九四七年三月一二日にトルーマン・ドクトリンが発表され、冷戦政策遂行が本格化する直前には、国連で軍備規制・軍縮議論が行われていた。それではアメリカ政府は、その後の大規模な軍事支援に繋がるこの武器移転政策をどのように位置づけ、規定したのだろうか。本論では、第一に戦時から戦後にかけての武器移転政策の概要、次に一九四六年初頭における国際情勢が米国の武器移転政策に与えた影響、第三にPCAの設置とその活動、最後に武器移転政策および軍備規制政策決定過程について考察する。この作業を通じて、余剰軍需品の再移転を中心とする第二次世界大戦直後のアメリカ武器移転政策が具体的な軍事支援政策に変容した過程と、同時並行的に進められたPCAによる軍備規制政策策定過程の二つに限定して議論を進めたい。(7)

2　戦時武器貸与政策から戦後武器移転政策へ

第二次世界大戦期にアメリカ政府が展開した武器貸与（lend lease）は、枢軸国に抗う諸国をアメリカ合衆国の国防に必須であると位置づけて米製武器の貸与を行う目的で実施された戦時武器移転政策であった。一九四一年三月一日に成立したこの法案は、対独総力戦のなかで米製武器購入のためのドルの枯渇に直面したイギリスを支援するためにフランクリン・D・ローズヴェルト政権が考案し、連邦議会での激しい駆け引きの後に可決されたものである。戦争を通じて少なくとも三八カ国に適用された武器貸与法に費やされた総額は約四八〇億ドルから五〇〇億ドルと見積もられている。なかでも、イギリス帝国とコモンウェルス諸国に最大の支援が行われた。一九四一年六月の独ソ戦勃発後、アメリカ政府はソ連にも武器貸与を開始し、約一〇〇億ドル分の支援を行った。武器貸与に支出した総額に対する返済総額は八〇億ドルに過ぎず、残りは戦後にキャンセルされた(8)。しかし、この武器貸与支援こそが、米国中心の戦後世界経済体制構築の手段の一つであるのみならず(9)、アメリカ政府が終戦に伴って速やかに武器貸与支援を停止したことにより米ソ関係が悪化した(10)。

武器貸与支援は経済的のみならず軍事的にもアメリカ合衆国の世界的影響力を増大させることになった。ローズヴェルト政権、とりわけ陸軍は各国支援のみならずアメリカ国防強化のため、武器貸与支援の一環として世界規模の軍事基地ネットワークを補強もしくは再構築していたのである。武器供給国から武器移転先である諸国・諸地域との政治的、経済的関係を強化するための戦略的アクセス手段の獲得は、すでにヨーロッパ列強が戦間期に実践してきたことであった(11)。大戦を通じてアメリカ政府は、武器貸与支援を通じて軍事的戦略的アクセス手段を再構築し、戦後においてもその維持を構想した(12)。アメリカ政府は実際、イギリス帝国に張り巡らされていた航空ネットワークを引き継ぎ、軍事的にも商業的にも利用し続ける政策を立案していたのである。しかしながら、終戦後も引き続き海外外国領土の軍事基地に駐留し続けることは、他国政府からの承認を得られず、かつ米国内における軍事動員解除圧力によって困難になった。それゆえ、アメリカ政府および米軍部は、占領下の日独両国や死活的に重要な地域の戦略拠点を確保する一方、それ以外の軍事基地や空港については戦後における使用権・通過権のみの確保を目指すこととなった(13)。

戦後の動員解除による軍隊規模の急激な縮小と兵員の減少を補いながら、戦略拠点である海外基地の使用権を確保することが、戦後米国武器移転政策の目的の一つであった。その最初のケースがエジプト政府への武器移転と中東地域最大の基地の使用権確保を結び付けようとした試みであった。一九四四年に始まった戦後国際秩序の構築を目指す国際会議に際して、エジプト政府は「独立国家としての参加」を求めていた。これに対し国務省は、イギリスを介在させず、エジプト政府との直接交渉を重視する意向を示し、またスエズ運河防衛の要衝地にあるカイロから程近いペイン空軍基地の使用権獲得を模索していた。こうした状況の中、エジプト政府からアメリカ政府に「国内治安維持目的」の軍需品の購入の意思が伝えられた。おもに占領政策立案のため、一九四四年一二月に設置された国務・陸海軍三省調整委員会（State-War-Navy Coordinating Committee：以下、ＳＷＮＣＣ）は、一九四五年六月にＳＷＮＣＣ再軍備分科委員会を設置し、外国政府への武器移転問題の検討に着手した。というのも、武器貸与適用国から戦時に貸与された兵器や軍需品をそのまま購入したいという要請やスペア部品供給が求められたからである。しかし、エジプトとの交渉にはイギリス政府の反発が大きかった(14)。イギリスとソ連との関係は、イラン北部からのソ連軍撤兵問題をめぐって緊張していた。イギリス軍はこのペイン基地に二〇万人を駐留させており、戦後も一〇万人規模の兵力を維持する計画だった。この基地は、ソ連に対する攻撃拠点として位置づけられていたのである。エジプトでは反英分子がカイロ＝スエズ地域の要衝ペイン空軍基地から英軍の撤退を求める反乱を起こすなど政治的に混乱した状況の中、エジプトへの武器移転に関する交渉は進展しなかった(15)。

一九四五年一〇月には、再軍備を急務とするフランス、中国、ラテンアメリカ諸国が、そして米国からの独立と同時に米国支援のもとで独立軍の装備充実を求めていたフィリピン政府が武器の売却、供与、移転を要請した。しかしＳＷＮＣＣ再軍備分科委員会の権限は限定的で、武器貸与物資余剰品の再転換に代わる包括的な武器移転政策の検討は行われなかった。(16) 一九四五年一一月になると米陸軍は急激に進む軍事動員解除問題に強い懸念を示し、戦後において確保すべき海外戦略基地計画を立案した。また海軍省は統合参謀本部が策定したアメリカ合衆国が確保すべき海外基地に関する文書をＳＷＮＣＣ38／25として政策承認を求めた。国務長官幹部委員会（Secretary's Staff Committee：以下、ＳＣ）――ＳＷＮＣＣ設置と同時期に国務省内部の意思疎通および政策決定を円滑に行うために組織された――は、一九四五年一一月一六日にトルーマン大統領が海軍記念日に行った演説と照らし合わせながら、陸海軍省がすでに「大国間の友好関係の崩壊」を前提に海外戦略基地の獲得のための同盟関係構築を求めている点に憂慮を示した。なぜなら他国領土にある戦略基地の使用権獲得を求めるあまりに「他国の領土的政治的独立」を損なう可能性があったからである。また国務長官幹部委員会は他国軍隊の強化案についても強い懸念を示した。他国軍隊の強化とは、すなわち基地獲得の見返りに武器移転や軍事訓練を含む他国との個別的な軍事同盟構築を意味することにほかならなかったからである。(17)

一九四六年一月に開催が予定されていた国際連合第一回総会の議題として、国務省はすでに原子力問題に取り組み始めていた。しかし開催国のイギリス政府が、一九四五年一二月に入って、国際的武器取引の規制が急務であるという見解を示した。このため国務省は、「世界中に膨大な武器が保管されており、武器流用に関する国際協定の欠如や武器使用に関する原則の不在」は国際連合が直面する政治的軍事的問題を増大させ、複雑にする可能性があるとの認識に基づき、アメリカ政府がとるべき立場に関する検討を行うことになった。(18) 国務省において問題となったのは、国際的武器取引規制と国内法との関連である。

アメリカ政府は、一九二二年、一九三九年、一九四〇年の武器輸出関連法によってライセンス制を導入していたため、国内管理の考察を優先すべきだという見解が示されていた。国務省は、武器輸出禁止に関してはアメリカ合衆国独自の政策に基づいて「自由裁量権」を維持するべきであるという文書を作成した。これに対し、統合参謀本部は、国連での軍縮政策を決定するのは総会ではなく安全保障理事会であると強調し、また武器禁輸と同様、武器輸出についてもアメリカ合衆国は自由裁量権を維持するべきだと強調した。統合参謀本部の求める武器輸出の自由裁量権の維持とは、実際、国際的な軍縮・軍備規制からの撤退を意味する。国務省特別政治局は、武器輸出の自由裁量権の維持は軍縮協議の重大な障害となるという懸念を示した。最終的に国連総会は、一月二四日に国連原子力委員会の設置を決定した。原子力管理が最優先課題とされた結果、通常兵器の軍備規制制度の構築は国連の次の会期における政策課題として残されることになった(19)。

3　一九四六年における武器移転政策基本方針の策定

一九四六年にはいると英ソ、米ソ関係が悪化の一途をたどっていた。スターリンが二月九日に演説し、イデオロギーの異なる資本主義社会との共存は困難であると主張した。これに対し、トルーマン政権のみならずアメリカ国内メディアは、この演説の「イデオロギー対立」という点に着目し、対ソ認識を硬化させることになった(20)。このような状況のもと、武器移転政策は米軍部が模索していた海外戦略軍事基地の戦後アクセス権の確保政策と連関させて検討されることになった。政策策定において中心的な役割を果たしたのが統合参謀本部およびＳＷＮＣＣ再軍備分科委員会である。統合参謀本部は一九四三年初頭からアメリカ国防に必須の海外基地研究を開始し、一九四四年初めに大統領の承認を受けて国務省による戦後基地使用交渉が行われた。しかし各国ともにその領土における米軍の戦後駐留に難色を示していた。統合参謀本部はこうした状況を憂慮し、国・地域別に米軍が必須とみなす海外軍事基地研究を進めていた。それが一九四五年三月に策定されたSWNCC38シリーズである。海外の戦略拠点へのアクセス権の重要性を強調する統合参謀本部は、SWNCC282という「アメリカ合衆国軍事政策策定のための基本方針」という文書を一九四五年九月にまとめ、必要とあれば米軍がいついかなる場所に対しても効果的な軍事活動を展開できる世界規模の軍事基地ネットワークの維持を訴えた(21)。

統合参謀本部の要請に応えて、SWNCC再軍備分科委員会が中心となって策定したのが、SWNCC202シリーズである。この文書は、一九四五年一〇月から検討が始められ、二月七日のSWNCCによる検討後、SWNCC202／2として回覧され、一九四六年三月二一日に承認された。この文書はもともと武器貸与契約の義務遂行に関する文書として策定されたものであったが、最終的に、海外戦略基地確保政策と各国政府に対する武器移転方針を概要するものとして修正されることになったのである。この文書策定に先駆けて国務長官幹部委員会は、その基本方針であるSC／R‐184およびSC／R‐187を取りまとめた。SC／R‐184は、陸海軍省が余剰軍需品と宣言した物資の外国政府への払下げを規定した文書で、(1)イギリス領土に残された軍需品の移転、(2)フランス陸軍への装備提供、(3)中国に対する武器貸与軍需品供与の完遂、(4)フィリピン国軍への装備提供、(5)ラテンアメリカ諸国への軍需品提供を基本政策とするものだった(22)。また、一九四六年二月六日付けのSC／R‐187文書では、一九四五年末にフランスとオランダ両国がそれぞれ植民地への米製武器の移転を希望していたことに対し、国務省はこれら植民地への米製武器およびスペア部品の移転については承認を据え置く必要があるとした。ローズヴェルト政権が掲げた脱植民地化政策を踏まえ、国務省は、宗主国による植民地への米製武器による武力行使が引き起こすだろう政治的問題を憂慮すべき問題と位置づけたのである(23)。

SWNCC202／2は、余剰軍需品および外国政府の管理下にある武器貸与物資などを用いた外国政府の戦後再軍備支援についての方針をまとめたものであり、特定の諸国への供与と同様に、特定の諸国から戦時武器貸与物資を引き上げることに関して決定することを目的として策定された。武器移転を肯定する場合、以下の四つの条件に整理することができる。第一に米軍による基地使用を含めた共同防衛政策、第二に基地使用権獲得である。第三に、アメリカ合衆国が政治的関与を強めた諸国の国内秩序維持に必要な「警察力」を構築するための武器支援、第四に占領政策遂行上必要な武器移転である。第一については、共同防衛体制強化のため――「市場確保」のため――ラテンアメリカ諸国への武器提供およびフィリピン国軍増強支援が上げられる。第二については、ポルトガルの事例が挙げられる。ポルトガル政府に対しては「恒久的な基地使用権に関する交渉」がまとまるまでは米製武器の供与をすべきではないとした。ポルトガルは、大西洋の戦略拠点であるアゾレス諸島を所有しており、米軍は第二次世界大戦を通じてアゾレス基地の戦後使用権獲得を模索していた。第三に、中国軍の近代化、朝鮮半島の「民間警察隊」への支援および中東諸国の国内秩序の維持に必要な武器提供決定である。中東については、「アメリカ合衆国の政治的目的」ゆえに追加的軍需品供給を行うべきとしている。第四に、イギリスおよびコモンウェルス、フランスへの武器供与である。とくにイギリス軍が保管する武器を日本占領に従事するコモンウェルスに移転することが明記された。

武器移転を否定する条件として、ヨーロッパの植民地政策が挙げられる。国務長官幹部委員会の見解と同様、SWNCC再軍備分科委員会は、ヨーロッパにおけるオランダ軍再建を支援することについては承認の可能性があるが、しかしそれらの武器がインドネシアに駐留するオランダ軍に引き渡されることについては、難色を示していた。また、ソ連および東欧諸国の場合、アメリカ合衆国からの武器支援の必要はなく、アメリカ国防政策とも一致していないと結論づけている。ここに、対ソ連・東欧武器禁輸措置の起点が看取できる。再軍備分科委員会は、またこの時点において、トルコおよびギリシャに関してはイギリスから武器貸与余剰品を供与すべきこと、そしてこれらの武器は返還の必要がないとしており、この二つの地域についてはイギリスが責任を持つと確認した。それゆえ一九四六年初頭において、アメリカ合衆国が国防政策の一環として武器移転を行うべき地域・国家は、ラテンアメリカ諸国、中国、フィリピンであり、ついで重視されたのはイギリスおよびコモンウェルス、フランス、そして地中海地域の要衝イタリアであり、イタリア空軍の再構築支援を急務であると位置づけた。

ＳＷＮＣＣ２０２／２は、基本的には武器貸与の余剰品の再転換を目的とするもので、各国からの軍需品供与・購入要請に応えるために策定されたものであった。また基地使用権の獲得手段としての武器移転政策についても、ラテンアメリカ諸国、フィリピン、ポルトガルに限定していた。この文書は過渡期的性質の文書であり、米国起源の軍需品が受け手から第三国へと流れないようにするにはどうすべきかといった問題は課題として指摘するにとどまった。また、この文書では、民間の軍需産業からの外国への武器売却に関する規定もまったく言及されていなかった。さらに、国連における軍備規制議論を念頭にアメリカ政府による各国への武器移転政策は国際的な武器規制政策と矛盾するものであるという見解も示されており、国務省が必要とあればつねに武器移転政策そのものを修正すると主張していた。このＳＷＮＣＣ２０２／２は、トルーマン政権の最初の包括的な武器移転政策として採用された。トルーマン大統領はこの後、連邦議会に対しラテンアメリカ諸国、中国、フィリピンへの平時の長期的武器供与政策を承認するよう求めたのである[24]。

歴史的に例を見ない平時の「武器貸与」を提案したトルーマン政権は、三月から四月のイラン北部からのソ連軍撤退問題という緊迫した国際情勢に直面していた。国務省では、駐ソ外交官ジョージ・F・ケナンの「長文電報」を受けソ連の対外政策を軍事的観点から研究した。そこで強調されたのはアメリカ合衆国の在外基地の存在が、ソ連当局の疑念を引き起こしているため、イランにおけるソ連軍撤退問題に対しても強く反対することが困難である点だった。在外基地確保政策は、戦時の軍事空輸活動の民需転換政策とともに大戦中からアメリカ政府が追求してきたものであり、戦後の国際航空秩序の構築をめぐって米ソ関係は行き詰まっていた[25]。しかし戦時中に計画された在外基地確保に関して、米軍は戦後六カ月もしくは九カ月後の撤退という時限協定および人的資源の限界からきわめて困難な情況に直面していた。四月一一日に統合参謀本部が提出したＳＷＮＣＣ２８５文書は、在外基地の確保もしくは他国領土の戦略拠点へのアクセス権確保のため、国務長官、陸軍長官、海軍長官に海外基地からの撤退問題と軍事基地ネットワーク再編に関する軍事的熟慮の共有を求めた。(26) このような状況下、急速に進む軍事動員に伴う在外戦略基地からの撤退の代替手段の一つとして武器移転による対外軍事支援が検討されることになる。

4　国務省武器軍需品政策委員会の設置とその活動

国務省は、武器移転政策における軍部・陸海軍省との意見調整をより円滑に行う必要があった。しかし国務省と陸海軍省は、たとえば占領・外交政策立案過程において緊密な協力が求められていたにもかかわらず責任分担をめぐる軋轢から協力的な関係とはいえなかった。事態を改善するため一九四六年四月、国務次官ディーン・アチソンは、陸軍参謀本部のメンバーで、北アフリカ作戦上陸のおりに一九四三年に設置した陸軍民政局長官に就任し、占領下のドイツで民政担当将校を務めたジョン・Ｈ・ヒルドリング陸軍少将を国務次官補として迎え、国務省と陸軍省との円滑な連絡体制の構築を試みた。(27) ヒルドリングは、国務次官補占領地域担当官として、国務長官幹部委員会のメンバーならびに国務省ＳＷＮＣＣ代表を兼務し、さらに一九四六年五月末に設置された戦後米国武器移転政策を扱う国務省武器軍需品政策委員会（ＰＣＡ）の委員長となった。またヒルドリングを補佐する委員長代理としてジェイムズ・クレイン陸軍少将がＰＣＡに加わった。(28)

ＰＣＡの主な任務は、国務省がＳＷＮＣＣにおける武器移転政策策定において主導的役割を果たせるよう、事前に国務省内の占領局、管理局、特別政治局、国際経済局、各地域局担当局などと意見調整を行って政策を立案することであった。[29] 一九四六年初めの中東情勢の不安定化やソ連軍のイランからの撤退問題など国際情勢の急転や各国・各地域の現地情勢の変動に対応する必要があったため、ＰＣＡは、ＳＷＮＣＣ２０２／２文書の各規定の不備などを研究しつつ具体的な武器移転に関する政策調整を担った。また、連邦議会も外国政府に武器を提供する代わりに基地使用権を獲得するべきであるという法案を提出したため、ＰＣＡは武器移転政策と基地使用権獲得問題を結びつけて政策を策定することになる。[30] 国務省が統合参謀本部からの要請を受けて、ＰＣＡは核兵器以外の通常兵器の軍備規制を研究する機関として位置づけられることになり、代表のヒルドリングはＳＷＮＣＣ軍備規制分科委員会の議長をも兼務し、クレインがその議長代理となった。[31] ＰＣＡは対外武器移転政策と軍備規制政策の立案、具体的にはＳＷＮＣＣ２０２／２文書の修正と、ＰＣＡ Ｄ-５の作成という一見相反する目的に対処するため活動を開始した。

ＰＣＡ初会合の後に作成されたＰＣＡ Ｄ-５は、国務省が武器管理（arms control）に関して包括的な政策を未だ策定していない点を指摘し、日独の非武装化、イタリアおよび周辺国家の国境警備に必要な程度の軍備制限措置、アルゼンチンおよびスペインに対する武器売却・移転の禁止、対中軍事支援の縮小、ラテンアメリカ諸国軍の軍装備標準化と武器供給の削減問題、軍事機密情報開示制限、そして原子力委員会の設置推進を当初の検討課題として掲げていた。この文書に見られるように、ＰＣＡは当初、武器供給・売却・移転を縮小もしくは削減する指針を決定し、ＰＣＡのメンバーである国務省特別政治局のドナルド・ブライスデールを中心に研究が行われることとなった。同時に、個別武器移転について概要を示したＳＷＮＣＣ２０２／２についてもＰＣＡは再検討を開始した。[32] 当初ＰＣＡは、武器供給・売却・移転を縮小もしくは削減する方針を確認し、また個別的な武器供給に関しても管理を強化する方向性を示した。その事例の一つが、保留されていたオランダおよびフランスへの余剰軍需品移転問題である。

六月から七月にかけて、各国政府への余剰軍需品の再配備に関して個別的検討が行われた。その中でも問題となったのは植民地問題である。オランダ政府は、当初からイギリス政府を通じてアメリカ合衆国に植民地インドネシア駐留オランダ軍への軍需品引渡しを求めていた。終戦直後から、フランス領インドシナ、オランダ領インドネシアやタイを含む東南アジア地域についてはイギリス軍がその管轄権を主張しており、植民地オランダ軍はイギリス軍に組み込まれていた。この地域において独立運動が高まるなか、当地から撤退を模索するイギリス軍は管理下にある米製軍需品をオランダ軍に再移転することについて許可を求めていた。これに対し、国務省東南アジア局および北西ヨーロッパ局は、米国起源のイギリス軍装備品および軍需品を、当地における治安維持活動に従事するオランダ軍に引き渡すことについては同意しないという見解を示していた。そのため、PCAは、SWNCC202／2文書の指針に沿って、イギリス軍撤退後、一九四六年一〇月に派遣予定のオランダ軍にトラック車両、牽引用トラックや削土機、地ならし機など武器として分類されえない余剰物資のみの供給を許可する方針を決定した。「オランダ領インドネシアにおける状況が不透明な場合、アメリカ合衆国による軍需品供与は延期すべき」であるとし、植民地独立にアメリカ合衆国が巻き込まれる可能性を考慮したのである。ここに、国務省およびPCAの、ヨーロッパの植民地の独立問題に極力巻き込まれるべきではないとの政治的熟慮を看取することができる(33)。

一九四六年七月から八月にかけてPCAは、すでに計画されていたラテンアメリカ諸国やフィリピン、中国、フランスに対する武器移転の具体化策の立案に加え、オランダ、ベルギー、ルクセンブルク、北欧諸国、ギリシャなどへの余剰軍需品および米製武器売却を検討した。七月一九日のPCA第八回会合では軍事機密情報の管理政策が議題となった。スウェーデンから再三軍用機を購入する希望が伝えられていたが、国務省は、これを保留する理由として「スウェーデンが米国航空技術の軍事機密を利用することが可能である」ことを挙げていた。軍事技術移転を問題視したのである。七月二六日の第九回会合では、中国国内の政治状況が悪化したため、調停に当たっていたジョージ・C・マーシャル将軍の見解が示されるまで、中国に対する武器供与は保留するものとした。八月五日の第一〇回目のPCA会合では、武器移転と引き換えに海外戦略拠点の使用権もしくはフランス、ベルギー、オランダの植民地が産出するレアメタル確保政策が取り上げられた。国務省経済局がＰＣＡに提出した文書において在外基地問題は「政治問題」であると指摘、他方、国務省資源局はすでに武器貸与の見返りに基地獲得の可能性を熟慮していた。こうした見解を考慮しつつ、ＰＣＡは、「外国領土の存在している基地獲得手段の一つとして余剰軍需品利用に熟慮が払われなければならない」とした(34)。このように、個別的かつ具体的な検討を進める間に、ＰＣＡは、ＳＷＮＣＣ２０２／２に含まれない問題を処理しながら、この文書修正に従事したのである。

国連軍備規制関連の議論については、一九四六年七月、国連原子力委員会への事実上アメリカの原爆独占を企図するバルーク案の提出後、ソ連が原子力全面禁止案を提出するなど、核管理交渉は暗礁に乗り上げていた(35)。アメリカ国内においても核技術開発の独占を企図する連邦議会上院が一九四六年の原子力法、通称マクマホン法を可決してアメリカによる核独占体制を強化しようと試みた(36)。さらに中国国内情勢の悪化、八月から九月のトルコ海峡問題は米ソ間の緊張を一気に高めることになり、改めて武器移転政策の見直しが必要となったのである。すでにイラン北部からのソ連軍撤退問題をめぐって対立を深めた米英とソ連政府であったが、トルコ海峡問題はさらに軋轢を高め、アメリカ合衆国の中東政策に見直しを強いることになった。中東地域の危機的状況の一方で深刻化していたのがイギリス財政の急激な悪化である。いわばイギリスの勢力圏とみなされていたトルコ、地中海から中東全域に対してアメリカ合衆国はどのようにコミットすべきかどうかが外交上の政策課題となった(37)。これらの問題によって、ＰＣＡは既存の余剰軍需品再移転政策を凌駕する武器移転政策と同時に軍備規制政策の立案に着手した。

5　国連軍備規制議論と米国武器移転政策策定へ

ＰＣＡは、八月末、国際連合の次の会期に向けた軍備規制議論を再開した。一連の討議において武器移転の全般的な削減の方向性を示したＰＣＡ Ｄ-５の修正が行われることになった。米国国連大使に就任したウォーレン・オースティン共和党上院議員が九月初めに国務省を訪問する予定が組まれたため、ＰＣＡは八月二三日に第一四回定期会合において国務省特別政治局が提出したＰＣＡ Ｄ-５／２の検討に入った。この文書では、原子力委員会での議論が不透明であり、敗戦国との講和条約が締結されていないこと、敗戦国の非武装化について占領諸国間の合意が存在しないことを根拠に軍備規制議論は時期尚早である点を強調すべきとされた。この方針に対しラテンアメリカ局のメンバーは、「このアメリカ合衆国の消極的な姿勢は、世界中に恐怖と疑念を引き起こし、国際社会におけるわが国の指導力に壊滅的な影響をもたらす」と指摘、むしろアメリカ合衆国は時期尚早である点を強調するよりも国連憲章第一一条に従って軍備規制に関する国連委員会の設置提案を優先するべきだと主張した。この後、九月五日の特別会合でＰＣＡ Ｄ-５／２が修正され、アメリカ合衆国の立場は軍備規制を支持するという積極的な姿勢を示すものでなければならず、アメリカ政府として国連の政治安全保障委員会に軍備規制分科委員会の設置提案を行うことが文書に盛り込まれることになった。この後、ＰＣＡ代表でＳＷＮＣＣ国務省代表を務めるヒルドリングは、ＰＣＡが包括的な軍備規制政策を早急に策定してＳＷＮＣＣとの協議を行うと述べた(38)。

この後、ＰＣＡ Ｄ-５／２に関して原子力委員会代表、陸海軍および統合参謀本部と国務省特別政治局との間で意見交換が行われ、以下の点が確認された。すなわち、軍備規制ならびにアメリカ合衆国が従事しているラテンアメリカ諸国、中国、フィリピンへの武器移転は国連憲章第五二条の地域協定の枠組みにおいて正当化しえるという点である。とくに統合参謀本部は地域的枠組みでの防衛協力と軍備規制は矛盾しないという見解を強調した(39)。ＰＣＡがその見解において軍備規制を時期尚早とする背景には、ＳＣ／Ｒ-１８４、ＳＣ／Ｒ-１８７およびＳＷＮＣＣ２０２／２に基づいて進展していた余剰軍需品の再移転とさらなる外国政府からの武器移転・供与・売却要請が存在した。政府所有の余剰品のみならず民間企業から外国政府が兵器やそれに準ずる技術や設備を直接購入するという問題が存在していた。この問題は、貿易の自由化を推進する商務省と、武器移転について一定の制限を課そうとしてきた国務省、さらには軍部との調整が必要となった。その一つのケースが、ソ連政府によるアルミニウム工場設備の購入交渉であった。この場合、政府から余剰軍需品生産工場だと指定された工場設備売却に関する交渉に当たった会社側が商務省に問い合わせ、その後、国務省および陸海軍省に売却に対する見解を問うたのである。(40)この問題はアメリカ政府が戦時に育成した軍需関連産業からの技術移転のあり方を問うこととなった。すでにPCA D-6シリーズとして検討が重ねられてきた技術移転問題であるが、九月二五日のPCA D-6/12文書では、工場および施設の移転と、組み立てられた物資および完成兵器の輸出は技術移転において同じ意味を持つゆえ国務省は、陸海軍省が余剰と宣言した民間管理下の工場設備の移転もまた軍事技術移転に繋がるとして、外国政府からの購入希望に関して関連省庁に報告するよう輸出企業に通達した。(41)

一九四六年半ばまでにイギリス経済の危機的状況からヨーロッパ各国への武器移転問題が再浮上した。ギリシャ内戦が激化するなかでイギリスによる支援対象のギリシャ政府がアメリカ政府に直接空軍用訓練機の購入を求めた。また地中海での兵力増強が困難になったイギリス政府は戦車等の武器貸与軍需品をイタリア軍に大量に移転する許可をアメリカ政府に求めるなど従来の政策では対処しえない要求を持ち込んだ。ギリシャに対する余剰軍需品移転に関して、当初PCAは差し迫った問題であると認識していなかったが、九月末にはSWNCC202/2のギリシャに関する条件について修正する必要があることを確認した。イギリス一国ではすでに地中海地域の安全保障を維持することがきわめて困難であり、九月に米英間で非公式な合意が結ばれ、一〇月、パリでバーンズ国務長官と英外相ベヴィンおよび英国防相アレキサンダーが協議し、英米両政府がギリシャ、トルコを支援することを確認した。しかしながら、トルーマン政権は、国内政治、とくに中間選挙を控えた時期に追加的な対外支援政策を表明することは困難な状況だった。(42)

こうした状況のなか、国際連合総会において大きな動きがあった。軍備規制に関して、ソ連代表モロトフが一〇月二九日の演説で軍備削減を発議したのである。モロトフは、すでに調整困難な状況に陥っていた原子力国際管理問題を批判しながら、軍隊規模に関する問題を安全保障理事会が取り上げなかったことに遺憾を表明した。そして、「国際連合の目的と原則に一致して国際平和と安全保障を強化するために一般的な軍備削減が必要である」こと、「国連総会こそが、安全保障理事会に軍備削減責務を果たすよう促すべきである」こと、安全保障理事会が負うべき責務とは、「戦後の平和状況にそぐわない軍備に対する過重な財政負担によって生み出される経済的負担からすべての人々を解放するもの」であるべきだと主張した。この演説後、米国国連大使オースティンが、ソ連の軍縮提案を受け入れる演説を行ったため、核管理問題と軍縮問題がともに国連で議題として取り上げられることになったのである。(43)

ＰＣＡはこの直後に会合を開き、アメリカ合衆国が示すべき方針に関する意見調整を行うこととした。ＰＣＡ議長ヒルドリングは、「事態は緊急を要する」ことを強調し、ＳＷＮＣＣで議論するために国務省の軍備規制案を早急にまとめるよう指示した。この後、ＰＣＡは国務省幹部を招集して特別会合を開催、その方針を取りまとめた。第一に、アメリカ政府は原子力管理の重要性についてソ連と同意すべきであるが、安全保障理事会こそがその方針を決定するべきであること、第二に、「いかなる軍備規制もしくは軍備削減は、国際査察やその他の手段を通じて効果的な保障措置（safeguard）の実行によって実現させるという理解に基づき、大量破壊兵器以外の通常兵器軍備規制およびその削減に関してソ連と合意すべき」という方針を決定した。この後、国務省特別政治局国際安全保障部のメンバーが中心となってＰＣＡ D-5／2を修正し、原則として原子力委員会方針を踏襲するＰＣＡ D-5／5を策定した。一二月六日に提出されたこの文書に関して、ＰＣＡは、軍備規制は「兵器の廃絶よりもむしろ、その量的制限を強調」するものであることを確認した。また、軍備規制における最も重要な原則は、オースティン国連大使が原子力委員会で明言した、規則を順守する国家を防衛するために違反国もしくは危険回避目的で該当する諸国に対する査察やその他の手段を含む効果的な保障措置体制を整備することであり、これによって国連憲章と一致した国際的安全保障システムを補うことをアメリカ政府が示すべき政策であるとしたのである。この後、ヒルドリングはＰＣＡ Ｄ-５／５をＳＷＮＣＣに提出、ＳＷＮＣＣは一二月九日、保障措置設置提案を規定したＳＷＮＣＣ２４０／Ｄを策定、これをバーンズ国務長官とオースティン米国国連大使に提出した。(44)

一一月から翌年二月にかけて米国国連代表は加盟国と積極的な意見交換を行った。国連総会第一委員会においてアメリカ代表の提出した草案が審議され、ソ連からの修正提案が行われた後、カナダ、エジプト、フランス、ソ連、イギリス、アメリカ代表団による審議を経て原則策定が進められた。こうして一二月一四日、国連総会は満場一致で、「国際平和と安全を強化する観点から、軍備および軍隊の一般的規制と削減の必要性」を確認する「軍備規制および削減のための一般原則」を承認した。この一般原則は、アメリカ政府および軍部が想定していた軍備規制および軍縮のための政策立案の手続きを規定しているものの、具体的な軍縮目標もしくは削減対象となるべき兵器の定義などを含むものではなかった。イギリス国連代表が提案した外国領土に駐留している加盟国の撤退についても「考慮」すると述べられているに過ぎなかった。(45)この一般原則採択後、アメリカ政府、国務・陸海軍省、統合参謀本部は、安全保障理事会における軍備規制協議に向けた政策策定を開始した。一月二九日、国務省は、陸海軍省との協議の結果、アメリカ政府としては原子力委員会を最優先し、原子力管理および大量破壊兵器の国際管理体制を整備した後に初めて通常兵器軍備規制を行うべきであるという方針を確認した。一月三〇日には再び、ＰＣＡ議長ヒルドリングがアチソン国務次官に通常兵器軍備規制は陸海軍との調整が必要であり、国連で何かしら具体的に議題として取り上げるには時期尚早である点を強調、アメリカ代表団は、原子力管理問題を最優先しつつ国連通常軍備委員会（ＣＣＡ）の設置提案を行うべきと勧告した。この後、二月一三日に国連安全保障理事会は米国代表が提案した国連通常軍備委員会の設置を決定する運びとなる。(46)この国連委員会こそが、アメリカ世論と国際社会の求める通常軍備削減を協議するための象徴的機関として設置されたのである。

ＰＣＡ議長でＳＷＮＣＣの国務省代表を兼務するヒルドリングが、国連による軍備規制を「時期尚早」と強調した背景には、ＰＣＡが修正したＳＷＮＣＣ２０２／４文書がすでに、陸海軍省との意見調整過程にあったことが挙げられる。一二月二〇日、国務長官幹部委員会に提出されたこの文書は、「アメリカ政府もしくは民間企業による外国への武器移転を管理する政策」を設定するものであり「アメリカ合衆国の長期的な政策は、米国起源の軍需品を劇的に制限することにある」と勧告していた。武器移転の内容については、基本的にはラテンアメリカ諸国、フィリピン、カナダ、フランスに武器を供与するＳＷＮＣＣ２０２／２を更新するものであった。それまで武器移転対象とされていたが内戦状態に陥った中国に関しては、調停にあたっているマーシャル将軍の承認があれば実行可能かもしれないが、議会による新たな立法措置が必要であるとして支援対象から除外していた。この文書において注目すべき点は、武器移転が許可されるべき条件を設定している点である。第一に、正当と認められた国家権力による「合理的かつ正当な行為としての国内秩序維持」を可能にする場合、第二に、国連憲章第五一条に基づき国家が軍事攻撃に対する自衛を可能にする場合、第三に、国家が国連における責務を果たすことを可能にする場合という条件である。これら条件とともに、この討議で、国務長官幹部委員会は「その国家の独立と領土保全が米国国家安全保障にとって死活的な場合には必要な武器移転を許可する可能性」のあることを確認したのである。しかし、外国政府への武器移転権限が国務省に集中しており、陸海軍省からこの点に関する再考の要請があったため、ＳＷＮＣＣ２０２／４は一九四七年一月七日、ＳＷＮＣＣ再軍備分科委員会での意見調整が行われ、ギリシャ、トルコ、イランの独立と領土保全問題を含め、修正されることになった(47)。

国際連合での通常軍備委員会設置の直前、ＰＣＡは陸軍省によるＳＷＮＣＣ２０２／４文書の修正案を受け取った。陸軍省の案は、国務省の勧告した米国からの武器移転の劇的制限条項を削除し、武器移転政策は米国から外国政府への武器移転の「自由化」を要求するものだった。二月一一日、国務省のＰＣＡメンバーは、陸軍省の案は「アメリカ代表団が、国連安全保障理事会で軍備や軍隊規制に関する複雑な交渉に従事しているこの時点で世界のあらゆる国家への武器移転の門戸開放を意味するもの」であると強い懸念を表明した。その後も武器移転権限の管轄をめぐる見解の相違から、武器移転政策に関する国務省と陸軍省との合意形成はきわめて困難な様相を呈した。(48) ＳＷＮＣＣ２０２／４と武器管理権限をめぐる国務省と陸軍省との意見対立を突然終わらせることになったのは、ギリシャ、トルコ危機に対するトルーマン大統領の方針だった。

トルーマンは、二月二七日に中間選挙で多数派となった共和党の有力議員に説明を行っていた。ＰＣＡも三月三日からギリシャに対する具体的な武器移転政策の検討を開始した。移転する軍需品に関しては、事前に陸海軍省の了解を取るべきとする提案に対し、国務次官ディーン・アチソンは、この提案に承認を与え、ＰＣＡは以後、個別武器移転政策遂行に携わった。またアチソンは、三月五日、ギリシャ、トルコへの軍事支援問題を研究するようＳＷＮＣＣに要請、ＳＷＮＣＣ３６０文書が作成された。この文書は、ギリシャ、トルコをはじめ、ＳＷＮＣＣ２０２／２で言及された国々など「西側」諸国への具体的な武器移転策を提示し、さらに米国による海外基地システムの構築を武器移転の目的の一つとした。一九四七年三月一二日のトルーマン大統領が演説で示したトルーマン・ドクトリンは、アメリカ合衆国による「西側」諸国への大規模武器移転政策の承認を求めるものであった。この演説後、連邦議会は迅速にギリシャ＝トルコ支援法の審議に入り、五月に可決した。六月にはマーシャル国務長官がヨーロッパ復興再建策「マーシャル・プラン」を発表した。武器供与および購入を求める「友好国」の再軍備と同盟関係構築を進めるため戦後米国武器移転政策は、冷戦政策遂行上、きわめて重要な意味をもつことになる。(49)

ＳＷＮＣＣ再軍備分科委員会は一九四七年四月二二日、外国への武器移転に際してアメリカ合衆国の国益に一致するか否かを判断する基準を設定し、戦略拠点の基地を確保するなどの武器移転の当初の目的とともに、新たな目的も明確化した。すなわち伝統的な武器輸出国ベルギー、スウェーデン、チェコスロヴァキアの軍需産業利益を拒否しつつ、「アメリカ合衆国の軍需産業支援を促進し、軍需産業利益を守る」ことを目標として掲げた(50)。こうしてアメリカ政府は、国連での軍備規制政策を検討する一方で、第二次大戦直後の武器移転政策策定にいたったのである。

6　おわりに

以上、本論では第二次世界大戦直後から始まった武器移転政策の変遷と位置づけの変化について考察してきた。アメリカ政府が戦時中に展開していた武器貸与法は、連合国を経済的に支援するのみならず世界におけるアメリカ合衆国の軍事的プレゼンスを高めることにもなった。一九四五年末以降、アメリカ政府はラテンアメリカ諸国やフィリピンに余剰兵器を移譲、もしくは売却することにより、これら諸国の軍事基地使用権獲得を含む共同防衛関係強化と武器市場の確保を目指した。またヨーロッパ諸国も武器貸与余剰品の供与売却、スペア部品購入を希望するなど、アメリカ合衆国からの武器移転を求めた。しかし、同時期、国際社会は核管理や軍縮を求め、国連を中心に核管理問題および軍縮問題が議題として取り上げられることになった。ここに、アメリカ政府が直面したジレンマ——武器移転を進めつつ、核兵器を含む軍備規制政策を立案する——を見出すことができる。

一九四六年二月、ヨーロッパや中東地域で米英とソ連の緊張が高まるなかでの「友好国」の再軍備は、急速な米軍軍事動員解除を埋め合わせ、また海外戦略拠点の使用権確保を含む安全保障政策を遂行する一つの選択肢となった。友好国の再軍備を支援する武器移転政策を規定したのは、国務・陸海軍三省調整委員会によるSWNC202／2であった。この文書は、基本的には「友好国」に余剰武器貸与物資の再転換もしくは余剰品供与、売却を規定するものだった。国務省は武器移転政策立案における指導力を発揮し、陸海軍省との意見調整を円滑に行うためにPCAを設置した。この組織こそが国連で示すべきアメリカ政府の軍備規制政策、各国に対する個別的武器移転の是非を検討することになる。

ＰＣＡは、国内においては設置当初から海外基地使用権獲得を主張する統合参謀本部、武器移転の自由化を求める陸海軍省との意見調整に難儀した。また国際的には、ヨーロッパ、地中海、中東地域における軍事的経済的責任を負うべきイギリスの弱体化が顕著であり、またイラン撤兵問題やトルコ海峡問題、さらには国連における原子力管理問題でソ連との関係悪化という状況に直面した。またＳＷＮＣＣ２０２／２では触れられていないアメリカ民間企業からの武器移転問題の処理などを扱う必要があった。こうした状況下、再び、国連で軍備規制問題が取り上げられることになった。ＰＣＡはアメリカ政府がとるべき軍備規制政策として「国連通常軍備委員会」の設置および「効果的な保障措置体制」の構築を掲げつつ、武器移転に関しては将来的に米国からの武器移転を劇的に削減することを政策として承認した。この後国務省は、一九四七年初頭、武器移転対象国の「国内秩序維持」、「自衛権」、「国連での軍事活動への参加」を武器移転の条件として設定し、アメリカ国家安全保障上、死活的重要性を持つ諸国への武器移転を承認することになる。実際、これはアメリカ合衆国が、「友好国」とみなす諸国への武器移転を随意に「正当化」することが可能な条件設定であったといえる。一九四七年二月、国連では圧倒的賛成多数で通常軍備委員会が設置されることになった。しかし、この委員会の設置とほぼ同時にアメリカ政府は、トルーマン大統領の方針によって地中海・中東地域におけるイギリス政府の責任を引き継ぐ大規模な軍事支援政策を打ち出したのであった。こうして、通常兵器を規制し軍縮を実現、平和を創出するという国連憲章にうたわれた希望は、米ソ冷戦の深化と同時に、事実上、潰えることになったのである。

（１）「武器移転」問題については三つのアプローチからの研究が行われてきた。第一に国際法学からのアプローチ、第二に国際政治学からのアプローチである。そして第三に国際経済史・歴史的アプローチである。国際法学アプローチに関しては、軍縮問題を主題とする杉江栄一『ポスト冷戦と軍縮』（法律文化社、二〇〇四年）を参照。第二の国際政治学アプローチについては、『国際政治』一〇八号（一九九五年）の特集「武器移転の研究」に詳しい。また、第三の国際経済史・歴史的アプローチについては、奈倉文二・横井勝彦・小野塚知二『日英兵器産業とジーメンス事件』（日本経済評論社、二〇〇三年）を参照。

（2）核軍備管理問題に関する先行研究については、ブルース・M・ラセット『安全保障のジレンマ』（有斐閣Ｒ選書、一九八四年）、二二七〜二三〇頁。国連創設期における核管理をめぐる米ソ対立については、西崎文子『アメリカ冷戦政策と国連 一九四五—一九五〇』（東京大学出版会、一九九二年）、浅田正彦編『核の拡散防止と輸出管理——制度と実践——』（有信堂、二〇〇四年）を参照。

（3）小原敬士『アメリカ軍産複合体の研究』（国際問題研究所、一九七一年）、菅英輝「アメリカにおける科学技術開発と『軍・産・官・学』複合体」『国際政治』第八三号（一九八六年一〇月）、一〇七〜一二五頁、西川純子『アメリカ航空宇宙産業　歴史と現在』（日本経済評論社、二〇〇八年）。

（4）これについては、加藤洋子『アメリカの世界戦略とココム　一九四五—一九九二——転機に立つ日本の防衛政策』（有信堂、一九九二年）を参照。

（5）Robert E. Harkavy, *The Arms Trade and International Systems* (Cambridge, 1975); Stephanie G. Neuman and Robert E. Harkavy, eds. *Arms Transfers in the Modern World* (New York, 1979).

（6）Chester J. Pach, Jr. *Arming the Free World: The Origins of the United States Military Assistance Program, 1945–1950* (Chapel Hill: Univ. of North Carolina Press, 1991), pp. 118–121.

（7）ＰＣＡは科学技術情報の移転問題などにも携わったが、本章では紙幅に限りがあるため若干言及するにとどめ、別稿を期したい。近年の研究成果として、Jeffrey A. Engel, *Cold War at 30,000 Feet: The Anglo-American Fight for Aviation Supremacy* (Cambridge, 2007) を参照。

（8）John C. Walter, "Lend-Lease," in Otis L. Graham, Jr., Meghan Robinson Wander, eds., *Franklin D. Roosevelt His Life and Times: An Encyclopedic View* (New York, 1985), pp. 239-240.

(9) Warren F. Kimball, *The Juggler: Franklin D. Roosevelt as Wartime Statesman* (Princeton, 1991), pp. 43-61.

(10) 武器貸与停止による米ソ関係の紛糾については、George C. Herring, *Aid to Russia, 1941-1946* (New York, 1943); Leon Martel, *Lend-Lease, Loans, and the Coming of the Cold War* (Boulder, CO., 1979) が、米ソ冷戦の主要因として武器貸与支援の停止を位置づけている。

(11) Robert E. Harkavy, "The New Geopolitics: Arms Transfers and the major Powers' Competition for Overseas Bases," in *Arms Transfer in the Modern World*, pp. 131-136.

(12) Stoler, Mark A., "From Continentalism to Globalism: General Stanley Embick, the Joint Strategic Survey Committee, and the Military View of American National Policy during the Second World War," *Diplomatic History*, 6 (Summer 1982), pp. 303-321.

(13) 拙著『オープンスカイ・ディプロマシー――アメリカ軍事民間航空外交 一九三八～一九四六年』(有志舎、二〇一一年)、二一八～二三〇頁。

(14) Lord Killearn to Mr. Eden (Received 19th April) Cairo, 8th April, in *British Documents on Foreign Affairs General Affairs, Part 14, April to June 1945*, pp. 281-282; MacKenzie, David, "The Bermuda Conference and Anglo-American Aviation Relations at the End of the Second World War," *Journal of Transport History*, 12-1 (March 1991), pp. 64-65.

(15) Melvyn P. Leffler, *A Preponderance of Power: National Security, the Truman Administration, and the Cold* (Stanford, 1992), pp. 77, 96-98, 102-103.

(16) Pach, *Arming the Free World*, pp. 21-23.

(17) *Foreign Relations of the United States* (以下、*FRUS*), 1946, vol. 1, pp. 1111-23.

(18) Ibid, pp. 716-718.

(19) Ibid, pp. 731-732, 755-757.

(20) Herring, *Aid to Russia*, pp. 260-261, 269; LaFeber, *The American Age*, pp. 449-450.

(21) Stoler, Mark A., "A Half Century of Conflict: Interpretations of U.S. World War II Diplomacy," *Diplomatic History*, 18 (Summer 1994), pp. 375-403; SWNCC Summary Book, vol. 1 (RG 165 Entry 421 Box 152, NARA), pp. 14-15; *FRUS*, 1946, vol. 1, pp. 1161-1165.

（22）*FRUS*, 1946, vol. 1, pp. 1141, 1145-1146.

（23）"SC/R-187," dated in February 21, 1946（RG 59 Lot 52-24 Box 10）.

（24）*FRUS*, 1946, vol. 1, pp. 1145-1160; Pach, *Arming the Free World*, pp. 7, 23-24.

（25）前掲『オープンスカイ・ディプロマシー』二三一～四頁。

（26）*FRUS*, 1946, vol. 1, pp. 1171-1174.

（27）Leffler, *A Preponderance of Power*, p. 69, 105; ディーン・アチソン（吉沢清次郎訳）『アチソン回顧録・1』（恒文社、一九七九年）、一八一～二頁。

（28）*FRUS*, 1946, vol. 1, pp. 840, 1091.

（29）James Byrnes, "Directive on Organization of United States Policy with respect to Arms and Armaments," May 27, 1946（RG 59 Lot58 D133, Box 19）, pp. 1-4.

（30）PCA Minutes, M-1, June 3; PCA Minutes, M-3, June 13, 1946（RG 59 Lot 58 D133 Box 15）; 米連邦議会では、一九四三年初頭に武器貸与支援の見返りに米軍が建設した在外空軍基地を獲得するべきという主張が提起された。拙稿「第二次大戦期、アメリカ合衆国における新しい空の「秩序」の策定」『アメリカ史研究』第二四号（二〇〇一年七月）、三五～五〇頁。

（31）*FRUS*, 1946, vol. 1, pp. 833-835.

（32）Ibid., pp. 840-43; PCA M-2, June 7, 1946（RG59 Lot58 D133 Box 15）.

（33）PCA M-5, June 27, 1946; PCA M-5, Enclosure I, June 26, 1946, "Withdrawals of Lend Lease Equipment by Dutch Forces（RG59 Lot58 D133 Box 15）. トルーマン政権のオランダ植民地政策については、Odd Arne Westad, *The Global Cold War*（Cambridge, 2005）, p. 114.

（34）PCA M-8, July 19, 1946; PCA M-9, July 26, 1946; PCA M-10, August 2, 1946（RG59 Lot58 D133 Box 15）.

（35）西岡達裕『アメリカ外交と核軍備競争の起源　一九四二―一九四六』（彩流社、一九九九年）、第九章。

（36）マクマホン法は、核開発情報をイギリスとカナダと共有するという戦時の取り決めを事実上破棄するものであり、これによりイギリスは原爆の独自開発を進めることになった。マイケル・L・ドックリル、マイケル・F・ホプキンズ（伊藤裕子訳）『冷戦　一九四五―一九九一』（岩波書店、二〇〇九年）[M. L. Dockrill and M. F. Hopkins, *The Cold War* [Second

Edition]（Palgrave, 2006)]、48頁；Engel, *Cold War at 30,000 Feet*, p. 12.

(37) Pach, *Arming the Free World*, pp. 98-101.

(38) PCA M-13, August 23; PCA M-14, August 30, 1946（RG 59 Lot58D133 Box 15）; To Crain from Dreier, September 3, 1946（RG50 Lot52-24 Box 10）; PCA M-14 Supplement, September 5; PCA M-15, September 9, 1946; PCA M-16, September 17, 1946（RG59 Lot58D133 Box 10）; PCA D-5/2, September 5, 1946（RG59 Lot58D133 Box 19）; FRUS, 1946, vol. 1, pp. 899-903.

(39) PCA D-5/2, Annex, October 9 and 11, 1946（RG59 Lot58D133 Box 10）.

(40) To General Crain from Frank, September 4, 1946（RG59 Lot52-24 Box 10）.

(41) PCA D-6/12, September 30, 1946（RG59 Lot52-24 Box 10）.

(42) To Chief of Near Eastern Affairs on interest of Greek Government on Purchase of 25 AT-6 Aircraft, September 20; To Acheson from Crain, September 25; Note for Policy Committee Meeting by James K. Crain, October 10, 1946（RG59 Lot52-24 Box 10）; Terry H. Anderson, The United States, Great Britain, and the Cold War, 1944-1947（Columbia, MO, 1981）, pp. 151-152, 159-165; ギリシャ内戦状況については油井大三郎『戦後世界秩序の形成――アメリカ資本主義と東地中海地域 一九四四―一九四七』（東京大学出版会、一九八五年）、第四～五章。

(43) *FRUS*, 1946, vol. 1, pp. 972-973, 988; Report on Special Meeting, PCA, October 31, 1946（RG59 Lot 52-24 Box 10）.

(44) PCA M-23, November 1; PCA M-23 Supplement, November 4; PCA M-26, December 6, 1946（RG59 Lot58D133 Box 15）; PCA D-5/5, December 6, 1946（RG 59 Lot58D133 Box 19）; *FRUS*, 1946, vol. 1, p. 1091.

(45) *FRUS*, 1946, vol. 1, pp. 1083, 1085, 1099-1102.

(46) Ibid, pp. 341-345, 362-366, 381-387, 388-389, 392-393, 408-410.

(47) PCA D-13a, December 19, 1946（RG59 Lot58D133 Box 19）; *FRUS*, 1946, vol. 1, pp. 1186-1196; Crain to SWNCC, January 2, 1947（RG 59 Lot52-24 Box 10）.

(48) E. T. Cummins to Crain, February 11; Elliot to Crain, February 13; Draft Minutes of Meeting of Ad Hoc Subcommittee on Rearmament, February 19, 1947（RG 59 Lot52-24 Box 19）.

(49) Pach, *Arming the Free World*, pp. 120-121; Crain to Acheson, March 12, 1947（RG59 Lot52-24 Box 10）; *FRUS*, 1947, vol. 1, pp.

725-734.

（50） SWNCC Rearmament Subcommittee to Special Ad Hoc Committee, April 22, 1947 （RG59 Lot52-24 Box 11）.

第Ⅱ部　ドイツ第三帝国の軍拡政策と国際関係

第5章　軍拡と武器移転の国際的連関
——日英関係からドイツ第三帝国へ——

横井勝彦

1　はじめに

第Ⅱ部では、本書全体のテーマを念頭に置いて、「ドイツ第三帝国の軍拡政策」を国際的な視点から多角的に解明する。周知の通り、第一次大戦の講和条約として、一九一六年には連合国とドイツとの間でヴェルサイユ条約が調印され、ドイツには厳しい軍備制限が課された。しかし、一九三五年にはヒトラーのナチス・ドイツがヴェルサイユ条約を一方的に破棄し、再軍備を宣言するに至っている。ナチス・ドイツの非合法な再軍備の動きに対しては、イギリスも帝国防衛委員会によっていち早く調査を行っており、次の一〇年間は戦争がないものと想定した「一〇年間原則」を破棄する条件も整いつつあった。その点に関しては、すでに政府関係の機密資料等を用いた実証的な研究が進められているが、(1) 以下の三つの章では、イギリスの再軍備ではなく「ドイツ第三帝国の軍拡政策」の諸側面について、ナチス・ドイツの内部構造に留意しつつも、国際的な連関に焦点を置いた解明を試みている。

以下の三つの章は、いずれも膨大な一次資料を丹念に分析して、それぞれ独自の分析視角より上記の共通テーマに関する実証研究を展開しているのであるが、ここではその紹介に先立って、われわれのこれまでの共同研究と「ドイツ第三帝国の軍拡政策」を扱った以下の三つの章との関係に論及しておきたい。これまでの共同研究は、日英関係を中心とした兵器産業・武器移転史研究をテーマとしてきており、以下の三つの章の研究もその延長線上に位置している。そこで、「ドイツ第三帝国の軍拡政策」を扱う各章の研究テーマの位置づけを明確にするために、まずはこれまでの日英関係を中心とした共同研究における分析視角（問題関心）とそこで明らかにされた諸点を確認しておきたい。

2 「受け手」側の兵器国産化の到達点

日英間の武器移転は、明治維新直後に始まり第二次大戦前夜に終わった。この半世紀以上にわたって続いた武器移転の「受け手」は、いうまでもなく一貫して日本であり、このイギリスからの武器移転（具体的な形態としては、武器輸入、技術情報導入、資本輸入等）は、日本の「軍器独立」と資本主義の確立にとってきわめて大きな意味を持った。

軍艦については、装甲艦「扶桑」（一八七八年竣工）から巡洋戦艦「金剛」（一九一三年竣工）にいたるまで、日本海軍はアームストロング社やヴィッカーズ社（両社は一九二七年に合併）をはじめとするイギリスの民間兵器・造船企業からの輸入に依存していた。しかし、この軍艦輸入はイギリスの造船所への技術者の派遣やイギリスからの技術者の招聘、さらには平塚の日本爆発物製造会社（一九〇五年設立）のようなイギリス資本の導入や北海道・室蘭の日本製鋼所（一九〇七年設立）のような日英合弁事業の創設につながった。そして以上の技術移転の「受け手」となった呉工廠、横須賀工廠、神戸の川崎造船所、三菱長崎造船所などを拠点として、第一次大戦期には日本は軍艦国産化を実現したのである。

一方、日本の航空機産業の歴史は「輸入時代」（日露戦争～第一次大戦）、「模倣時代」（第一次大戦～満州事変）、「自立時代」（満州事変～終戦）の三時期に区分できる。使用機を海外購入に全面依存していた日本海軍も一九一九年には、生産は民間企業で、修理・補給は海軍自体で行う方針を定め、翌二〇年以降には中島飛行機、愛知時計、三菱内燃機製造株式会社（三菱航空機株式会社の前身）の三社が海軍機の製作に着手していた。さらに一九二一年には日本海軍の要請を受けてイギリスからセンピル航空使節団が来日しているが、このほかにも横須賀海軍工廠造兵部がイギリスの航空機製造企業ショート社から、また三菱内燃機製造株式会社もイギリスのソッピーズ社から、それぞれ技術団を招聘していた。いわゆる武器移転は官民両レベルで積極的に進んでいた。だが、イギリス企業との提携はそのころがピークで、それ以降は日本企業も日本海軍もドイツ企業との提携に向かっている。一九二三年に日本海軍はドイツのロールバッハ社に視察団を派遣し、二五年には同社から全金属製飛行艇（ロールバッハR-1飛行艇）を購入して国産化に向かいつつあった。

以上のように、軍艦については第一次大戦期に、航空機に関しては満州事変の頃に、日本はほぼ国産化を実現しつつあった。そして一九三四年頃を境にイギリスの対日武器輸出は急速に減少に転じているが[2]、それをもって日本の兵器国産化が完全に達成されたと判断することはできない。機関銃の国産化はさらに遅れた。機関銃に関しても、一九三四年には横須賀工廠造兵部機銃工場が新設されて、国内での量産も始まっていた。しかし、日本政府は一九三六年になってもヴィッカーズ＝アームストロング社との間で航空用固定機銃（Vickers Class 'E' 7.7mm×58R）を二〇〇挺購入する契約を結んでいる[3]。半世紀以上にわたって続けられた日英間の武器移転もこの契約を最後に幕を閉じたと見ることができるが、日本の兵器生産の海外依存からの脱却は、第二次大戦時においても実現していない。

第二次大戦下の日本は、ネジ切りフライス盤やバネ製作機のような特殊工作機械、光学ガラスや高周波用絶縁材料のような武器資材、さらには携帯無線機や無線測定器のような特殊装置など各種の先端軍事物資を同盟国ドイツに依存していく。一九四〇年九月に日独伊三国軍事同盟が締結されると、同年一二月から翌年一月にかけて日本陸海軍の軍事視察団がナチス・ドイツを訪問しており、独ソ戦によってシベリア・ルートを断たれたのちも、ラインメタル社、カールツァイス社、クルップ社、ジーメンス社などのドイツ企業によって、日本への最先端軍事物資の輸出が進められていく。(4)

以上の通り、日本はイギリスからの武器移転によって、第二次大戦前に艦艇、航空機、機関銃のような兵器の国産化は達成したものの、「軍事的顛倒性」のもとで国内産業全般は遅れた状態のまま取り残され、工具・工作機械の国産化は到底期待できなかった。日英間の武器移転は一般的な国内産業基盤の近代化を保証するものではなかったのである。(5)

本書第8章の「ホロコーストの力学と原爆開発」は、日本が戦時下での軍備増強に不可欠な最先端軍事物資の「送り手」として仰いだナチス・ドイツが、独ソ戦、対米宣戦布告、総力戦の泥沼化とその結果としてのホロコーストという第三帝国敗北への過程を辿る中で、原爆開発が初期段階にとどまらざるを得なかった経緯を明らかにしている。

3 「送り手」側の武器輸出の論理

日英間の武器移転における「送り手」はすべてイギリスの民間企業であった。なかでもアームストロング社とヴィッカーズ社による軍艦輸出が突出していたが、両社はイギリス海軍とも同様の緊密な関係を保持していたわけではなく、イギリス造船業界ではいわば新参者であった。だからこそ日本へ最新鋭の軍艦を輸出することで、イギリス海軍にも評価されるだけの実績を作る必要があったのである。なお、ここで興味深い点は、最新鋭の軍艦が民間ルートで純粋にビジネスとして外国海軍に輸出されることに対して、イギリス政府による規制や支援は一切なかったという事実である。武器移転がイギリス外交や帝国政策の一環として位置づけられることはなかった。

イギリス政府が民間兵器企業による武器輸出を黙認していた理由をひとつ上げるとすれば、それは民間企業に兵器生産を大きく依存する以上、民間企業の国内兵器生産基盤を経営的に保持していくためには彼らによる武器輸出が不可欠であった点にある。ちなみに、イギリス兵器生産の民間依存度は、一九三〇年時点で軍艦が六二％、航空機が九七％、銃砲・爆薬が五七％であった(6)。

しかし、第一次大戦以降には若干の変化が見られる。発端はイギリス政府の危機意識にあった。第一次大戦末期の一九一七年、イギリスは戦後に余剰兵器が世界中に拡散するのを恐れて、武器取引を規制する国際協定の必要性を訴えた。しかし、国際連盟においても戦後の軍縮不況のなかではこの提案は受け入れられず、結局、一九二一年に世界に先駆けてイギリスが単独で武器輸出禁止令（Arms Export Prohibition Order）を制定し、輸出ライセンス制（託送貨物ごとに逐一認可申請、有効期限三カ月）の整備に着手した。特定武器（大砲、砲架、弾薬、小火器、戦車、機関銃、戦闘機など）の輸出を平時統制の対象として明確にするものであり、一九三一年の改訂によって商務院輸出入ライセンス局を窓口とした武器輸出の管理体制はほぼ完成している（ただし、艦艇輸出は海軍省が管轄(7)）。

さらにイギリスでは一九二一年に、輸出貿易の促進を目的として、海外貿易［信用及保険］修正法（Overseas Trade［Credits and Insurance］Amendment Act）と貿易助成法（Trade Facilities Act）が制定され、国家が輸出業者に金融的保証を与え、同時に輸出取引に特有の信用危険を国家の力で分散する措置がとられた。ただし、この世界初の輸出信用保証制度から軍需品は適用対象外として除外されていた(8)。

両大戦間期の軍縮不況下で喘ぐイギリスの兵器産業にとっては、以上二点の措置を撤廃ないしは改正することが是非とも必要であった。すなわち武器輸出ライセンス制度の見直しと輸出信用保証の軍需品への適用拡大、これらは、イギリスの兵器企業が海外市場で諸外国の兵器企業と競争する上での最低限の対等の条件であり、それが適わなければイギリス兵器企業の海外展開はいま以上に絶望的となる。ヴィッカーズ＝アームストロング社会長ローレンスの訴えは切実であった。(9)

これに対して帝国防衛委員会は「帝国防衛における民間兵器産業の地位に関する調査報告」を提出して、イギリス兵器産業からの要請に応える姿勢を示しているが、政府の公式見解は違っていた。イギリス代表は国際連盟において、イギリスの厳格な武器輸出ライセンス制が各国にも採用されることを提案し、それとの関連でイギリスの輸出信用保証制度が「軍需品」を排除している事実をも積極的にアピールしていた。(10) そうである以上、政府がヴィッカーズ＝アームストロング社の要請に応じることなど到底あり得ない。

結局、イギリスの輸出ライセンス制度の改訂は、変則的かつ妥協的なものに終わっている。すなわち、㈠陸海空三軍がその国家的重要性を認める兵器製造業者に限定して、政府の外交方針と国際条約に反しない限りで、すべての武器の自由輸出を認める。㈡その場合の特定企業は、兵器製造企業一〇〜一二社、航空機製造企業一六社の範囲に限定して、陸海空三軍が選定リストを作成する。(11) つまり、武器輸出ライセンス制そのものを廃止することなく、武器取引に対するイギリス主導の国際協定への可能性を残しつつ、帝国防衛を担う特定企業に限っては、外国企業と対等の条件を付与し、国内兵器産業基盤の立て直しを図ろうとしたのである。このような対応の背後には、「送り手」の多極化、とりわけ再軍備に本格的に動き始めたドイツに対する危機感があった。

一九三三年一〇月にジュネーブ軍縮会議を脱退したドイツは、ヴェルサイユ条約に違反して非合法な再軍備を再開しており、一九三四年四月のヒトラーによるドイツ再軍備極秘指令を経て、一九三五年一月には武器輸出規制法が撤廃され、ナチス・ドイツの支援（信用保証）を背景に武器輸出が開始されていた。本書第6章「第三帝国の軍拡政策と中国への武器輸出」では、ドイツにおいてはどのような論理のもとで武器輸出政策が展開されたのかを解明している。

4 「死の商人」批判から再軍備への急旋回

第一次大戦前夜にドイツ帝国議会からイギリスのジャーナリズムや下院へと広がった兵器産業批判（「死の商人」批判）は、英独建艦競争や海軍増強運動への国民的支持の高まりのなかで、ほとんど不発に終わった。しかし、戦後には「死の商人」批判がこれまで以上の勢いを得る。「国際連盟加盟国は、民間企業による兵器生産が深刻な反対を受けるべきことに合意する」という一文が連盟規約に盛り込まれ、一九二一年には国連臨時合同委員会が「深刻な反対」の根拠として次の項目を指摘している。すなわち、民間兵器企業による戦争不安の醸成、政府高官の買収、海外情報の捏造、世論誘導、軍拡競争の誘導、国際兵器カルテルの形成、以上の六点である。

その後、一九三四年九月にはアメリカ議会上院に兵器産業調査委員会（通称、ナイ委員会）が設置され、国連が指摘した兵器産業批判の六項目をかなりの程度、事実によって裏づけた。一年九カ月にわたって行われた総計九三回の聴聞会では五〇社二〇〇人が調査の対象となった。しかし、このナイ委員会によるアメリカ兵器産業の調査は、国内の孤立主義の高まりのなかで武器輸出を規制する「中立法」（一九三五年八月）の制定には貢献したものの、核心に迫る重要資料の発見には至らなかった。

ナイ委員会に後れること五カ月、一九三五年二月には野党労働党党首アトリーの動議に基づいて、イギリスでも民間兵器産業を調査する王立調査委員会（バンクス委員会）が設置され、兵器産業国有化の検討が始められた。しかし、一年八カ月の期間に実施された聴聞会は二二回、ヒアリング対象は八社七二名にとどまった。ナイ委員会に比べてはるかに小規模である。しかも、バンクス委員会には証人喚問や資料提出の請求権が与えられていなかった。

一九三三年一月にナチスが権力を掌握すると、イギリス帝国防衛委員会はただちに自国兵器産業ならびにドイツ兵器産業の調査を開始している。前者に関する報告書は「イギリスの兵器産業は、軍縮不況のもとで第一次大戦前夜よりも大きく衰退しており、唯一大型兵器製造を担当しうるヴィッカーズ＝アームストロング社も、その生産能力は縮小して、今ではいくつもの工場を閉鎖している」と分析していた(12)。一方、ドイツ兵器産業の調査報告によると「ナチス政権の誕生以来、兵器産業は急拡大を遂げている。とりわけ航空機産業は戦時には戦闘機に転換可能な各種タイプの民間機を大量に製造しており、海外輸出に対する政府補助にも支えられて、その生産能力は一年で五〇％も増大している(13)」。

そうである以上、イギリス兵器産業の悲惨な現状が海外諸列強に漏れることは何としても阻止しなければならない。再軍備前夜のこうした危機的状況を諸外国と自国民に隠したまま、バンクス委員会をコントロールして兵器産業批判（「死の商人」批判）を無難に終息させること、これこそが帝国防衛委員会事務局長モーリス・ハンキーの最重要課題であった。バンクス委員会の調査範囲と権限が、ナイ委員会よりはるかに限定的であったのも当然であった。バンクス委員会の最終報告が提出される半年以上前の一九三五年三月には、ナチス・ドイツがヴェルサイユ条約を破棄して再軍備宣言を行い、その直前にはイギリス政府も防衛白書で再軍備の開始を公式宣言していた。この段階でのイギリス兵器産業国有化など論外であった。

再軍備宣言に先立って、イギリスは一九三四年七月に軍備増強五カ年計画を閣議決定しているが、そこでは再軍備を開始したドイツを究極的危機と位置づけ、特に空軍を中心としたドイツの再軍備を最も警戒して、いかにイギリスの航空機製造基盤を拡大していくかを最大の課題としていた。その一つの方策として一九三六年五月に航空省の拡張政策の中心に据えられたのが、自動車産業を航空機の機体とエンジンの製造に動員するシャドー・ファクトリー（戦時軍需転換工場）の創設であった(14)。

ちなみに一九三六年三月にはナチス・ドイツがヴェルサイユ条約とロカルノ条約を破棄して、ラインラントに進駐しているが、政権掌握以来、包括的な自動車工業振興諸政策を打ち出してきたヒトラーは、同時に「軍事的モータリゼーション」を本格的に推進しつつあった。ドイツの自動車産業は、航空機エンジンをはじめとする軍需部門への傾斜を強めていったが、そこにはアメリカ資本も深く関与していた。[(15)] 本書第７章「第三帝国の軍事的モータリゼーションとアメリカ資本」では、アメリカ自動車会社ジェネラル・モーターズ（ＧＭ）の対独投資がナチス・ドイツに対して有した歴史的意味を探る。

（1）差し当たり、以下の文献を参照。Gordon [1988]; Richie [1997]; Maiolo [1998]; Peden [2007].

（2）奈倉・横井・小野塚［二〇〇三］一三二頁。

（3）PREM 1/219 Contract for Sale of 200 class 'E' Machine Guns by Messrs. Vickers to the Japanese Government, 1937, UK National Archives.

（4）『兵器購入契約書綴・在独武官室』一九四〇年、防衛研究所図書館所蔵、『兵器購入に関する書類綴・在独武官室』一九四一年、防衛研究所図書館所蔵、『兵器（造兵廠）購入に関する書類綴・在独武官室』一九四三年、防衛研究所図書館所蔵を参照。

（5）奈倉・横井・小野塚［二〇〇三］四〇～四一頁、奈倉・横井［二〇〇五］一四三～一四四、四一五頁。

（6）奈倉・横井・小野塚［二〇〇三］一二七頁。

（7）CAB 60/26 CID. PSOC, Sub-Committee on System of Licensing Exports of Arms and Ammunition, Report: First Draft, 3rd May, 1933, p. 5 & Report. 23rd June 1933, UK National Archives, pp. 9-10.

（8）CAB 27/551 Cabinet Committee on the British Armament Industry. Report (1933. 12. 8), UK National Archives. 商工省商務局貿易課『英国政府ノ輸出信用保険及輸出金融制度ノ概説』（一九二九年）、一～七頁。

（9）CAB 21/371 Purchase of Armament from Messrs. Vickers-Armstrong. Letter from Vickers (1932), UK National Archives.

（10）外務省編『日本外交文書　国際連盟一般軍縮会議報告書』（外務省、一九八八年）、三六一〜三六二頁。
（11）WO32/3338 Memorandum shewing information to be communicated to the selected firms orally: a Board of Trade representative being present where possible, December 1933, UK National Archives.
（12）CAB 21/371 CID, Principal Supply Officers Committee, The Position of the Private Armaments Industry in Imperial Defence, 1933, UK National Archives, p. 4.
（13）CAB 4/22 CID, German Industrial Measures for Rearmament and for Aircraft Production, 1934, UK National Archives, pp. 1-2: CID, Foreign Armaments Industries, 1933, UK National Archives, p. 2.
（14）横井［二〇〇五］参照。
（15）西牟田［一九九九］一八九〜二〇五頁および同書第七章を参照。

参考文献

奈倉文二・横井勝彦・小野塚知二［二〇〇三］『日英兵器産業とジーメンス事件——武器移転の国際経済史——』日本経済評論社。

奈倉文二・横井勝彦編［二〇〇五］『日英兵器産業史——武器移転の経済史的研究——』日本経済評論社。

西牟田祐二［一九九九］『ナチズムとドイツ自動車工業』有斐閣。

横井勝彦［二〇〇五］「再軍備期イギリスの産業政策——航空機産業を中心として——」『明治大学社会科学研究所紀要』第四四巻第一号。

Gordon, G. A. H. [1988] *British Seapower and Procurement between the Wars*, London.

Maiolo, J. A. [1998] *The Royal Navy and Nazi Germany, 1933-39: A Study in Appeasement and the Origins of the Second World War*, Suffolk.

Peden, G. C. [2007] *Arms, Economics and British Strategy: From Dreadnoughts to Hydrogen Bombs*, Cambridge.

Richie, S. [1997] *Industry and Air Power: The Expansion of British Aircraft Production, 1935-1941*, London.

第6章　第三帝国の軍拡政策と中国への武器輸出

田嶋信雄

1　はじめに

本章では、ナチス・ドイツの中国に対する武器移転を考察の対象とする。その理由は、第一に、中国への武器輸出は、初期ナチス・ドイツの武器輸出全体のなかで非常に大きな部分を占めていたからである。中国への武器輸出のあり方は、第三帝国期の武器輸出全般を考える上で重要な位置を占めている。第二に、中国に輸出された武器のほとんどは、対日戦争を想定したものであったからである。中国への武器輸出のあり方は、ナチス・ドイツの軍拡政策と国際関係、とりわけ日中戦争をめぐる国際関係を考える上で重要な示唆を与えよう。

ドイツはヴェルサイユ条約一七〇条で武器の輸出入を禁じられていたが、第三国を通じるなどの脱法的な方法で対外武器輸出を継続した。特に内戦的な状況にあえぐ一九二〇年代中国の武器市場では、ドイツはつねに一、二位を争う地位にあった(1)。

一九三三年のナチス政権成立後、ドイツの対中国武器輸出には、いくつかの経路があったが、本章では、そのうちでも重要な、(1)一九三五年武器輸出法の制定による武器輸出の合法化と、(2)国防省管轄下の国策会社ハプロ（Handelsgesellschaft für industrielle Produkte：中国名「合歩楼公司」）による広東省への兵器工場プラント輸出、(3)ハプロを通じた対中国武器輸出、という三つの経路について考察し、それを踏まえ、(4)日中戦争下でのドイツの対中国武器輸出の推移について考察することとしたい。

2　一九三五年武器輸出入法の成立と武器輸出の合法化

一九三三年五月三一日に塘沽停戦協定を締結し、「満洲事変」に端を発する日本との緊張関係に一応の終止符を打った中国国民政府は、「安内攘外」路線のもと、国内政治の安定および国内経済の建設に努力を集中することとなった。

国民政府の国内政治上の第一の敵はいうまでもなく中国共産党であり、国民政府軍は、在華ドイツ軍事顧問団の指導のもと、満洲事変のあいだに中断していた対共産党戦（「囲剿戦」）を再開した。

他方、第二の、隠然たる敵は陳済棠（広東派）・李宗仁・白崇禧（広西派）らの西南派であった。彼ら西南派はもともと一九三一年五月二八日に蔣介石に反発して汪兆銘らとともに広州に反蔣派の「国民政府」を樹立していたが、満洲事変を契機に翌三二年一月一日に「汪蔣合作政権」が成立したことを受け、「国民政府西南政務委員会」および「国民党中央執行委員会西南執行部」を組織し、貴州・雲南・四川を含めた華南に対する広範な自治を主張していた。これにより西南派は、南京中央政府との間で党務・政治・経済・軍事などの各レヴェルを含む「全方位的敵対」（陳紅民）の関係に立つことになったのである。(2) 一九三四年七月、蔣介石は「広東が平定されなければ、軍事も整理のしようがない」と日記に記し、武力による西南派の討伐を考えていたのである。[3]と同時に国民政府は、経済的には、将来の対日戦争を想定した近代化路線・軍拡路線を推進した。

そのため、中国国民政府はナチス・ドイツに接近した。たとえば一九三三年六月、宋子文は世界経済会議出席の途中ドイツに立ち寄り、ラインメタル、クルップなどの軍事産業と接触した。ラインメタルには一千万ライヒスマルク（以下ＲＭ）の予算で機関銃を、クルップ社には五億ＲＭの予算で武器工場を中国に建設するプロジェクトについて打診した。[4]しかもその際、ドイツ政府内部では、こうした中国への武器輸出に対し帝国欠損保障（Reichsausfalls-bürgschaft, ないし Reichsgarantee）などの公的な輸出奨励策を与えるか否か、すなわち政府が対中国武器輸出を公然と支援するか否かが争点となった。

当時、ナチス・ドイツでは経済のアウタルキー化を目指す経済相兼農業相フーゲンベルクと、外務大臣ノイラート、財務大臣クロージクら自由貿易主義に基づく輸出志向の経済政策を追求するグループとの対立が生じていたが、一九三三年六月の世界経済会議におけるフーゲンベルクの外交的失態とその後の政治的失脚により、ナチ体制初期における輸出志向の経済政策がほぼ固まった。[5]

しかしながら、輸出志向では閣内の合意が成立したものの、こと武器輸出という各論においては各アクターの政治的差異が顕在化した。

外務省は、中国への武器輸出の公然化に難色を示した。その第一の理由は、ヴェルサイユ条約および国内法たる「武器輸出入規制法」（一九二七年制定）への配慮であった。[6]外務省は、その立場上、なによりもヴェルサイユ条約違反を口実とした英仏など西側列強からの政治的・外交的圧力の回避を優先課題とせざるを得なかったのである。第二は、満洲事変に端を発する東アジアの国際政治状況である。日中関係が緊張している中で中国と武器取引をおこなうことは、対日政策の観点からも「遺憾なきにあらず」とされたのである。第三は中国内政の不安定である。「北伐」

の終了および国民政府による統一後もなお継続している中国の内戦的状況のもとでは、国民政府への武器輸出は中国内の一当事者への一方的な政治的肩入れを意味していたうえ、国民政府が将来も存続して支払いを継続しうる保証はなかったのである。(7)

これに対し国防省は武器輸出に死活的利害を有した。第一にはドイツ工業製品の輸出の促進により軍拡に必要な外国為替および原料資源を確保するためである。第二にはドイツ軍需産業において軍事技術および生産能力を維持・発展させる必要性である。しかも第三に、ドイツ国防省は、最新の武器を導入するため旧式の武器を放出する必要があった。武器輸出はこの三つの要求を同時に満たす絶好の事業であった。国防大臣ブロムベルク（Werner von Blomberg）の言葉によれば、「経済的・国防政策的な諸理由からして、ドイツ軍用兵器の輸出と、外国との武器・弾薬貿易の促進・簡素化は緊急の課題」であり、「輸出用の武器製造は、長期的に見てわが国の軍需産業の生産能力を維持し、財政的独立性を維持するための、もっとも価値ある唯一の手段」なのであった。(8)

しかもドイツ武器会社にとって中国は、内戦的状況により多大な武器需要を有する魅力的な市場であり、さらに軍拡に不可欠なタングステンなどレアメタルの巨大な生産地であった。ドイツ国防省は、一九三三年一月のナチス政権成立後、同政権の極端な反ソ・反共政策ゆえに、それまで維持されてきた良好な独ソ関係、とりわけ独ソ秘密軍事協力関係を断念せざるを得ず、その代替として、ソ連の向こう側の国、すなわち中国への国防経済上の関心を強めたのである。(9)

こうした国防省の対中国武器輸出への関心には、加えて、一九三四年八月に経済大臣を兼任していたライヒスバンク総裁シャハト（Hjalmar Schacht）の強力な支持があった。周知のようにシャハトは当時対外貿易の体系的な双務化・バーター化をめざす「新計画」を推進しようとしていた。シャハトの「新計画」の対象国は、当初は東南欧諸国でありラテンアメリカ諸国であったが、(10)やがて極東にまで拡大されることとなる。とりわけ中国は、工業国家ドイツとの経済的相互補完性ゆえに、こうしたシャハトのシェーマに適合的な国家であった[11]。外務省通商局長リッターは、シャハトに主導された「新計画」の進展を以下のように説明している。「目下のところ、ドイツ貿易政策の関心は東アジア諸国に向けられているのである[12]」。

さてその間、ラインメタルやクルップは企業ベースで中国から大量の武器を受注していたが、こうした武器貿易の安定的な継続を保障するため、各武器会社は武器輸出の合法化と、当時ドイツ政府によっておこなわれていた輸出奨励策の一つである帝国欠損保障の付与を求め続けた。たとえば一九三四年九月、ラインメタルは八百万RM相当の予算で一五センチ重榴弾砲二四門を輸出するという契約を中国国民政府から獲得し、その実現のため帝国欠損保障の申請をおこなったのである[13]。しかし外務省は、このラインメタルの申請に対し、日本の天羽声明（一九三四年四月一七日）などを引証しつつ、「厄介なことになるだろう」と帝国欠損保障付与に反対したのである[14]。

しかしながらドイツ国防省は、武器会社の旺盛な輸出意欲を背景に、シャハトの協力も得て、対中国武器輸出の合法化に抵抗するノイラートら外務省に対し激しい非難を繰り広げた。国防省軍務局長ライヒェナウ（Walther von Reichenau）は一九三四年一〇月一六日、外務次官代理ケプケに対して「中国への重榴弾砲輸出事業」について語り、「国防省と経済省はこの事業の実現に非常に大きな価値を置いている」と述べていたのである[15]。

こうした国防省および経済省からの政治的圧力に対し、外務省は一定の譲歩を余儀なくされることとなった。一九三四年一一月二三日、ドイツ政府内で関係各省庁会議が開催され、その席で外務省は、「政府の関与が公にならないよう最大限の保証が確保されなければならない」と述べて武器輸出に関する秘密の保持を要請しながらも、「政府は一般的な輸出促進と外国為替獲得のため、政府の財政力により武器輸出のような事業を援助する方向で介入せざるを得ない」と述べ、武器輸出政策の転換を図ったのである[16]。

しかしながら、外務省の要求する「秘密の保持」には、もちろん限界があった。ドイツ外務省は、ラインメタルの対中国武器輸出を秘匿するため、帝国欠損保障付与を回避する方法をさまざまに検討したが、こうした外務省の姿勢は他の省庁の政治的反発を買った。たとえば経済省は一九三五年四月二日、外務省に対し、ラインメタルの対中国武器輸出に関する外務省の「以前の否定的な態度を放棄せよ」と迫ったのである。(17)

さらに国防大臣ブロムベルクは、一九三五年三月一六日の再軍備宣言をきっかけに、武器輸出禁止法を廃止することに関し、同年六月、ヒトラーを説得することに成功した。(18)追い詰められた外務省は三五年八月一六日、ついに武器輸出禁止法の撤廃と新法（「武器輸出法」）の制定に異議はないと表明したのである。(19)九月二四日、ヒトラーが新法案に署名し、一一月六日付とされた武器輸出法は一一月一五日のドイツ官報に公表された。(20)ここにドイツでは武器輸出一般が合法化されることとなり、これにより民間武器会社のイニシアティブによる対中国武器輸出が公然と、かつ精力的に推進されることとなったのである。

ドイツ国防省は、この間、武器輸出に関し、武器輸出禁止法に代わる新たな制度的枠組みを構築する必要性を認識するにいたった。そこで国防省は、経済省、外務省、工業全国集団、民間武器会社の参加を得て、一九三五年一〇月三〇日、「武器輸出組合」（Ausfuhrgemeinschaft für Kriegsgerät：AGK）を設立し、以後武器輸出組合をもって武器輸出の許可証発行や関係各社間の調整に当たらせることとなった。武器輸出組合発足から一年の間に七五社が組合に加入した。(21)

3　ハプロの成立と広東プロジェクトの進展

しかしながら国防省は、当初より民間ベースによる対中国武器輸出に満足しているわけではなかった。国防省は、国防省国防経済幕僚部長トーマス（Georg Thomas）を中心として、中独武器貿易に国家として介入する方針を採用したのである。

事の発端は、一九三三年五月から七月までのゼークト（Hans von Seeckt）の中国訪問と、それに密かに同行した武器商人クラインの中国での暗躍であった。クラインはかつて一九二〇年代に、当時の陸軍総司令官ゼークトおよびドイツ国防省との連携のもと、STAMAG（Stahl- und Maschinengesellschaft m. b. M.）と呼ばれる武器会社を設立し、秘密の対ソ武器貿易に関わった人間であり、ナチス政権成立による独ソ武器貿易の収縮後、中国に新たな活動の場を見出したのである。しかもクラインの活動には、対ソ武器貿易の場合と同様、国防省、とりわけトーマスの支持があった。(22)

一九三三年夏の中国訪問は蔣介石の招待であり、ゼークトは国民政府軍の視察や蔣介石への意見書提出などをおこなったが、一つ遅らせた船で中国に到着したクラインは、密かに広州で広東派の陳済棠、広西派の李宗仁らと武器工場プラント輸出のための交渉をおこなっていた。一九三三年七月二〇日に調印された契約は、広東省清遠県琶江口の南に以下のごとき武器工場を建設するというものであった（以下広東プロジェクト第一次契約と呼ぶ）。(1)大砲工場（一八五万香港ドル）、砲弾・信管・薬莢工場（一〇七万五千香港ドル）、(3)毒ガス工場（四九万香港ドル）、(4)防毒マスク工場（六万五千香港ドル）。その他の費用を含め、契約総額は約五五〇万香港ドルにのぼった。さらに、こうした契約内容に関し、広東銀行および広西銀行が西南派の保証を引き受けたのである。(23)また、ゼークトは、中国最後の訪問地として七月一一日に広州に入り、クラインと西南派の契約を後見した。つまりここでゼークトは、政治的には南京国民政府と西南派の二股をかけたのである。(24)

帰国したクラインは、一九三四年一月二四日、国防経済幕僚部長トーマスを監査役とする半官的武器貿易会社ハプロをベルリンに設立した。(25)つまりこの会社はドイツ国防省自らが対中国武器輸出に乗り出すために設立されたものであり、ハプロの成立は、ドイツ国防省の国防経済上の関心がソ連から中国に移動したことを示していた。

ハプロの成立を背景に、クラインは、一九三四年五月、第四代ドイツ軍事顧問団長就任を受諾したゼークトとともに再訪中し、中国でゼークトの政治的庇護の下にさらなる暗躍を開始した。同年八月二三日、クラインは南京国民政府財政部長孔祥熙との間で鉄道・製鉄工場・港湾設備、爆薬工場、ガスマスク工場の建設などを主な内容とする大規模な契約を交わしたのである。この契約の特徴は、シャハトの「新計画」に結実するドイツの貿易清算思想を反映し、こうしたドイツの工業品ないし工業プラントを、中国で産出する農業産品および鉱業産品とバーターで交易することにあった。鉱業産品の開発にはドイツの技術者が当たることとし、クラインは、鉱業開発および先行支払いのため、一億RMのクレジットをベルリンで獲得するよう努めることとされた[26]。駐華公使トラウトマンも見抜いていたように、ドイツ国防省・ハプロは、中国との間で商品交換という形での「一種の計画経済」をおこなおうとしていたのである[27]。しかし、この間ハプロがもっとも力を入れていた交渉相手は、南京中央政府ではなく、西南派、とりわけ陳済棠率いる広東派であった。なぜならドイツ国防省およびハプロは、広東省と江西ソヴィエトの境界に存在していた豊穣なタングステン鉱に多くの魅力を感じていたからである。当時中国は世界のタングステン生産の半分以上を占めるといわれていた[28]。

実際クラインは、南京国民政府との契約に達する約一カ月前の一九三四年七月二一日、広東省政府と交渉し、製鉄工場（一一二六万香港ドル）、港湾施設（一三三〇万香港ドル）、火薬工場（四三二万香港ドル）の建設に関する大規模な契約を締結し、さらに九月八日、同政府との間で防毒マスク工場（二九万香港ドル）の建設契約を締結していたのである（以下広東プロジェクト第二次契約と呼ぶ）。また、広東派は返済をタングステン等の鉱物資源の対独輸出でおこなうこととし、鉱山開発のため、二億RMのクレジットをクラインに要請した[29]。これらは、前年七月二〇日にクラインと広東派との間で締結されていた広東プロジェクト第一次契約と一体となって、クライン・ハプロの広東プロジェクト総体を形成することとなったのである。ハプロの一メンバーも認めていたように、ドイツ国防省にとって

「広東の方が重要」であり、「南京契約は南京政権の不満を緩和するため」のものに過ぎなかったのである。(30)

したがって、ハプロの広東での活動と武器工場建設の進展は、南京中央政府から見れば、広東派すなわち潜在的な敵対者とドイツとの政治的な関係強化を意味していただけではなく、実際に南京中央政府への軍事的な脅威を形成することになった。このことは、広東プロジェクトの当初から蔣介石とクラインの、さらにいえば蔣介石とゼークトおよびドイツ国防省との関係の、異常な緊張状態をもたらした。

一九三四年一一月初旬、ドイツ駐在中国公使劉崇傑は、南京政府外交部の指示に基づきドイツ外務省を訪問し、「広東への武器輸出を止めるよう蔣介石から指示を得ている」と述べ、クラインの広東プロジェクトに重大な抗議をおこなった。これを受け一一月六日、ドイツ外務省は国防省軍務局長ライヒェナウおよび帰国していたクラインと対応を協議した。この席でライヒェナウは、国防省兵器部が広東プロジェクトに「重大な関心」を示しており、経済大臣シャハトも「賛意を伝えている」と述べて、蔣介石の反発にもかかわらず広東プロジェクトを強力に推進する姿勢を示したのである。(31)さらに一九三四年一二月半ば、蔣介石はクラインの広東プロジェクトを後見していたゼークトに書簡を送ったが、蔣はゼークトに「広東大砲工場計画に関する書面での態度表明」を要求し、これにより「蔣介石＝ゼークト関係が悪化した」のである。(32)

加えて一九三五年三月、広東にドイツ国防省から毒ガス専門家が到着し、南京駐在ドイツ軍事顧問団とは別の軍事顧問団が広東に設立されるという情報が伝わり、蔣介石を強く刺激することとなった。(33)蔣介石は一九三五年四月一二日、ドイツに帰国していたゼークトに自ら電報を送り、クラインの広東プロジェクトに関し、「私はそれを承認していない。どうか国防省にその旨を伝えていただきたい」と非常に強い調子で要請したのである。(34)

この要求に対して国防大臣ブロムベルクは五月一日に蔣介石に電報を打って回答したが、その内容は非常に強硬なものであった。「クライン氏はドイツ国防省および経済大臣シャハト博士の完全な信頼を得ている。ドイツ政府はクライン氏のプロジェクトに特別の関心を持っており、そこに大きな価値を置き、それを完全に支持している」。すなわちブロムベルクは、クラインの広東プロジェクトに反対する蔣介石の抗議に対し、正面突破を図ったのである。(35) こうしてクラインの広東プロジェクトをめぐり、中独関係は異常な緊張をはらむに至った。

しかしながら、こうした中独対立の背景にある中国国内の政治状況は、一九三四年秋から三五年春にかけて、大きな変化を見せ始めていた。すなわち一九三四年秋、国民政府軍に包囲された紅軍は江西ソヴィエトを放棄し、「大西遷」という名の敗走を強いられたのである。逆に西南派は南下してきた南京中央政府の軍事的圧力に直接さらされることとなり、西南派五省連合のうち雲南、貴州、四川が中央政府の支配下に入った。残るは広東・広西のみとなったが、広西省の南部は国民政府軍に占領され、さらに南京国民政府の支配領域は広東省の境界にまで及ぶこととなった。(36)

このことは、政治的に見れば、南京中央政府が広東省・江西省の境界に存在する大量のタングステン鉱を手中にする展望が生まれたことを意味し、さらには将来南京国民政府が広東プロジェクトの成果である工場群を接収する可能性が生じたことを意味したのである。事実、一九三五年五月初旬、国民政府軍政部兵工署長兪大維は、「広東が最終的に統合された場合の接収」に備え、第五代在華ドイツ軍事顧問団長ファルケンハウゼンに対し、「広東へ供給された兵器」について尋ねていたのである。(37) こうして蔣介石は、広東プロジェクトについてはペンディングにしつつ、さしあたりクライン・ハプロが同時に推進していた南京プロジェクトを推進する姿勢を示したのである。

クラインの広東プロジェクト第一次契約は一九三五年の初めに一応完成し、広東省に大砲工場、砲弾工場、毒ガス工場、防毒マスク工場が建設された。そのうち大砲工場および砲弾工場などは広州市北方、広東省清遠県に建設され、工場総面積一万六〇〇〇平方メートル、機器設備三四〇台を誇った。この工場群は「広東第二兵器制造廠」(通称「琶江兵工廠」)と命名され、一九三五年一二月に生産を開始した。(38) 広東プロジェクト契約に広東派とともに調印した広西派の李宗仁は回想録の中で、「われわれの武器工場の中には、その規格の精密さ、設備の斬新さにおいて、実に中央の各武器工場を凌駕するものがあった」と誇っている(39)。

さらに一九三六年五月、中国中央政府とドイツ国防省・ハプロの関係を改善する事態が発生した。いわゆる「両広事変」である。五月九日、西南派の元老格である胡漢民が突然脳溢血に襲われて死去した。蔣介石中央政権はこれをきっかけとして西南派に政治的・軍事的圧力を加え、追いつめられた陳済棠・李宗仁は連合して「抗日」を名目に軍を北上させたが、国民政府の軍事力の前に反乱は一挙に瓦解し、陳済棠は香港に逃亡した(40)。南京の国民政府軍政部兵工署は同年一一月に工場の接収を開始し、翌三七年にそれを完了した。その際に工場は「広東第二兵工廠」と改名された(41)。

広東第二兵工廠は三百人の労働者を雇い、約四〇人のドイツ人技師が働いた。生産技術は完全にドイツ人技師に掌握されていた。設計上、毎月の生産能力は七五ミリ歩兵榴弾砲九門、七五ミリ野戦砲九門、一〇五ミリ軽便野戦榴弾砲五門、砲弾一万二千五百発とされていた。

日中戦争勃発後、一九三八年四月に入ると広東第二兵工廠は日本軍機の連続爆撃に晒された(42)。破壊は激しく、生産不能となったため、軍政部兵工署は三八年五月、重慶への移転を決定した。移転にともない名称も「兵工署五十工廠」に改められた(43)。

4　中独条約の成立とハプロによる中独武器貿易のバーター化

すでに見たように蔣介石は、一九三五年秋、広東プロジェクトへの批判をさしあたりペンディングにしつつ、南京プロジェクトを推進する方針に転換した。シャハトはすでに三五年五月六日に孔祥熙に電報を打ち、南京政府とクラインのバーター契約を全力で推進する姿勢を示し、南京国民政府が提供しうる農業産品および鉱業原料について問い合わせていたが、[44]一一月上旬、国民政府が二〇〇〇トンのタングステンを用意したため、南京プロジェクトは大枠においてほぼ合意に達したのである。これを受けて国防大臣ブロムベルクは二台の大型車を蔣介石に贈呈するとともに、一一月一六日、蔣介石および孔祥熙宛てに次のような感謝状を送付した。「〔中独両国の〕協力関係が迅速に実際上の成果をもたらしたことを喜ぶとともに、閣下の力強い援助に感謝の意を表します」[45]。

中国国民政府は、ドイツでの武器買い付けのため代表団を派遣することとし、南京プロジェクト担当の国民政府資源委員会秘書長翁文灝が団員の人選やドイツでの武器購入計画の立案を担当した。[46]一九三六年二月二三日、顧振を団長とする中国代表団がベルリンに到着し、翌二四日にゼークトと、二五日にブロムベルクと、二七日にヒトラーと、二八日にシャハトと面会した。[47]二八日、国防省は陸海空三軍に「中国は近代兵器の大量購入を予定しているので、現在国防軍に導入されている武器の完成品をよく見学させるよう」求め、ドイツ国防省が中国代表団を最上客として扱っていることを示した。[48]このブロムベルクの指示を背景に、三月、代表団はエッセンのクルップ（三月四日）、オーバーハウゼンのグーテホフヌングスヒュッテ（三月五日）、デュッセルドルフのラインメタル（三月六日）、ルートヴィッヒスハーフェンのＩＧファルベン（三月九日）、ロイナのＩＧファルベン（三月一一日）、デッサウのユンカース工場（三月一二日）、ベルリンのダイムラー工場（三月一三日）などを存分に見学した。[49]

一九三六年四月八日、シャハトは中国代表団との間で中独条約（ハプロ条約）を締結し、対中国武器輸出事業の国家による運営を図った。すなわちこの条約でドイツは一億ＲＭの借款を中国に与えて中国の武器輸入を可能とし、中国はタングステンをはじめとする原料資源でこれを相殺するシステムが成立したのである。[50]中独条約の成立により、ドイツ国防省は、対中国武器貿易の軸足を、民間会社を通じたものからハプロを通じたものへと移していった。また、この条約で与えられたクレジットをも用いて、中国代表団は大量の武器を購入したのである。[51]

こうした中国政府の武器購入計画に対し、国防大臣ブロムベルクは五月六日、三軍あてに通達を出し、「中国国民政府がドイツ軍需工業から購入しようとしている物資の供給を、ドイツの軍需品調達プログラムの中に編入せよ」という驚くべき決定をおこなった。[52]こうして第三帝国の軍拡政策と中国の軍拡政策は有機的かつ密接に結合されることとなった。

一九三六年四月一四日、蒋介石は来たるヒトラーの誕生日（四月二〇日）にあわせ、祝電を送るとともに、「ドイツと中国との間の経済的協力関係は、〔中独〕条約の調印によって、偉大な成果をもたらしました」と述べて中独条約調印への満足感を示した。[53]これに対しヒトラーは五月一三日、蒋介石に電報を打ち、「中独両国のバーター貿易は実に両国の経済発展に対し莫大な利益を与えるものであり、閣下の特別のご配慮をいただいたことに謹んで感謝申し上げます」と述べたのである。[54]このヒトラーと蒋介石の交歓は、まさしく中独武器貿易がもたらした両国の友好関係の頂点を示していた。こうした友好関係は、加えて、中独条約を推進してきた元軍務局長ライヒェナウの中国訪問という形でさらに強く表現されることとなった。六月末にクラインとともに訪中したライヒェナウは、中国で国賓並みの待遇を受けることとなる。[55]

ところで、中独条約には、調印当初より多くの反対論が表明されたが、ここではその反対論のうち二つについて触れておこう。反対論の第一は、ドイツ国外、すなわち日本から発せられた。いうまでもなく日本は、ドイツから中国への大量の武器輸出を恐れたのである。この間休暇で帰国していた東京駐在大使ディルクセンは、中独条約が日本の対ドイツ政策、とりわけ当時進行していた日独防共協定交渉に悪影響を及ぼすことを恐れ、六月九日、独断で、ドイツ駐在日本大使武者小路公共に中独条約の内容を伝えていた。[56]また、日本のマスコミも、六月二七日、中独条約についてコメントなしで報道していた。[57]これに基づき武者小路大使は、その後二度もドイツ外務省を訪問し、強い抗議をおこなっていたのである。[58]

第二の反対論は、ドイツ国内からもたらされた。すなわち、中独貿易に携わるドイツ商社およびそれをハンブルクで統括する東アジア協会は、中独条約が既存の在中商社による武器貿易を脅かすものであるとの不安から、中独貿易の国家による独占を強く批判したのである。一九三六年五月、上海ドイツ商工会議所の会員の間では、中独条約が「ドイツの中国貿易を深刻な危機に陥れる」として「異常な不安」が惹起されていた(59)。事実この間中国政府は、中独条約への期待から、在中ドイツ商社を通じた多くの契約を停止していたのである(60)。既存の武器貿易で利益を上げてきたドイツ在中商社＝自由貿易派はその存亡の危機に立たされることとなった。

七月四日、東アジア協会は執行委員会を開催し、中独条約について議論するとともに、七月七日、同協会会長ヘルフェリヒがブロムベルク、シャハト、ゲーリング（Hermann Göring）らに宛てて書簡をしたため、「長年築いてきた中国におけるドイツ商社の立場が深刻な脅威にさらされている」と強く抗議したのである(61)。これに対しブロムベルクは、中独条約は「総統と関係各省庁の了承の下に」実行されており、「国防軍の利益」になるものであるから、「中国貿易に関与する商社との交渉に入るつもりはない」と突き放したのである。これは、ヘルフェリヒも正しく解釈したように、「我々には受け入れられない剥き出しの拒絶」であった(62)。

この間、ドイツ外務省は交渉の蚊帳の外に置かれ、中独条約についてはほとんど情報を得ていないありさまであったが、七月一八日、ハプロの対中計画の全貌がようやく外務省にも明らかとなった。すなわちこの日、ハプロのロイスが外務省を訪問し、以下のような計画を開陳したのである。

まず組織面では「蔣介石に直属する組織局」を設立し、その下に軍事部門と経済技術部門を置く。この中国側の組織局に並列・対応する形で、軍事・軍拡部門を担当する「ドイツ参謀将校からなるドイツ軍事顧問団本部」（既存の在華ドイツ軍事顧問団とは別組織）と、経済建設問題を担当する「経済技術顧問団本部」の二部門を、蔣介石・中国政府に対する「諮問機関」として設立する。こうした組織計画を促進するため、現在ライヒェナウが中国で精力を注いでいる。こうした諮問組織に基づいて、具体的な計画として、六個師団からなる「一〇万軍」を建設し、それを将来「三〇万軍」に拡大強化するとともに、それぞれの師団の配属地に軍需産業を育成し、各師団に必要な軍備を供給しうる体制を整える。こうした軍需産業は、「原料から武器・弾薬の製造にいたるまでを担当する化学・金属産業の諸工場」より構成される。

次にロイスはハプロの対中国武器輸出に関する計画について次のように述べる。まず「四〇〇〇万RMにわたる緊急プログラム」が「沿岸防衛用の諸設備」のため用意されている。さしあたり四隻の高速魚雷艇（八〇トン、一〇〇〇馬力、乗員一六人、五〇センチ魚雷発射管二門）がドイツ海軍の在庫から供給され、さらに八隻が建造される予定である。計画総体としては五〇隻の同型高速艇が供給されるが、それらの高速艇は「三〇キロの範囲にわたり海岸を敵の攻撃から防御する」ために用いられよう。

さらに、「多数の沿岸防衛用一五センチ砲台および機雷封鎖設備」が供給される。これにより「揚子江は敵の艦隊に対し遮蔽しうる」。加えて、いずれ複数の小型潜水艦の供給が予定されている。しかも、こうした近代兵器の運用のため、中国人学生にドイツで技術を学ばせ、機械技術者として養成する必要があろう。[63]

こうしてロイスが述べたように、クライン＝ドイツ国防省が中独条約により構想したプランは、陸軍面でも、海軍面でも、国防経済面でも、さらに国防教育面でも、きわめて軍事的な色彩の強いものであり、しかもこの計画の仮想敵国は明らかに日本であった。九月一一日、ライヒェナウは中独条約の目的を次のように端的に述べている。「国家条約の目的は、日本による侵略の危険と脅威の増大に対し、中国を可及的速やかに軍拡することである」[64]。

こうした中独関係の政治的・軍事的深化を背景に、ライヒェナウは九月末、中国で次のように言い放った。「当地では日本につくか中国につくかを決めなければならない。〔中略〕もし日中戦争が勃発すれば、彼ら〔在華ドイツ軍事顧問団〕が中国軍とともに戦争に赴かなければならないのは当然である」[65]。こうしてドイツ国防省は、中国に対し、軍事同盟にも似た緊密な協力関係を推進していくこととなる。[66]

一九三六年一〇月三一日、武器輸出組合（ＡＧＫ）は第一回の年次報告（一九三五年一一月一日～一九三六年一〇月三一日）をまとめた。それによると、ドイツの武器輸出全体は三四〇〇万ＲＭの額にのぼったが、その中に占める中国の割合は実に五七・五％（約二〇一〇万ＲＭ）で、ドイツの武器貿易全体に占める中国の圧倒的な地位を示していた。しかも注意すべきは、このうち、約半年前に締結された中独条約によるものがすでに五〇％（約一〇一〇万ＲＭ）を占めており、わずか半年の間にハプロを通じた武器貿易が在華ドイツ商社による武器貿易を相当程度圧迫し始めたのである。[67]

5　日中戦争とドイツの対中国武器輸出

一九三七年七月七日の日中戦争勃発後も、ハプロは極秘裏に対中国武器輸出を継続した。同年八月一二日、国防大臣ブロムベルクは、当時訪独して武器購入に奔走していた国民政府財政部長孔祥熙に対し「中国への武器輸出を継続するためあらゆる努力をする」と約束した。[68]ヒトラーも八月一六日、「中国との条約に基づいて輸出される物資（武器）については、中国から外国為替ないし原料供給で支払われる限り、続行せよ」と命じた。[69]こうしてドイツは、日中戦争勃発後も対中国武器輸出を精力的に推進したのである。

この間蔣介石は、ドイツ軍事顧問団に作戦指導を受け、優秀なドイツ製武器で武装した八七師、八八師、税警団など最精鋭部隊一〇万を上海戦線に投入し、日本の侵略への強い抵抗意志を示した。上海での戦闘はさながら「日独戦争」の様相を呈した。

武器輸出が合法化されて二年目の一九三七年には、一九三六年に比べ、ドイツの武器輸出総額は約四・五倍に増え、二億二五〇〇万ＲＭにのぼった。当時のドイツの総輸出額は五九億一一〇〇万ＲＭだったので、輸出総額に対する武器輸出総額の割合は約四％であった。[70] 対中国武器輸出に関していえば、ドイツの武器輸出全体に占める比率は下げたが（三七％）、総額は前年に比べ一挙に約四倍の八二八〇万RMに拡大した。しかも注目すべきことに、この中でハプロ事業が占める割合は実に八七・九％（七二七五万RM）にまで拡大したのである。[71] これにより、在来の中国駐在ドイツ商社、すなわちカルロヴィッツ、クンスト&アルバース、メルヒォールおよび東アジア協会などは決定的な打撃を受けることとなった。

しかしながらこの間、ドイツはオーストリア併合（一九三八年三月）に続いてチェコスロヴァキア侵略に乗り出した。このためドイツは、日本との関係を強化する必要に迫られたのである。こうした必要性はやがて一九三八年夏から一九三九年夏にかけてのいわゆる「防共協定強化交渉」に帰結するが、そのための前提としてドイツは、一九三八年二月の「満洲国」承認、同年六月の駐華ドイツ大使トラウトマンおよびファルケンハウゼンらドイツ軍事顧問団の本国召還など一連の政治的・外交的譲歩を日本に対しておこなった。同じ文脈で、一九三八年四月五日、ヒトラーや外相リッベントロップら親日派からの政治的圧力に屈した四カ年計画担当大臣ゲーリングは、やむなくハプロを含めた対中国武器輸出をすべて禁止し、[72] ドイツの中国への武器輸出はほぼ停止するにいたったのである。[73]

6　おわりに

一九二〇年代のいわゆる「軍閥割拠」の時代から、中国はドイツ兵器産業の重要な市場であった。しかも一九二八年六月における蔣介石の「北伐」完成と中国の一応の政治的統一を経てからも、中国の潜在的内戦状況は継続した。このため、南京中央政府はいうにおよばず、その他の地方政権も、ドイツ製の武器を求め、さらにはドイツ武器工場のプラントを輸入しようと継続的に試みていた。

しかしながらドイツはヴェルサイユ条約および国内法たる武器輸出禁止法に拘束されており、公然たる対中国武器輸出に踏み出すには多くの政治的・外交的困難が存在していた。一九三三年一月三〇日に成立したナチス政権は、政府内のさまざまな対立を媒介としつつ、この拘束を徐々に緩和していった。ナチス政権はヴェルサイユ条約や武器輸出禁止法などの経済外的な拘束を嫌悪し、さらに一九三〇年代初頭の深刻な世界経済危機の中で武器輸出に経済的・国防経済的な活路の一つを見出していた。こうした傾向は、一九三五年一一月の武器輸出禁止法の撤廃により一つの結論を得ることになる。

しかしながらドイツ国防省は、こうした自由貿易主義的な武器輸出奨励策に満足していなかった。彼らは、さらに、武器輸出に対する政治的介入を深め、バーター的清算方式により武器輸出を促進しようとしたのである。その典型となったのが対中国武器輸出であった。国防省は自らの管轄下にハプロを創設し、武器工場プラント輸出（「広東プロジェクト」）を推進するとともに、ハプロを通じた対中国武器輸出の国家独占を目指した。実際、対中国武器輸出においてハプロの占めるシェアは一九三六年には約五〇％へと拡大した。ナチス国防経済の中で、とりわけ対中国武器輸出の分野で、東アジア協会らの自由貿易派は深刻な経済的・政治的な打撃を被ることとなった。

日中戦争の勃発は、中独条約に基づく中国への武器輸出を強化し、輸出総量を一挙に四倍化するとともに、このようなハプロによる対中国武器輸出の独占をさらに促進した。

しかしながら、ヒトラーの外交と戦争の論理は、国防省・ハプロやゲーリングら対中武器輸出における国家統制派の基盤を最終的に掘り崩した。ヒトラーの戦争政策は日本との同盟を求め、それは「防共協定強化交渉」となって現れた。こうした中で、一九三八年春、国防相ブロムベルクやゲーリングら「親中派」は敗北し、ヒトラーやリッベントロップに代表される戦争の論理が、経済的合理性を無視し、自由貿易派や国家統制派の論理を踏みにじりつつ、貫徹されていったのである。

（1）一九二〇年代の中国をめぐる武器貿易について、以下の文献が参考になる。Chan [1982]；陳存恭［一九八三］。

（2）陳紅民［二〇〇七］七八頁。

（3）羅敏［二〇〇七］一一七頁。

（4）Aufzeichnung Bülows vom 18. September 1933, in: *ADAP*, Serie C, Bd. I, Dok. Nr. 435, S. 800-801 und Anmerkung（4）dazu.

（5）熊野直樹［一九九六］を参照。

（6）*Reichsgesetzblatt*, 1927, Teil 1, S. 239-242.

（7）Aufzeichnung des Vortragenden Legationsrats Michelsen vom 10. Juli 1933, in: *ADAP*, Serie C, Bd. I, Dok. Nr. 357, S. 636-638.

（8）Blomberg an Neurath vom 24. Juni 1935, in: *ADAP*, Serie C, Bd. IV, Dok. Nr. 168, S. 344-345.

（9）Entwurf Lieses vom 16. April 1934, in: Bundesarchiv-Militärarchiv（folgend zitiert als BA-MA）, WiIF5/383/Teil 2. この WiIF5 の文書記号はフライブルクの連邦軍事文書館に所蔵されている国防省国防経済部局の文書群を示し、ナチス国防経済を分析する場合重要である。

（10）Bericht Kieps an den Staatssekretär in der Reichskanzlei Lammers vom 14. Februar 1935, in: *ADAP*, Serie C, Bd. III, Dok. Nr. 492, S. 910-912.

（11）田嶋信雄［一九九二］二二六～二二七頁を参照。

（12）Runderlaß Ritters vom 17. August 1936, in: *ADAP*, Serie C, Bd. V, Dok. Nr. 511, S. 842.

（13）Liese an das AA vom 15. September 1934, in: Politisches Archiv des Auswärtigen Amts（folgend zitiert als PAdAA）, IV OA, Allgemeines Bd. 211/2, H098316; Handelsabteilung der Chinesischen Gesandtschaft Berlin an den Chef des Waffenamts Liese vom 10. September 1934, ebenda, H098317. この IV OA の文書記号をもつドイツ外務省外交史料館の史料は、外務省第四部（スカンディナーヴィア、東アジアなどを担当）のうち東アジアに関する文書で、ナチス・ドイツの東アジア政策一般を研究する場合に重要である。なお、筆者が調査したのはドイツ統一前のボンにあった外務省外交史料館であり、現在のベルリンにある外交史料館とは文書記号の体系が異なっていることをお断りしておきたい。ただし、現在の外務省外交史料館の閲覧室に配架されているケント・カタログを用いれば、新旧文書番号の対照は容易である。

(14) Aufzeichnung von Erdmannsdorff vom 26. September 1934, in: *ADAP*, Serie C-III, Dok. Nr. 220, S. 415-416.

(15) Vermerk Frohweins vom 17. Oktober 1934, in: *ADAP*, Serie C, Bd. III, Dok. Nr. 253, S. 476-477.

(16) Aufzeichnung Frohweins vom 23. November 1934, in: *ADAP*, Serie C, Bd. III, Dok. Nr. 351, S. 649-652.

(17) Vermerk Voß vom 3. April 1935, in: PAdAA, Abt. IV OA, Allg. Bd. 211-4, H098424.

(18) Blomberg an Neurath vom 24. Juni 1935, in: *ADAP*, Serie C, Bd. IV, Dok. Nr. 168, S. 344-345.

(19) Anmerkung der Herausgeber (5), in: *ADAP*, Serie C, Bd. IV, S. 345.

(20) *Reichsgesetzblatt* 1935, Teil 1, S. 345.

(21) Jahresbericht der AGK bei der Reichsgruppe Industrie. Das erste Geschäftsjahr, 1. 11. 1935-31. 10. 1936, in: BA-MA, WiIF5/383, Teil 2, E236630. 以上までの記述は、主として、田嶋信雄［二〇〇九］に依拠している。

(22) クラインの経歴に関しては、一九三三年一一月二七日付のドイツ外務省の調査報告を参照のこと。Aufzeichnung des Legationsrates Altenburg vom 27. November 1933, in: *ADAP*, Serie C, Bd. II, Dok. Nr. 89, S. 151-152.

(23) 「克蘭与両広当局簽訂之《中徳交換貨品合約》（一九三三年七月二〇日）」、中国第二歴史档案館編［一九九四］四六〇～四六五頁。「克蘭与広州永隆建築公司簽訂之《琶江口各兵工廠建築物承建合約》（一九三三年一二月一四日）」、中国第二歴史档案館編［一九九四］四六六～四六八頁、をも参照のこと。

(24) ゼークトの一九三三年夏の中国訪問について、詳しくは、田嶋信雄［二〇〇八］、参照。

(25) Eckert [o. D.], Anhang, HAPRO-Daten.

(26) 「中国農産品与徳国工業品互換実施合同」（一九三四年八月二三日）、中国第二歴史档案館編［一九九四］三二四～三二六頁：Ausführungs-Vertrag über den Austausch von Rohstoffen und Landesprodukten Chinas gegen Industrie- und Sonstige Erzeugnisse Deutschlands, in: Eckert (o. D.), Anhang.

(27) Trautmann an Bülow vom 28. August 1934, in: *ADAP*, Serie C, Bd. III, Dok. Nr. 180, S. 352-353.

(28) 飯島典子［二〇〇九］を参照。

(29) Verhandlungs-Bericht von Hans Klein, Anlage zu Aufzeichnung Voss vom 31. Januar 1935, in: PAdAA, „Projekt Klein",

6680/H096151;「克蘭与広東当局簽訂之《防毒面具廠合約》」、中国第二歴史档案館編〔一九九四〕四六八～四七一頁。なお、ベルリンのドイツ外務省外交史料館に所蔵されている „Projekt Klein" 文書は、中国におけるハンス・クラインのプロジェクトを知る上で不可欠の史料である。

(30) Aufzeichnung Voss vom 2. Februar 1935, in: *ADAP*, Serie III, Dok. Nr. 476, S. 879-881.

(31) Aufzeichnung Meyers vom 6. November 1934, in: *ADAP*, Serie C, Bd. III, Dok. Nr. 301, S. 560-561.

(32) Trautmann an das Auswärtige Amt vom 15. Dezember 1934, in: PAdAA, „Projekt Klein", 6680/H096025.

(33) Aufzeichnung Voss vom 18. März 1935, in: PAdAA, „Projekt Klein", 6680/H096255-260.

(34) Das Auswärtige Amt an Reichenau vom 17. April 1935, in: PAdAA, „Projekt Klein", 6680/H096270.

(35) Blomberg an Chiang Kai Shek vom 1. Mai 1935, in: BA-MA/Msg 160/7, Bl. 69. この Msg 160 の文書記号を持つ文書は在華ドイツ軍事顧問団の文書で、在華ドイツ軍事顧問団を研究する場合、必ず参照しなければならない文書群の一つである。

(36) Aufzeichnung Voss vom 18. März 1935, in: PAdAA, „Projekt Klein", 6680/H096255-260.

(37) Trautmann an das AA vom 10. Mai 1935, in: PAdAA, „Projekt Klein", 6680/H096287-292.

(38) 鄧演存〔一九八七〕一六一～一六七頁。鄧演存は当時琶江兵工廠建設事務所主任として工場建設の事務処理にあたった。

(39) 李宗仁〔一九九五〕四七六頁。

(40) 両広事変については、施家順〔一九九二〕を参照。

(41) 李滔・陸洪洲編〔二〇〇三〕一五二～一五四頁。

(42) 一九三八年四月に入ると華南方面を主作戦地域とする海軍高雄航空隊ならびに第一四航空隊（三灶島に飛行場を建設）が開隊し、華南に進出、年内に七次にわたる作戦をおこなった。そのうち琶江兵工廠は四月一四日から二一日と、七月一六日から二五日の二波にわたる攻撃の対象の一つとなった。防衛庁防衛研究所戦史室〔一九七五〕七四頁。

(43) 李滔・陸洪洲編〔二〇〇三〕一五二～一五四頁。

(44) Schacht an Kung vom 6. Mai 1935, in: *ADAP*, Serie C, Bd. IV, Do. Nr. 76, Anlage, S. 136-137.

(45) Blomberg an das Auswärtige Amt vom 11. November 1935, in: PAdAA, „Projekt Klein" 6680/H096333 ;「柏龍白来電（一九三五年一一月一六日）」、中国第二歴史档案館編〔一九九四〕二三三頁。

(46) 「克蘭致翁文灝電（一九三五年一二月二九日）」、「塞克特致翁文灝電（一九三五年一一月一五日電）」、「翁文灝復塞克特電（一九三六年二月一九日）」など。中国第二歴史档案館編［一九九四］三五三～三六〇頁。

(47) Meier-Welcker [1967], S. 692.

(48) Blomberg an die drei Wehrmachtteilen vom 28. Februar 1936, in: BA-MA, RM11/2/v. Case 3/2/48899. この RM11 の文書記号を持つ文書は、ドイツ海軍の史料である。

(49) „Reiseplan“, in: BA-MA, RM11/2/v. Case 3/2/48899.

(50) Kreditzusatzvertrag zu dem zwischen der chinesischen Regierung und Hans Klein abgeschlossenen Warenaustausch-Vertrag vom 23. August 1934, Berlin, den 8. April 1936, in: *ADAP*, SerieC, Bd. V, Dok. Nr. 270, S. 382–383 ;「中徳信用借款合同（一九三六年四月八日）」、中国第二歴史档案館編［一九九四］三二九～三三〇頁。

(51) この時代表団が発注した武器のリストは馬振特・戚如高［一九九八］三三五～三三七頁に掲載されている。

(52) B. Nr. B Stat 1192/35 Gkods vom 15. Mai 1936, in: BA-MA, RM11/2/v. Case3/2/48899.

(53) Chang Kai Shek an Hitler vom 14. April 1936, in: PAdAA, „Projekt Klein“, 6680/H096416.

(54) 「希特勒為発展対華合作事致蒋介石電（一九三六年五月一三日）」、中国第二歴史档案館編［一九九四］四～五頁。

(55) 中国語史料を使ってライヒェナウの訪中を描いたものとして、馬振特・戚如高［一九九八］三〇〇頁を参照。

(56) Anmerkung der Herausgeber (4), in: *ADAP*, SerieC, Bd. V, S. 605.

(57) Noebel an das Auswärtige Amt vom 27. Juni 1936, in: PAdAA, „Projekt Klein“, 218/147910.

(58) 中独条約が日独防共協定交渉に与えた影響について、詳細は、田嶋信雄［二〇〇八b］参照のこと。

(59) Die deutsche Handelskammer in Shanghai an den Ostasiatischen Verein Hamburg-Bremen vom 21. Mai 1936, in: Helfferich [1969], S. 113.

(60) „Vertrauliche Aktennotiz betreffend Staatsvertrag“ vom 26. Juni 1936, in: BA-MA, Msg 160/7.

(61) Helfferich an Göring vom 7. Juli 1936, in: Helfferich [1969], S. 114-115.

(62) Blomberg an Helfferich vom 10. Juli 1936, in: Helfferich [1969], S. 116. ヘルフェリヒはこうして中独貿易では自由貿易の旗を掲げたが、ヨーロッパにおける第二次世界大戦の勃発を経て、一九四〇年二月から四月まで日本を訪問したとき、みごとにナチス統制経済の信奉者に転向していた。柳澤治［二〇〇八］を参照。

(63) Aufzeichnung Voss vom 18. Juli 1936, in: PAdAA, „Projekt Klein", 218/147932.

(64) Helfferich [1969], S. 122.

(65) Fischer an Erdmannsdorff vom 1. Oktober 1936, in: PAdAA, „Projekt Klein", 218/148031.

(66) ライヒェナウ訪中に際し通訳の任に当たった闞徳懋は、「当時ライヒェナウは、中独軍事攻守同盟を締結し、ドイツが表に出て日本を抑え、中日紛争を解決し、さらに中独日三国が共同で手を携え、もってソヴィエト・ロシアに対処することを提案していた」と主張している。中央研究院近代史研究所［一九九七］三七頁。「中独軍事攻守同盟」への言及は興味深いが、第一次史料によればライヒェナウは明らかに対日戦争を想定した中独協力を構想しており、ただちに信を置くことはできない。

(67) Jahresbericht der AGK bei der Reichsgruppe Industrie, Das erste Geschäftsjahr, 1. 11. 1935–31. 10. 1936, in: BA-MA, WiIF5/383, Teil 2.

(68) „Aktennotiz über die Besprechung mit Dr. Kung am 12. August 1937", in: BA-MA, RW5/v. 315, Bl. 22.

(69) Aufzeichnung Neuraths vom 17. August 1937, in: *ADAP*, Serie D. Bd. I, Dok. Nr. 478, S. 612.

(70) Ausfuhrgemeinschaft für Kriegsgerät, Jahresbericht 1937, in: Bundesarchiv（folgend zitiert als BA）, R901/106417, S. 24.

(71) Ausfuhrgemeinschaft für Kriegsgerät, Jahresbericht 1937, in: BA, R901/106417, Anhang.

(72) „Schnellbrief" Görings vom 5. April 1938, in: BA, R901, 106417.

(73) Ausfuhrgemeinschaft für Kriegsgerät, Geschäftsbericht 1939/40, in: BA, R901/106419.

文献リスト

〈和文〉

飯島典子［二〇〇九］「清末から民国期にかけての広東・江西に跨るタングステン開発」『中国研究月報』三月号。

熊野直樹［一九九六］『ナチス一党支配体制成立史序説』法律文化社。

田嶋信雄［一九九二］『ナチズム外交と「満洲国」』千倉書房。

田嶋信雄［二〇〇八ａ］「ゼークトの中国訪問 一九三三年――ドイツ側の政治過程および中国政治への波紋」『成城法学』第七七号。

田嶋信雄［二〇〇八ｂ］「親日路線と親中路線の暗闘」工藤章・田嶋信雄（編）『日独関係史 一八九〇―一九四五』第一巻、東京大学出版会。

田嶋信雄［二〇〇九］「武器輸出解禁の政治過程――ナチス・ドイツと対中国武器輸出問題 一九三三―一九三六年」成城大学法学会（編）『二一世紀における法学と政治学の諸相』信山社。

陳紅民［二〇〇七］（光田剛訳）「矛盾の連合体――胡漢民・西南政権と広東実力派（一九三二～一九三六年）」松浦正孝編著『昭和・アジア主義の実像』ミネルヴァ書房。

防衛庁防衛研究所戦史室［一九七五］『戦史叢書』第七九巻「中国方面海軍作戦（一）」、朝雲出版社。

柳澤治［二〇〇八］「ナチス経済思想と『経済新体制』――日本経済界の受容」工藤章・田嶋信雄（編）『日独関係史 一八九〇―一九四五』第三巻、東京大学出版会。

羅敏［二〇〇七］（光田剛訳）「福建事変前後の西南と中央――対立から交渉へ」松浦正孝編著『昭和・アジア主義の実像』ミネルヴァ書房。

〈中文〉［ピンイン順］

陳存恭［一九八三］『列強対中国的軍火禁運（民国八年―一八年）』中央研究院近代史研究所。

鄧演存［一九八七］「琶江兵工廠建立始末」広州市政協文史資料研究委員会編『南天歳月――陳済棠主粤時期見聞実録』（広州文史資料第三七輯）広東人民出版社。

馬振特・戚如高［一九九八］『蔣介石与希特勒』東大図書股份有限公司。

李滔・陸洪洲編［二〇〇三］『中国兵工企業史』兵器工業出版社。

李宗仁［一九九五］『李宗仁回憶録』下、華東師範大学出版社。

施家順［一九九二］『両広事変之研究』復文図書出版社。

中国第二歴史档案館編［一九九四］『中徳外交密档（一九二七―一九四七）』広西師範大学出版社。
中央研究院近代史研究所［一九九七］『関徳懋先生訪問紀録』中央研究院近代史研究所。

〈欧文〉

ADAP = Akten zur Deutschen Auswärtigen Politik 1918-1945.
Chan, Anthony B. [1982], *Arming the Chinese. The Western Armaments Trade in Warlord China 1920-1928*, Vancouver.
Eckert, Walther [o. D], *Die HAPRO in China*, Graz.
Helfferich, Emil [1969], *1932-1946. Tatsachen*, Jever.
Meier-Welcker, Hans（1967）, *Seeckt*, Frankfurt a. M.
Reichsgesetzblatt.

第7章　第三帝国の軍事的モータリゼーションとアメリカ資本

――語られざるジェネラル・モーターズを中心に――

西牟田 祐二

1　はじめに

本章の課題は、第二次世界大戦開戦当初期におけるアメリカ合衆国の対独宥和論者たちの存在とその理由を明らかにすることである。対独宥和論あるいは対独宥和政策 Appeasement Policy については、従来、第二次大戦直前期一九三八年九月のミュンヘン会談におけるイギリス政府の政策に焦点が当てられてきた。他方アメリカ合衆国の対独宥和論（者）については、いわゆる「孤立主義（者）」Isolationism（Isolationist）と分けられることがなく、従来それ自体の検討はほとんどなされないままになっている。しかしアメリカ合衆国にも対独宥和論（者）と特徴づけられ得る潮流は根強く存在していたばかりか、それはむしろ一九三九年九月一日に第二次世界大戦が（さし当たりドイツ対英・仏の戦争として）勃発して以降一層強まったことが特色なのである。具体例として三つの言明を取り上げよう。「この戦争〔九月に始まった第二次世界大戦〕における連合国の立場はどんな点においてもモラル上ドイツの立場に優越することはない。いやむしろドイツの立場のほうが連合国の立場より道徳的に上である」。これは、のちにアメリカ合衆国国務長官（一九五二～五九年在任）となるジョン・フォスター・ダレスJohn Foster Dullesが、ニューヨーク・ウォール街の企業法務担当の法律事務所サリヴァン&クロムウェルのパートナーであった時、同じく同法律事務所パートナーのE・セリグマンに送った手紙のなかの一節（一九三九年一〇月二五日付セリグマンの返信のなかに引用）である。(1)

「親愛なるシュミット氏（ドイツ・フォード社社長）へ。わたくしは、いわゆる占領地域（Occupied Area）におけるわれわれの諸プラントの状況に関するアップ・トゥ・デイトな情報をあなたから得ることができて大変喜んでいる。わたくしは、あなたがベルギーとオランダにおける生産のために努力し、それらをより自律的なものにしていること、またそれらを操業し続けることを可能ならしめていることをよく知っている。これらのプラントは操業されることによって最善が保たれるのであって、わたくしはこうした状況を創出するために可能なことすべてをあなたがおこなっていることを知っている。〔中略〕あなたは、あなたの管轄権（jurisdiction）の下に入ることになった諸会社に関して実行するべき大変困難な課題をもち、それをあなたの最善の能力によっておこなっていることが分かる。そしてわたくしは、あなたがほかのヨーロッパ大陸の組織から協力を得ることができるであろうこと、それによってフォード社の全体としての組織のベストの利益が守られるであろうことを確信している」。これはアメリカ合衆国の自動車企業フォード社本社社長エドセル・B・フォード（創業者ヘンリー・フォードの息子）が一九四〇年一〇月三一日付でドイツ・フォード社社長のR・H・シュミットに送っている手紙のなかの一節である。(2)

「私が『PM』紙でムーニー氏〔ジェイムズ・D・ムーニー、ジェネラル・モーターズ（GM）社副社長・海外事業部長〕の写真とそれに関する記事を書いた後で、彼はGM社の広報担当副社長のPaul Garret氏を通じて私に彼と会って話をするように要求した。私はムーニーと二時間にわたる会談をし、Garretも同席した。これは出版のためではない。ムーニーは、会談の目的は私に彼、すなわちムーニーが正しく、私はムーニーに関して間違っていることを確信させるという彼の願いであると説明した。ムーニーは、自分は愛国的なアメリカ人だと主張した。彼はもし必要なら祖国のために死ぬと言った。彼は、もちろん私も知っているが、〔一次大戦期には〕合衆国海軍将校であったことを指摘した。彼の娘はちょうどその時英国軍人と結婚するところであったし、もう一人の娘はイギリスで赤十字の活動に従事していた。彼の息子は、（私の記憶が間違いなければ）その時合衆国海軍の予備役についていた。ムーニーは言った、『あなたは全体像をよく見るべきだ。全体像をよく見て、私のどこが良いアメリカ人でないかを言ってみてくれ。』ムーニーは続いて、ヒトラーからメダルを贈られた直後に彼はそれを適切な指示を受けるために合衆国海軍に送ったのだ、しかし今までに海軍はそれについて何ら言ってきていない、とも語った。そこで私は彼に現在（すなわちこの会話がおこなわれた一九四〇年の一〇月中頃）の時点においてこのメダルをヒトラーに返す気があるか、と問うた。彼は、そのつもりはないと答えた。彼はそうすることはジェネラル・モーターズにとって将来ナチ・ドイツに投資された一億ドルに上る株主の資金を取り戻す機会を危険にさらすことになるだろうと考えた。さらに彼は、『ヒトラーは正しいと思う。そして自分は彼を狂わせるようなことをするつもりはない』とまで言った。彼は『自分はヒトラーがすべてのカードを持っていることを知っている』と言った。彼はこういう言い方で全般的な議論を進めた。『自分の同情は英国民のほうにあるが、自分はヒトラーはおそらく戦争に勝つだろうと思う。ヒトラーの一般的なポジションには道理がある。ドイツはより大きな空間を必要としている、などのことだ。ドイツの人々はより攻撃的で、精力的だ。もしわれわれがヒトラーの下でのドイツ国民の膨張を抑えようとするならば、それはわれわれにとってあまりに悪いことだ。』などなどである。私はその晩の会話のすべてを記録した。これらはそのハイライトだ。私は〔あなたから〕ムーニーの姿勢が合衆国の国防計画にとって有害かどうかに関する私の意見を求められた。ムーニーは昨秋ジェネラル・モーターズのすべての国防業務を担当する社長アシスタントに昇任した。どんな産業家に比べても最も重要な国防業務だ。なぜならジェネラル・モーターズは合衆国最大の国防契約企業であるからだ。この質問は、もし率直に答えるとしても単純に答えられる質問ではない。私が知る限りではムーニー氏は合衆国の法律に違反したことを行ってもいないし、考えてもいない。しかしながら私の意見では、ムーニー氏のような考えを持つこうした突出した人物は、国家の安全保障にとって潜在的に危険だと思われる」。

これは一九四一年七月一七日にニューヨークで発行されている日刊紙『ＰＭ』の記者に対し、国務省の依頼を受けて司法省連邦捜査局ＦＢＩが国防業務に携わる民間人の通常の適格性審査の一環として、ジェネラル・モーターズ社の海外事業部長から国防事業担当社長アシスタントに昇進した同社副社長ジェイムズ・Ｄ・ムーニーの国防適格性に関する判断のための情報提供を求めた時の同記者の証言の一節である。(3)

いずれも第二次世界大戦の勃発（一九三九年九月一日）から同大戦へのアメリカ参戦（一九四一年一二月七日、独米開戦は一二月一一日）までの時期における発言であり、三者（Ｊ・Ｆ・ダレス、エドセル・Ｂ・フォード、ジェイムズ・Ｄ・ムーニー）に共通する特色として、分析の結果出てくるのは、いずれも当時のアメリカ合衆国からドイツに対する大規模な投資家あるいはその利害代表者であることである。すなわちジョン・フォスター・ダレスの場合は、一九二〇年代にドイツ賠償問題に関わるいわゆる「ドーズ案」の枠組みのもとでアメリカ・ニューヨークで発行されたドイツ・ドル建て外債の証券発行業務の法律事務担当者であったことから、一九三〇年代以降にはそれら証券のデフォルト（債務不履行）に関わる再交渉の担当者となっており、アメリカのドイツに対する証券投資の利害を全般的に代表する立場に立っていた。またエドセル・Ｂ・フォードとジェイムズ・Ｄ・ムーニーの場合は、両者とも、それぞれアメリカ自動車企業フォード社、ジェネラル・モーターズ（ＧＭ）社のドイツへの対外直接投資が一九二〇年代から大規模に行われている中で、そのドイツ子会社（ドイツ・フォード社およびアダム・オペル社）の経営にも直接タッチする企業経営者であり、のちに詳しく見るように、一九三〇年代以降もそのドイツ子会社経営は継続していたということである。

ここで彼らが直面していた問題を一般的に述べるとすれば次のようになる。一九二九年一〇月二四日以降の世界大恐慌の進行のなかで通常語られるいわゆる「外資引き揚げ」は、実際には「外資」のうちの国際短期資金移動に限定されるものであって、一九二〇年代にアメリカからドイツに投資された長期資金である証券投資の大部分と直接投資（アメリカ企業ドイツ子会社）はほとんどが一九三〇年代にも存続していた。したがってアメリカの対独投資家は、一九三〇年代以降、種々の交渉を通じ、ドイツ経済の再建、そしてドイツの経済成長を強く望む姿勢を示したのである。それは、①一九三〇年代ナチ政権下の平時経済期、②第二次大戦勃発以降アメリカ参戦前までの時期、③アメリカ参戦以降大戦終結までの時期、④第二次大戦終結後経済復興期のうち、実に③の時期を除いて一貫して不変なのである。これはドイツ経済のなかにあるアメリカ投資利害の問題であって、「ドイツのなかにあるアメリカ」の問題と総称し得る。

そのなかで②の時期は、アメリカ合衆国の内部で同国の外交政策をめぐって激しい対立が生じた時期であって、本章はこの時期におけるドイツのなかにあるアメリカの利害を体現するアメリカ側の主体に焦点を当て、彼らの行動が企業およびアメリカ合衆国自体のその後のどのような対応策につながっていったかを検討するものである。

具体的な検討対象は、ジェネラル・モーターズ（ＧＭ）社に焦点を当て、同社海外事業部長で副社長のジェイムズ・Ｄ・ムーニーの行動とそれをめぐるＧＭ社諸経営者（会長アルフレッド・Ｐ・スローンJr.、社長ウィリアム・ヌードセンを含む）のビヘイビアーに注目する。

まず基礎的な事実を確認しよう。表7-1は、ＧＭ社のドイツ子会社アダム・オペル社の監査役会（Aufsichtsrat）、取締役会（Vorstand）のメンバーの一九三八年から一九四二年までの推移を示している。ここでＧＭ本社のメンバーは基本的にアメリカでの取締役会（Board of Directors）に相当するドイツでの監査役会に入っている。一九三八

表7－1　アダム・オペル社監査役会、取締役会構成員の推移（1938〜1942年）

年	監査役会	取締役会
1938年	ヴィルヘルム・フォン・オペル（会長） フリッツ・オペル（副会長） グレアム・K. ハワード（副会長、GM 本社取締役） フランツ・ベリッツ カール・リューア ジェイムズ・D. ムーニー（GM 本社副社長） アルフレッド・P. スローン, Jr.（GM 本社会長） ジョン・トーマス・スミス（GM 本社副社長）	A. バンガート R. A. フライシャー E. S. ホグルンド C. R. オズボーン（会長） H. G. グレヴェーニッヒ G. S. v. ハイデカンプ O. C. ミュラー K. シュティーフ ハインリッヒ・ヴァーグナー
1939年	ヴィルヘルム・フォン・オペル（会長） フリッツ・オペル（副会長） グレアム・K. ハワード（副会長、GM 本社取締役） フランツ・ベリッツ カール・リューア ジェイムズ・D. ムーニー（GM 本社副社長） アルフレッド・P. スローン, Jr.（GM 本社会長） G. N. ヴァンジタート（GM 本社副社長） D. F. ラディン	A. バンガート H. ハンセン E. S. ホグルンド C. R. オズボーン（会長） H. G. グレヴェーニッヒ G. S. v. ハイデカンプ O. C. ミュラー K. シュティーフ ハインリッヒ・ヴァーグナー A. A. メイナード K. アウアバッハ
1940年	ヴィルヘルム・フォン・オペル（会長） C. R. オズボーン（副会長） グレアム・K. ハワード（副会長、GM 本社取締役） フランツ・ベリッツ（副会長） カール・リューア ジェイムズ・D. ムーニー（GM 本社副社長） アルフレッド・P. スローン, Jr.（GM 本社会長） E. S. ホグルンド D. F. ラディン A. D. マドセン	A. バンガート H. ハンセン H. G. グレヴェーニッヒ G. S. v. ハイデカンプ O. C. ミュラー K. シュティーフ ハインリッヒ・ヴァーグナー（会長） O. ヤコブ ハインツ・ノルトホーフ
1941年	ヴィルヘルム・フォン・オペル（会長） C. R. オズボーン（副会長） グレアム・K. ハワード（副会長、GM 本社副社長） フランツ・ベリッツ（副会長） ジェイムズ・D. ムーニー（GM 本社副社長） アルフレッド・P. スローン, Jr.（GM 本社会長） D. F. ラディン	A. バンガート H. ハンセン カール・リューア（会長） H. G. グレヴェーニッヒ G. S. v. ハイデカンプ K. シュティーフ ハインリッヒ・ヴァーグナー（副会長）

表7－1　続き

1941年	監査役会	取締役会
	A. D. マドセン	O. ヤコブ ハインツ・ノルトホーフ
1942年	監査役会	取締役会
	ヴィルヘルム・フォン・オペル（会長） フランツ・ベリッツ（副会長） H. リヒター A. マドセン	A. バンガート カール・リューア（会長） K. シュティーフ ハインリッヒ・ヴァーグナー（副会長） O. ヤコブ ハインツ・ノルトホーフ
	1942年11月～1945年5月までのアダム・オペル社の管理体制	
	管財人（Verwalter）カール・リューア	取締役会会長ハインリッヒ・ヴァーグナー

出所：Geschäftsberichite der Adam Opel A. G. 各年度より作成。

年の監査役会について見れば、会長であるかつてのオーナー家のヴィルヘルム・フォン・オペル、副会長の一人であるフリッツ・オペルのほかフランツ・ベリッツ、カール・リューアはドイツ人経営者であるが、監査役会の副会長のいま一人としてアメリカ人経営者でGM本社取締役であるグレアム・K・ハワードが入っているほか、同じくGM本社から副社長で海外事業部長のジェイムズ・D・ムーニー、会長のアルフレッド・P・スローンJr.さらに副社長のいま一人のジョン・トーマス・スミスがアダム・オペル社監査役会メンバーとなっている。次に取締役会のほうを見ると、ドイツ人経営者バンガート、グレヴェーニッヒ、ハイデカンプ、ミュラー、シュティーフ、ヴァーグナーらと並んでアメリカ人経営者としてはGM本社からE・S・ホグルンドおよびC・R・オズボーンが入っており、なかでもオズボーンがアダム・オペル社取締役会会長つまり社長を務めているわけで、この時期についてはGM本社からの派遣者がアダム・オペル社の経営監督（監査役会）についても実際の経営執行（取締役会）についても主導的役割を掌握しているということがわかってくる。これらが一九三九年以降一九四二年までの間にどのような推移を見せるかをフォローしてみよう。まず一九三九年には基本的な構図は全く変わっていない。GM本社からのメンバーは監査役会で引き続き役割を果たすとともに取締役会においてもホグルンド、オズボーンが在籍し、オズボーンが社長を務めている。次に一九四〇年になると一つの重要な変化が見られる。それは監査役会において、ハワード、ムーニー、スローンが引き続きGM本社からのメンバーであり続けるとともに、従来取締役会メンバーであった（E・S・）ホグルンド、（C・R・）オズボーンが今度は監査役会に移っていること、それに従って取締役会はドイツ人経営者によって占められ取締役会会長（つまり社長）もドイツ人経営者ハインリッヒ・ヴァーグナーになっていることである。さらに一九四一年について見ると、これは一九四〇年の体制と基本的に変わっていない。つまり監査役会においてはGM本社からのメンバーが引き続き在籍するとともに取締役会においてはドイツ人経営者が経営執行を担っている。違いとしては取締役会会長（社長）が以前には監査役会のドイツ人経営者であったカール・リューアに変わり、ヴァーグナーが副会長に転じていることである。次に一九四二年に至ると初めて状況に決定的な変化が起きる。つまり監査役会についてもアメリカ人経営者は在籍しなくなり、取締役会・監査役会ともドイツ人経営者で占められることになる。さらに一九四二年一一月にアダム・オペル社はドイツ政府の敵資産管理委員会の管轄下に入るが、その管財人には前取締役会会長のカール・リューアが任命された。また取締役会会長（社長）は前副会長のヴァーグナーが担当することになった。これが一九四五年五月まで続く。

以上がGM社ドイツ子会社アダム・オペル社の第二次世界大戦前後の時期のコーポレート・ガヴァナンスをめぐる基本的な推移である。その要点は、第二次世界大戦に入ってもアメリカ合衆国が中立国であった間はGM本社の経営者たちはドイツ子会社アダム・オペル社の監査役会に在籍していたということである。ただしこれはさしあたり形式的な推移を見ただけであって、この推移の実質的な意味を検討し、明らかにすることが本章の次節以降の中心的課題となってくる。

本章において使用する主な史料は次のとおりである。

① James D. Mooney Papers, Georgetown University Library, Special Collection Room, Washington D. C.

② General Motors Documents relating to World War Two Corporate Activities in Europe, Yale University, Sterling Memorial Library, Manuscripts and Archives Division, New Haven, CT

③ Correspondence between James D. Mooney and President Franklin D. Roosevelt, Franklin D. Roosevelt Presidential Library, Hyde Park, NY

研究史と資料公開過程に関して一言しておくと、第二次大戦後かなり長期にわたってGM社の第二次大戦期におけるドイツ子会社との関係をめぐる具体的な資料は皆無の状況であったが、一九七〇年代に行われたGM社の陸上交通手段独占問題に関する公聴会との関連で、一九八〇年代にジェイムズ・D・ムーニーの子息マイケル・ムーニーが①をGeorgetown大学に寄贈・公開し、一九九一年に整理公開されることによって、それまでの史料状況が根本的に変わった。続いて一九九八年から二〇〇〇年にかけてGM社など第二次大戦中にドイツ子会社を保持していたアメリカ諸企業をめぐるドイツでの強制労働の本社責任問題の訴訟が行われたことを受けて、GM社自体による②の公開が行われた（二〇〇五年）。③の史料は①においてすでに公開されていたものがローズベルト大統領図書館においても確認されたものである。

本章においては主に上記三つの史料に基づいて考察を進めていきたいと思う。

2　GM社による国境を越えたM&A活動と多国籍企業経営の実践

表7-2は、アメリカ自動車企業フォード社、GM社のドイツへの進出過程を示している。両社ともアメリカからの完成車輸出に加えて一九二五年にドイツにノックダウン組み立て工場を作り、ドイツ自動車市場（特に乗用車市場）への「集中豪雨的」な輸出攻勢を行い、一九二八年にはドイツ乗用車市場のシェア約四〇%がアメリカ車によっ

表7－2　フォード社、GM社のドイツへの進出過程

年	フォード社のドイツ事業	GM社のドイツ事業
1925年	ノックダウン組立工場（ベルリン）	ノックダウン組立工場（ベルリン）
1929年	組織変更（英フォード社60％株式支配）	アダム・オペル社買収（80％株式支配）
1931年	現地製造工場（ケルン）	アダム・オペル社100％株式支配
1934年	組織変更（米フォード本社60％株式支配）	
1935年		トラック事業への参入（ブランデンブルク工場）
1936年	ドイツ政府とゴム協定締結	J. D. ムーニー、ヒトラー会談
1938年	トラック工場（ベルリン）建設合意	
1940年		リュッセルスハイム工場生産転換
1941年	増資	
1942年		「ブリッツ」3トントラックのライセンス供与

出典：各資料から筆者作成。

て占められていた。それに続いて両社はドイツでの現地製造に乗り出す。その方法はフォード社とGM社で対照的であった。フォード社はケルンに自社の現地製造工場を建てドイツ・フォード社を発足させたのに対し、GM社はドイツの有力自動車企業アダム・オペル社のM&A交渉に乗り出した。一九二八年から一九二九年にかけて行われた買収交渉は一九二九年三月GM社がアダム・オペル社の株式八〇％を取得することで決着した。(4) GM社はこれ以降アダム・オペル社の監査役会に役員を在籍させるとともに経営執行を行う取締役会にもE・S・ホグルンドやC・R・オズボーンを派遣し、アダム・オペル社の経営を本格化させていく。先にも述べたように一九二九年一〇月二四日に勃発した世界大恐慌はアメリカからドイツに流入した短期資金を大量に流出させ、それは一九三一年七月のドイツ銀行恐慌に結果したが、アメリカからドイツへの対外直接投資には大きな影響を与えず、一九二〇年代にドイツにおいて多国籍企業としての活動を始めたアメリカ企業ドイツ子会社はほとんどが一九三〇年代においてもドイツに存続し活動を続けた。一九三一年にはGM社の一〇〇％子会社となったアダム・オペル社もそのひとつである。したがってGM社によるアダム・オペル社経営は一九三〇年代のナチ政権下ドイツにおいてむしろ本格的な展開を見せるのである。その一例として一九三四年六月号のGM社海外事業部社内誌 *General Motors World* Vol. XIII に掲載された「J・D・ムーニー自動車産業をヒトラーと議論する」

と題する記事を見てみよう。

「最近のヨーロッパ訪問中のベルリン滞在の際J・D・ムーニー〔GM社海外事業部長――引用者〕はメーデー祭に出席し、翌日ドイツ首相ヒトラーと会談した。ムーニー氏は本誌に対しこの二つのイベントについての話を最初に公表する特権を与えた。ベルリンのメーデー祭はドイツ全土での同様の行事と同じくヒトラー首相のもとでのドイツの〝ニュー・ディール〟の最初の一周年を記念するものであった。……首相府はムーニーにも特別の招待状を送っていた。……ヒトラーは彼の演説を過去一年間にドイツが一国民として達成した進歩を報告することから始めた。彼は統計数字を用いて、ドイツのすべての人々に彼ら自身の状況を改善するための働く機会を与え、そうして一つの主導国としてのドイツの立場を再興するためにおこなわれた彼のプランのもとで、ドイツ経済が達成した多数の改善点を想起させた。彼はさらにドイツ国民の生活水準を引き上げるために残されている課題について触れた。……翌日ムーニーとオペル経営陣が首相を訪ねた時、ヒトラー氏は彼の席から立ち上がって彼らに歩み寄り、握手でGMマンたちを歓迎した。会談の間じゅうムーニーはヒトラー氏が知的なビジネスマンと同様にくつろいでしかも満足して話しており、彼の態度に官僚的な雰囲気はまるで感じられないことに気づいた。かれらはただちにドイツにおける自動車産業の状況とそこにおける主導的な自動車製造業者としてのオペル社の重要な位置についての議論に入った。ヒトラー氏はこの産業の基礎についての驚くべき理解力を示し、さらに多くを知りたがっていた。……ヒトラー氏は自動車の販売をさらに高める方策について大きな関心を持っていた。ドイツ首相は、アメリカ合衆国を基準として設定すればドイツは一二〇〇万台の自動車保有をしていて然るべきということになるが、より現実的なドイツでの自動車保有台数目標としては三〇〇万台と見積もっていると語った。ドイツ人家庭にいかにしてより多くの自動車保有の享受を可能ならしめるかについての議論の中で、オペル社経営陣の一人フライシャー氏はヒトラー氏に対し、たとえばエンジン排気量一・二リットルのオペル・

セダンを実例にとれば、顧客はその購入のために一八八〇ＲＭ（ライヒス・マルク）が必要なだけだが、その後七年間の使用期間を想定すればさらなる七七〇〇ＲＭを維持費として費やさねばならないことを実証して見せた。つまり単に最初のコストを減らすだけでは首相の望むようなより広い自動車使用をもたらすことはできないのだと。するとヒトラー氏は直ちにこの結論の有用性を認め、維持費を是が非でも下げねばならないと応じた。彼は小さな暗い車庫の費用にひと月三〇から四〇マルクもかかっている現状は、快適な家具つきの部屋がひと月二五マルクで利用可能なことから考えれば全く論理的ではない。車庫の費用を下げるために現在の硬直的な車庫に関する法規制を改正しようと約束した。さらにもし所有者の家の前の道路上に自動車を停めたらダメージは大きいのかと聞かれたムーニーが、時速四〇マイルから六〇マイルで運転中の自動車がその間の雨や風やほこりに耐えられるのだから停車中でも同じ要素に耐えられるはずだと答えた時、首相はすぐに、では道路上駐車を禁止している現法は時代の精神に合わないので私はこれを合法とするつもりだと述べた。自動車の維持費用のさらなる削減を追求してヒトラー氏はオペル社が持っている自動車保険費用についてのデータを自動車保険費用を安全に削減するための検討材料として提出してもらえないかと要求した。彼はさらにドイツのモータリゼーションを促進するためにガソリン関税とガソリン価格の低減化の可能性に言及した。……ドイツ首相は、一万七〇〇〇人の雇用をもたらし、自動車の他国への輸出によってドイツの経済状況を助けているオペル社のドイツ産業の統合的な一部分としての役割を高く評価していると述べた。彼はまた、有用な生産物の製造にまっとうに投じられた資本は、良い労働者が正当な賃金を得るのと同じく、正当な利益を得る資格があると断言した。……こうしてムーニー氏はドイツを率いる首相のリーダーシップに深く印象付けられた。メーデー祭及び会談、さらにオペル社の工場が立地するリュッセルスハイムでの観察を通じ、ムーニー氏は、ヒトラー氏は強い人であり、ドイツの人々を彼らの以前の窮状から引き出すのによく適していること、また彼はドイツの人々を、力や恐れによってではなく、

表7－3　1930年代のドイツ乗用車市場における各社の位置

（単位台、カッコ内％）

	1931年	1932年	1933年	1934年	1935年	1936年	1937年	1938年
アダム・オペル	16,135(28.8)	12,436(32.2)	28,494(43.7)	52,586(40.2)	77,126(42.8)	8,500(40.6)	75,803(35.0)	81,983(36.8)
アウト・ウニオン	8,665(15.5)	6,756(16.4)	16,460(20.1)	28,590(21.8)	38,154(21.2)	50,962(23.9)	54,765(25.3)	52,184(23.4)
ダイムラー・ベンツ	3,653(6.6)	5,325(13.0)	7,844(9.6)	8,873(6.8)	11,529(6.4)	19,816(9.3)	23,679(10.9)	20,889(9.4)
アドラー	4,436(7.9)	4,735(11.5)	7,476(9.1)	10,274(7.8)	17,658(9.8)	15,325(7.2)	17,177(7.9)	15,467(6.9)
フォード	3,995(7.1)	1,569(3.9)	3,996(4.9)	6,699(5.1)	8,087(4.5)	11,721(5.5)	16,139(7.5)	17,366(7.8)
ハノマーク	5,290(9.4)	2,496(6.1)	4,675(5.7)	6,321(4.8)	8,171(4.5)	8,216(3.9)	8,411(3.9)	7,607(3,4)
BMW	3,668(6.5)	2,525(6.1)	5,322(6.5)	6,598(5.0)	7,226(4.0)	6,981(3.3)	6,826(3.2)	7,311(3.3)
その他								
総　計	56,039	41,118	82,048	130,938	180,113	213,117	216,538	222,778

知的な計画性と政府の根本的に健全な原則の実行によって率いているのだ、と確信した。……」

ここにはドイツにおけるモータリゼーションの促進のためのアドヴァイザーとしてのGM社＝アダム・オペル社の経営陣の姿が明確にあらわれている。表7－3は、一九三〇年代のドイツ乗用車市場における各社のシェアを示したものである。アダム・オペル社は約四〇％を占める圧倒的な首位に立っている。また表7－4は、一九三五年までのドイツ自動車企業各社の営業状況の指標を示したものであるが、アダム・オペル社はなかでも良好な純益をあげていることを確認することができる。ただしアダム・オペル社の急成長によって社内に利益が蓄積されるもののドイツ政府の外国為替管理によってアメリカへの送金が当面できない状況になっており、ここから一九三六年、この資金の再投資先をめぐって、GM社副社長で海外事業部長のJ・D・ムーニーとドイツ首相アドルフ・ヒトラーとの間の重要な交渉が起こってくるのである。以下でその経過を示した資料を見てみよう。

「……この関連でドイツにおけるジェネラル・モ

表7－4　ドイツ自動車企業各社の経営状況（1932～1935年）

	1932年	1933年	1934年	1935年
アダム・オペル				
売上高（100万 RM）	60	90	184	230
販売台数	21,581	35,599	68,204	102,759
従業員数	6,600	13,000	18,000	18,300
営業総収入（100万 RM）	25.94	47.73	82.60	112.81
純益（100万 RM）	－0.84	5.01	13.40	19.76
配当金（%）	0	0	0	0
ダイムラー・ベンツ				
売上高（100万 RM）	65	100	147	226
従業員数	8,700	14,000	22,600	26,600
営業総収入（100万 RM）	31.22	49.34	82.24	111.10
純益（100万 RM）	－4.95	2.47	4.13	3.22
配当金（%）	0	0	0	5
アウト・ウニオン				
売上高（100万 RM）	40	65	116	181
従業員数	4,359	7,371	12,256	16,500
営業総収入（100万 RM）	19.01	28.45	49.75	77.38
純益（100万 RM）	－0.57	0.86	0.91	1.60
配当金（%）	0	0	4	6
アドラー・ヴェルケ				
売上高（100万 RM）	30.75	47.75	64.20	83.30
販売台数	4,773	7,476	10,249	18,233
営業総収入（100万 RM）	11.38	21.00	29.98	38.38
純益（100万 RM）	－5.02	1.11	1.57	1.42
配当金（%）	0	0	0	4

出所：『フランクフルター・ツァイトウング』1936年8月30日付による。
H. Priester, Das Deutsche Wirtschaftswunder, 1936. 加倉井薫之訳『ドイツ経済の驚異』（清和書店、1938年）351頁。

ーターズの事業は非常に成功をおさめていたのであり、一九三六年にはジェネラル・モーターズの組織はドイツにおいて二五〇〇万マルク（およそ一〇〇〇万ドル）の積立利益を獲得していたが、しかし〔当時導入されていたドイツ政府の送金規制によって〕ドイツの外には持ち出せない状態となっていた。ムーニーは、GMの株主がドイツに留め置かれたこの資金すべてについて説明を要求した時には自分の立場が非常に弱いということをよく理解していた。そこで彼はベルリンに行き、何ができるかを検討しようとした。その際もしヒトラーと会談できれば、何かをなすための機会が生ずるであろうし、それは彼の立場を強化し正当化する機会を作り出すかもしれないと考えた。ベルリンの様々な銀行家たち特にヘンリー・マン氏を通じてヒトラーとの会談がアレンジされ、それは当初五分程度と設定されていた。しかしムーニーも大いに驚いたのだが、ヒトラーは彼を非常に歓迎し、ムーニーの人格やもちろんムーニーの背後にあるジェネラル・モーターズの力に非常に印象付けられたことを語り、会談は一時間にも及んだ。だがその間特定の問題は言及されなかった。ところが翌日ムーニーも大変喜んだことには、再度呼び出しを受け、ヒトラーとのもう一度の今度は包括的な会談が行われた。そしてそこでこのドイツにためられた一〇〇〇万ドルの剰余金についてジェネラル・モーターズに有利な取り扱いを可能にする一連の譲歩（concessions）がおこなわれたのである。しかしながら明らかにヒトラーのほうがムーニーよりも優れたセールスマンだったのだ。なぜならこの会談で合意されたプログラムには次のような諸点が含まれていたからだ。すなわち、オペル社はこの約一〇〇〇万ドルをベルリン郊外のトラック工場に投資する。その工場は最新のデトロイト・プリンシプルに従ってレイ・アウトされるが、そのマネジメントは完全にドイツ人によるものとする。またジェネラル・モーターズがドイツ国外に輸出するオペル車ごとに支払われるコミッションが増額されるが、ムーニーはこのコミッションを獲得するために輸出の増加を約束することになった、これらである」（アメリカ自動車製造業者協会輸出経営者委員会の一メンバーの証言　一九四一年七月三一日）(5)。

このアダム・オペル社のトラック専用ブランデンブルク工場は、ドイツ政府が同年策定した再軍備計画である「第二次四カ年計画」の要求に完全に一致したものであり、実際アダム・オペル社「ブリッツ Blitz」三トン・トラックは第二次大戦中のドイツ国防軍の軍用トラック全体の約五〇％を占めるものとなったのである。

3　第二次大戦開戦期におけるGM主導下でのオペル社経営

一九三九年九月一日ドイツ軍のポーランド侵略に対しイギリス・フランス両政府は対ドイツ宣戦布告を行い、ここに第二次世界大戦が始まった。これに対応してアダム・オペル社では、GM本社との協議により、いくつかの組織再編が行われた。当時のGM社の営業報告書 Annual Report of General Motors Corporation（一九四〇年四月発行、一九三九年一二月三一日に終わる会計年度に関するもの）の記述は次のようになっている。

「……〔一九三九年九月の〕宣戦布告の結果として、また会社の営業方針の基本的な方向にそい、アダム・オペル社の製造設備はいまや戦争体制の下での義務を引き受けねばならないとの十分な責任の意識を持って、わが社はそれ以前に同社のマネジメントを担当していたアメリカ人経営者を引き、経営責任（the administrative responsibility）をドイツ人経営者（German nationals）に転じた。わが社の関係はいまや監査役会における代表権（representation on the Board of Directors）に限定されている。……またイギリスのボクスホール社の場合は、経営責任（the administrative responsibility）は引き続きイギリス人経営者（English nationals）の手に握られている」。

この記述の実質的な意味を検討する必要がある。以下では、一九三九年一一月一五日開催のアダム・オペル社監査役会会議と一九四〇年三月一〇日開催の同社監査役会会議の議事録を使ってこれを行ってみよう。

アダム・オペル社監査役会会議（一九三九年一一月一五日開催）議事録

「出席者：ヴィルヘルム・フォン・オペル（会長）、ジェイムズ・D・ムーニー（GM副社長・海外事業部長）、フランツ・ベリッツ、カール・リューア、C・R・オズボーン（アダム・オペル社取締役）、E・S・ホグルンド（アダム・オペル社取締役）、ハインリッヒ・リヒター（法務担当弁護士）　決定事項と議論経過：①取締役会のC・R・オズボーン、E・S・ホグルンド、メイナード、ミュラー（いずれもアメリカ人でGM本社からの派遣）が辞任。その理由は、戦争継続中アダム・オペル社の生産設備が政府向けの新物資生産を担うに当たりその経営責任を担う取締役会がドイツ国籍者によって構成されることが望ましいと考えられるから。H・ヴァーグナーが取締役会長（社長）に選出。②C・R・オズボーン、E・S・ホグルンドがアダム・オペル社監査役会員として選出。両者のサービスとGM社との結合関係がアダム・オペル社の利益のために保持されることが望ましく、現在の戦争状態によって損なわれるべきではないと考えられるから。③監査役会の中にオズボーン、ホグルンドとドイツ人監査役による執行委員会を新設し、取締役会が重要事項について執行委員会と協議することを求める。④政府向けの新物資〔ユンカース社設計航空機エンジン〕生産プログラムの承認。これら乗用車、トラック、およびその関連部品以外の物資の生産のための工場再配置などの費用は、ユンカース社ないし政府機関から供給されることを確認。これに関する議論の中でW・フォン・オペル、リューアおよびベリッツは、この措置がユンカース社ないし政府機関のオペル社の内部事項に関する圧倒的な影響力の増大につながる危険性を指摘した。ムーニーはこれについて同感を表明し、アダム・オペル社は過去においてドイツに対して乗用車、トラックの生産とそれらの輸出によって多大の貢献をしてきたし、これからもするのであり、それらは現在の戦争状態のもとでも決定的な重要性をもっていることを指摘した。さらに彼は現在の新物資生産に関連するいかなる意思決定においてもわれわれは従来のオペル社生産物の効率的生産という一般的計画の重要性の視野を決して失ってはならないと主張した。ムーニーはさらにアダム・オペル社は戦時だけに限定される物資の生産に関する製造上及び金融上のリスクについてあらかじめ十分考えておく必要があると指摘した。この点で新たに設立した監査役会内の執行委員会が乗用車、トラック及びそれらの部品以外の物資の生産、金融、販売にかんする基本政策を策定する必要があると意思決定された。ムーニーはさらにアダム・オペル社はどんな場合でも戦争目的のみに特殊な物資の生産に携わることはしないし、その目的のために投資しないという堅固な方針をもっているということを再確認した。⑤上述の監査役会・取締役会の改変は、現在の〔戦争という〕緊急事態にアダム・オペル社とそのビジネスを適応させる目的のために行われるものであり、戦争の終結後は監査役会も取締役会も平時における責任と人員配置に戻す方針であることが確認された」(6)。

ここに見られるのは、一九三九年一一月一五日という第二次世界大戦勃発以降におけるアダム・オペル社監査役会へのアメリカ人経営者の在籍がたんなる形式ではないということである。特にGM社の副社長で海外事業部長のJ・D・ムーニーは積極的能動的に経営に携わっている。J・D・ムーニーの承認のもとに、自動車以外の政府向け特別生産、ユンカース航空機エンジン生産への進出が行われている。さらにこうした特殊生産物への進出に関するアダム・オペル社としての基本方針の策定にも進んでいる。C・R・オズボーン、E・S・ホグルンドの取締役会から監査役会への移転は、むしろこの変更による取締役会のドイツ人経営者のみによる担当が形式的となるように、両人の実質的な経営執行権が継続するように取り計らわれており、そのために監査役会内の「経営執行委員会」を新設している。これらである。

次にアダム・オペル社監査役会会議（一九四〇年三月一〇日開催）議事録を検討してみよう。

「出席者：ヴィルヘルム・フォン・オペル（会長）、C・R・オズボーン（副会長）、F・ベリッツ（副会長）、ジェイムズ・D・ムーニー（GM社副社長・海外事業部長）、E・S・ホグルンド、C・リューア、H・グレヴェーニッヒ（取締役）、H・ハンセン（取締役）、H・ヴァーグナー（取締役会長〔社長〕）、H・リヒター（法務担当弁護士）。決定事項と議論経過：①取締役会からの報告で次のことが確認された。特別生産のための工場再配置は、一九四〇年三月一日に事実上完了した。我々のユンカース社への供給義務は必要な原材料の供給が遅延しない限り予定通り実現可能である。また他方戦争が終結し和平が確立後三週間以内にはわが社は通常の生産のための再配置が可能である。特別生産のための工場再配置を実行するにあたってのわれわれのスタッフの組織、知識及び協力性は最高の価値を証明された。わが社は航空機産業のトップたちも満足させる供給を質的にも量的にも行うであろうこと、それによってアダム・オペル社の名声を将来にわたって創造するだろうと信じている。②わが社はリュッセルスハイム工場における自動車生産を、たとえ小規模であろうとも、維持し、それによって我々がわれわれの生産の主要な基軸すなわち自動車生産に固執していることを公衆に強調することを意思決定した。ドイツ政府の自動車関係総監フォン・シェルの政令によって一九四〇年三月一五日以降乗用車はドイツ国内のディーラーには供給されなくなる。したがってこの日以降のわれわれの乗用車生産はすべて輸出向けとなる。輸出部門の予測概算では一九四〇年中は一日当たり二五から三〇台の乗用車輸出が継続的に可能だろうということである。我々のブランデンブルク・トラック工場の生産物は、ほとんどすべてがドイツ陸軍によって吸収されている。この二、三カ月の間原材料供給は必ずしもわれわれの需要に応えるものではなく、輸送事情と石炭供給の困難が生産の数字を制限するものとなっている。現在のところ毎月一八〇〇台の水準の出荷をするべく努力している。リュッセルスハイム工場の部品生産はブランデンブルク工場に全面的に協力している。③リュッセルスハイム工場の輸出向け生産のためにわれわれは一九四〇年九月三〇日までの三〇〇〇台分の乗用車用の原材料を発注した。一〇月一日までには五三〇万RMの価値ある原材料を持っているはずである。乗用車輸出は今後の状況の変化に依存する。これまでのところ政府は乗用車の輸出制限を導入してはいない。トラック輸出については状況が異なり、フォン・シェルの政令によって二〇〇台を例外としてその他全トラックが三月四月期においてはドイツ陸軍に収めるものとなった。四月以降トラックの輸出が制限なく許されるかどうかはわからない。

上記に関連する議論の中でムーニーは、原材料の供給確保の問題は輸出の問題と密接に結びついているのだということ、この国〔ドイツ〕にとっての輸出の決定的な重要性がまだ十分には理解されていないように思われると強調した。……議論を要約してムーニーは、輸出は可能な限り増大させねばならない。輸出はわが社にとって重要なだけではなく、ドイツ政府にとってこそ重要なはずだ。かれのベルリンにおける交渉の中で何度も輸出のこの国にとっての重要性を強調し、それは軍事目的の生産の必要性と同じぐらいにランクされる必要性なのだと強調した。こうした状況の中で乗用車（および後の議論の中では一・五トン・トラックも）の輸出の維持と増加にとって必要な原材料の確保のために可能なあらゆることをすべきだと決議された。……

監査役会会議の最後に、取締役会はこの戦争の終結後直ちに市場に供給してオペル社のポジションを維持できるような新しい車種の準備と開発を求められた[7]」。

ここに見られるのは、アダム・オペル社の民需生産と軍需生産、それらのスムーズな相互移転についての基本原則「三週間以内に移転ができること」などが策定されていることであり、これは民需生産・軍需生産に関するのちのGMグループ全体の基本方針のいわば原型的な策定過程であり、そのための経験蓄積になっている。またいまひとつは、アダム・オペル社の、GMグループのなかでの、輸出の位置づけの重要性である。オペル社ブランドは、全GMブランドの中の生産においてシヴォレーに次ぐ第二位であり、輸出市場では首位を占めていた。このことはドイツにとって外貨取得の点で重要であるばかりか、GMグループ全体でも、輸出部門として重要である点が特に強調されている。

第二次世界大戦が勃発して以降アメリカが参戦する前までの時期のGM社一〇〇％ドイツ子会社であるアダム・オペル社のこれら二つの監査役会におけるGM社派遣アメリカ人経営者の活動分析により、アメリカが中立国であった時期におけるアメリカ企業ドイツ子会社とアメリカ本社との関係がたんなる形式的なものではなく実質的なものであったこと、このなかでGM社は、ナチス・ドイツがぜひとも必要とした軍事的モータリゼーションの不可欠の実質的担い手の一極であったことが示されたと筆者は考える。

4　一九三九〜四〇年におけるムーニーの「経済人外交」

ドイツに進出したアメリカ企業経営者の国境をまたがる経営活動は、さらに上位の活動領域へとつながっていった。GM社海外事業部長ジェイムズ・D・ムーニーのいわば「経済人外交」の展開である。これより前一九三九年一二月に米国に帰国するとムーニーは、フランクリン・D・ローズヴェルト大統領との接触を求めた。そして二回にわたる直接会談（一九三九年一二月と一九四〇年一月）と多数の往復書簡によって意見交換を行った。(8) 一九四〇年二月ムーニーは通常のこれまでのビジネス・トリップの外観を保ちつつ、ドイツに戻った。そしてドイツ政府高官との会談に備えて準備するとともにさきに見たようなアダム・オペル社の監査役会における経営業務をこなした。

続いて一九四〇年三月四日J・D・ムーニーはアドルフ・ヒトラーと会談した。それは彼にとってすでに数回めのことであったが、今回はローズヴェルト大統領の密使としてであった。以下はその会談におけるJ・D・ムーニーの要約によるローズヴェルト米大統領のヒトラーへの提案の概要である。(9)

「前提として心境を述べれば、(1)私（ローズヴェルト）は決して反ドイツではない。(2)アメリカは現在の世界の政治経済問題に対して世界的規模での解決への貢献を望んでいる。(3)その点でアメリカはその余剰物資（綿花、小麦、銅、さらには金）によって実質的な貢献をなしうる立場にある。(4)アメリカはすべての国々（ドイツを含め）が諸原料物資に関してより広いアクセスができるべきだと考えている。(5)アメリカは平和のための「調停者」（Moderater）になってもよい。「仲裁者」（Arbitrator）とかPeace-Makerというのではなく。(6)こう考える前提としての現在のアメリカの世論は以下のとおりである。(a)世論が指導者に求めるものは安全の一般的な感覚、仕事の機会、生活水準の向上である。(b)信仰の自由はアメリカ人の基本的な権利として重要である。この点でアメリカ人は現在のドイツの宗教的状況に不安を感じている。(c)戦争は無意味である。(d)ヨーロッパとアメリカは深い血のつながりで結ばれている。(e)戦争はいますぐやめるべきだ。(f)すべての交戦国の自己利益はいま戦争を終えることに存している。(g)いま戦争を終えるために何事かがなされうる。(h)アメリカもまた現在の状況に責任の一端がある。(i)戦争が in earnest に始まってからではもう遅い。(j)諸問題は equitably に（対等の立場で）解決される強い可能性があると多くのアメリカ人は確信している。(k)「電撃戦」という手段を通しては、どちらの側からも永続的な決着はつけられない。(l)ドイツの強さはすでに証明され、認められている。現状において過剰な軍事的攻撃性を控えてもドイツの威信には得られるものがあり、失うものはない。(m)一般的なアメリカ人の意見は、どちらかと言えばイギリスとフランスの側についている。(n)アメリカの参戦に対しては反対する空気が日に日に増大している。(o)「戦争需要」はなんら産業的利益をもたらさない。(p)ベルギーないしオランダを侵すことには、アメリカにおいて強いリアクションがあるだろう。(q)大量爆撃の実行も同じである。(r)チェコスロヴァキアとポーランドにもし広範な自治権が認められるなら、アメリカ人はこれらの国々に対するドイツの政治的経済的影響力を認めるのにやぶさかではない。(s)アメリカの世論は同じくオーストリアとドイツの合邦に関しては、オーストリアが政治的にも経済的にも文化的にもドイツ・ライヒの統合的一部であることを認めるのにやぶさかではない。(t)大英帝国は、白色人種のための世界的規模での防波堤（a world-wide bulwark of the white race）である。(u)世論はアメリカの中立法に強く賛成している。……」。これに対するヒトラーの返答は以下のとおりであった。「次の基礎に立てば、私はすぐにでもローズヴェルト大統領と合意に到達できるだろう。(1)ドイツはイギリスが現実として a world power であることを喜んで承認する。それはフランスについても同じである。しかし、ドイツはそのかわりドイツ自身もまた a world power として承認されることを要求する。(2)これらの world powers が互いに尊重し合えば、それらは平和をもたらすことができる。(3)一度平和が確立されれば、軍備は縮小され、これらに従事していた労働は解放され、そうしてよりよい国際貿易の組織によるより生産的な目的のために使われることができるだろう」。次はこれに対するゲーリングの補足（三月七日）である。「(4)ドイツとアメリカの関係について言えば、ドイツはアメリカの利益に反することを一ステップたりともするつもりはない。(5)大英帝国について言えば、ドイツはそれが全世界にとって最も有用な貢献をしているし、し続けることができると考えている。ドイツはそれ自体としての大英帝国を侵害するつもりはない。だが大英帝国以外のヨーロッパの問題に対するイギリスの介入については話が別である[10]」。

ムーニーはこの会談の結果を受けて三月一一日ローズヴェルト大統領に和平介入への提案を発信した。一九四〇年五月J・D・ムーニーは帰米した。それとともにムーニーは、一九四〇年六月一日、"War or Peace in America"と題する演説を行い、自らの見解を世に問うことになる。以下はその内容の要旨である。

「①ヨーロッパの人々は戦争を望んでいない。②全面戦争は西欧文明の死を意味する。③直ちにしなければならないことは休戦と平和のためのディスカッションを交戦国に強いることだ。④アメリカの潜在的な力が平和のためのカギを握っている。⑤双方の名誉ある平和（Peace with Honor）が必要だ。⑥アメリカの偉大な経済的な力および潜在的な軍事力は、平和への話し合いを強制することができるし、今それをしなければならない[11]」。

この演説は一九四〇年八月三日の*Saturday Evening Post*紙の記事として掲載された。このJ・D・ムーニーの演説をめぐってはアメリカ国内でいくつかの波紋が呼び起こされることになる。次節ではそれを検討しよう。

5　一九四〇年三～六月におけるGM社内の動きと八月『PM』紙「反ムーニー・キャンペーン」

表7-5は、一九四〇年三月から六月にかけてのGM社内の動きを年表にまとめたものである。GM社の内部にはざわめきにも似たある種の対立状態が起きているのがわかる。それと同時に国際情勢では四月一〇日からは北欧戦線、五月一〇日からは西部戦線に激しい動きが生じている。それに対応してGM社内の対立は何らかのトップ・マネジメントレベルでの対応策なしには済まされない極度の緊張状態に達していく。順を追ってみていくことにしよう。

ムーニーは、ローズヴェルト大統領に対してだけでなく、GM社トップレベルにも逐一報告を送っている（三月二六日には社長ウィリアム・ヌードセンにアダム・オペル社業務について報告の手紙を送っている）が、三月二七日にはこの間ムーニーと同行していた海外事業部のムーニー秘書W・B・ワクトラーが一足先に帰米し、翌日アルフレッド・P・スローンJr.GM社会長にオペル社業務について報告に訪れ、関連でムーニーのドイツ政府交渉についても報告し、スローンと立ち入った議論に及んでいる。次に掲げるのはこの会談におけるワクトラーのメモである。

W・B・ワクトラーのメモ（一九四〇年三月二八日木曜日）[12]：

スローン氏との会話の要約

「私は三月二七日にニューヨークに着いた際W・F・アンダーセン氏に次のようなことを言った。スローン氏はおそらくわれわれが最近オペル社のオズボーン、ホグルンド両氏やそのほかのメンバーたちとのコンタクトを通じて、

表7－5　1940年3～6月におけるGM社内の動き

1940年3月26日	ムーニーから社長W. ヌードセンにオペル社業務について報告の手紙
3月27日	W. B. ワクトラー（ムーニー秘書）帰米
3月28日	ワクトラー、会長スローンにオペル社業務について報告、関連でムーニーの対ドイツ政府交渉についても報告と議論
4月1日	E. ライリー（海外事業部総支配人）、ヌードセンにムーニーの対ドイツ政府交渉について報告と議論
4月2日	ライリー、財務担当副社長ドナルドソン・ブラウンとムーニーの対ドイツ交渉について議論（「プロ・ナチ」と呼ばれることへの言及あり。）
4月3日	ライリー、オコンナーO'Connor（ローズヴェルト大統領とコネクションある人物）とムーニーの対独交渉について議論
4月4日	ライリーのメモ（オコンナーの対応への不信感表明）
（4月10日	北欧戦線）
5月1日	ムーニー帰米
（5月10日	西部戦線）
5月30日	ローズヴェルト大統領NDAC（国防生産顧問会議）招集、GM社長W. ヌードセンを責任者に就任要請
6月1日	ムーニー、米国の欧州和平介入を求める演説（前節掲載）
6月3日	GM社長ヌードセンの政府業務就任と社長休職を発表（社長代行はC. E. ウィルソン；なおヌードセンの社長辞任は1940年9月3日、ウィルソンの社長就任は1941年1月6日）
6月4日	ワクトラー、国務長官コーデル・ハル、ヌードセンに働きかけてムーニーのプランを生かす工作について協議メモ
6月17日	スローン全米出版編集者協会において演説（「民主主義は麻痺しつつある。」「大量生産の考えを合衆国の国防national defenseに生かさなくてはならない。」）同席においてC. ケタリング（GM研究開発主任）「われわれは労働力の過剰、資金の過剰、物資の過剰という特別の時代に生きている。不足しているのは新しいプロジェクトだけだ。」
6月18日	スローンGM社内再編（ムーニーの国防業務に関する社長アシスタントへの就任）を発表

出典：GM Documents, Box 3, 7, 8, Yale University, Sterling Memorial Library より作成。

またブランデンブルク、リュッセルスハイム両工場への訪問、さらにはミュンヘンで三月一〇日に行われたオペル社監査役会会議を通じて得られた現在のオペル社の位置について興味を持っているだろう、と。アンダーセン氏は自分はスローン氏がこれらについて聞きたがっていること、またドイツにおける状況一般についてもそうであると言い、翌日一〇時に私がスローン氏と会える手はずになっていると述べた。

私は一時間と一五分ぐらいの時間をかけてスローン氏と話をした。まず現在のオペル社の状況を包括的に述べたが、スローン氏はこれについて多数の質問を、おもに現在のドイツの全般的な政治状況や戦時の産業的枠組みの中でのオペル社の組織の状態と活動に関連して行った。

この長い議論内容の詳細についてはここでは書かないが、スローン氏の姿勢は、現在のオペル社をめぐる状況のわれわれの取扱い（handling）については満足しており、「このような状況の下でオペル社とジェネラル・モーターズ社はだれが期待するにせよ最も望ましい状態にあると言うことができるだろう」という彼の言明に要約されると思われる。

彼は乗用車とトラックに関する生産の取り扱いについて質問したばかりでなく、オペル社の特別生産活動についても質問した。そしてこれについて彼は、「もちろんこれらの活動に異議を唱えたり妨害をしたりするのは誰にとってもばかげたことであろう」と言い、実際に行われた再編成はGM社をこれらの活動との関連でまさしく正当な基礎的立場に置くことになっていると思うと述べた。彼はまたドイツ政府が乗用車とトラックの製品開発を、粘土製、木製、金属製のプロトタイプの作製を含め、またこの開発活動に携わる技術人員をほかの部署に異動しないで置くことを許可したことについて驚きと満足を表明した。

オペル社の話題が十分にカバーされたあと、約四五分ぐらい経ってから、スローン氏は、「ところでジム（ジェイムズ・D・ムーニー）はいつ帰ってくるのか？」と質問した。私は今の時点ではそれは幾分不確定で、現在進行中のいくつかの要因のいかんによるだろうと答えた。すると彼は、ムーニー氏は今回のドイツでの特別の使命に関して何かを得たと感じているのか？　と聞いた。それに対し私は、ムーニー氏は今回幾人かのドイツ政府の指導者たちと非常に満足がいく建設的な議論を行った、そして私は彼がこれまでの経過についてとても喜んでいると思うと答えた。

するとスローン氏は、ムーニー氏、あるいはあなた自身、現在のドイツ（の）政府との間で何か本当に永続的なことが成し遂げられると感じているのか？　と聞いてきた。彼は自分はそれを信じていないと言い、さらにこう言った。

「ジムはあなたがちょうど座っているところにいて私に自分がやろうとしていることを語った。私はそのときその連中と交渉することは時間の無駄だとあえて彼に言う意志を持つまでには至らなかった。私は実際はそう感じていたのだが」と言った。

もちろんもし現在の状況が、いったん全ヨーロッパが流血の事態に置かれることなしに解決がつくならば、それは素晴らしいことであり断然最善だろう。しかし彼は、「それはドイツで二五人ほどの頭目たちが壁に並ばされて撃たれるまでは決してもたらされないだろう」という結論に至った、と言った。そのときまでは交渉によっては永続的な平和の希望はないだろうと。

彼はドイツの人々、とくに中間層の人々、の間でのヒトラーの地位について、また軍隊との彼の関係について質問し、またゲーリングとヒトラーの関係についても質問した。彼は、ヒトラーがまだ背後にいる限りは、彼の自発的な辞任とか引退が何らかの役に立つという考えについて疑問を呈した。なぜなら彼（ヒトラー）は適合的な瞬間にはいつでも再登場できるだろうからだ、と言う。(13)

こうした表現がでた議論の間、私は（ムーニー氏のローズヴェルト大統領への）最初の四つのメッセージに盛り込まれた主要な点について何度か触れた。しかしわたしは（ムーニー氏の）メッセージの存在そのものについては議論に出さなかったし、その時はメッセージを持参していなかった。

スローン氏の姿勢は一貫して友好的であり同情的であったが、極端なほど率直でもあった。

上に示されたとおり、彼は現在ある状況のもとでのこうした線に沿った努力の究極的な有効性にかんする懐疑を隠そうともしなかったし、最小限に留めようともしなかった」。

四月一日には海外事業部総支配人のＥ・ライリーが、社長Ｗ・ヌードセンを訪れ、ムーニーの対ドイツ政府交渉について報告と議論をしている。翌日ライリーは、GM社財務担当副社長ドナルドソン・ブラウンとムーニーの対ドイツ政府交渉について議論している。次に掲げるのはこの会談におけるライリーのメモである。

E・ライリーのD・ブラウンとの会談メモ（一九四〇年四月四日）[14]

（抜き書き）

「［四月二日のドナルドソン・ブラウン氏との会談で］スローン氏に話題が及んだ時、私はブラウン氏に、ワクトラー氏が帰米する前私が偶然スローン氏とランチ・ルームで会話となり、その時にスローン氏が戦争についての問題を持ち出してきたことを話した。私はその際、私の意見では現時点において交渉による平和を達成した方が軍事的な決定後に結果的に平和を結ぶより連合国にとって良いだろうと思っているという自分自身の観察をスローン氏に述べたのである。私がこう感じる理由は、現在における交渉による平和の連合国にとってのコストは、軍事的な決着を待った場合、それはかなり長くかかると思うが、それよりもずっと少なくてすむだろうと感じるからだと言った。するとスローン氏は、笑って、君たちの内の幾人かはむしろプロ・ナチだろうと言明した。私は、それは私のコメントに対する奇妙な解釈ですね、私にとってそれは自分が見ている現実についての率直な確信ですよ、と彼に言った。すると彼は彼自身が考える唯一の解決法を述べた。それに対し私は、あなたの解決策はもしあなたがそれをできるなら私にとっても全くよかろうと思う、しかし私はそれができるとは思わないと返答した。

ブラウン氏とこのことについて話を進めた時、私は、もし事態が軍事的な決定に進んだら私の意見ではそれは長くかかるだろうし、その過程でわが国は終局的に敗北側になるだろうという要点を述べた。その際私はわが国が実際に戦争に入るか入らないかということについてはあれこれ論じなかった。私の意見では、経済的な影響は非常に厳しいものになるだろうし、それは交戦諸国においてばかりでなく、わが国を含む中立国においても当てはまる。私は機会をとらえてブラウン氏にこうも言った。「もしこれがプロ・ナチズムなら交戦諸国みんなでそれをできるだけ利用したらいいではないか。"if that was pro-Nazism they could all make the best of it"」と。ブラウン氏は答えた。「私は偶然にも君と意見が同じだ。だが君は理解しなくちゃいけない。そうした意見を持つ人は誰でも、あるいはジム（ムーニー氏）が今たずさわっているような活動に携わる人は誰でも、プロ・ナチ傾向があると非難されるに違いないということを」と。

この二つの会談に見られるGM社内部の海外事業部と本社トップ・マネジメントの見解の温度差は、しかし、GM社のドイツ事業（アダム・オペル社経営）に関して見られるものではない。スローンが言うように「その扱いHandlingは最上のもの」と評価されているのである。では温度差はどこに、何をめぐって存在しているのだろうか？

それはもちろんGM社のドイツ政府――ナチ・ドイツ政府――への対応と評価をめぐってのものであり、あるいはそもそもGM社の、企業としての、のちに見るようにアメリカ政府を含めた、諸政府への対応原則そのものの確立が問われる事態であったということができるだろう。それとともにGM社の「世論」特に「アメリカ世論」との関係を問われる事態が、GM社としてはおそらく初めて訪れたのである。対政府対応については次節で見ることにして、ここではGM社の対「世論」対応の側面を先に見ておくことにしよう。

前節でみたムーニーの「交渉による平和」を求める演説が、八月に入って*Saturday Evening Post*紙に掲載された直後、別のニューヨークの日刊紙『PM』紙が、一九四〇年八月九日から、猛烈な「反ムーニー・キャンペーン」を始めた。その要旨は次のとおりである。(15)

「①ムーニーの見解はまさしくナチスの見解とパラレルである。②ムーニーはヒトラーから勲章（the Order of

the German Eagle, First Class）を受けている。③ムーニーは在米ドイツ人と同席してフランス陥落を祝った。④ムーニーは〝プロ・ナチ〟である」。

これをめぐってGM社は、すばやく社内調整に乗り出した。GM社の株主からの問い合わせにスローンは逐一答えている。

これをめぐって交わされた多数のスローン＝ムーニー間往復書簡が残っている。[16] そこでのスローンからムーニーへの書簡の大筋は、二つのことに集約される。

(1) 自分たち（スローンとムーニー）の政治的見解は同一ではない。

(2) われわれ企業経営者は、こうした問題に関わらない方がよい。

GM社は、『PM』紙を名誉棄損で訴えた。それは事実でないもの（『PM』紙論点要約の③）を指摘することによってであった。

6 一九四〇年五〜六月におけるF・D・ローズベルトの政権改造とA・P・スローンJr.によるGM社組織再編

こうした状況に如何に対処するかが、アメリカ合衆国の政権側でも、GM首脳とりわけスローンとしても問われていたのであり、この二つは次に見るように実際上関連して進んだのである。

ローズヴェルト米大統領は、一九四〇年五月から六月にかけて、大規模な政権改造を行った。それは後で詳しく見るように、GM社社長W・ヌードセンを含め、極めて多数の重要な企業人を政権内に取り込むものであり、また重要な共和党員（たとえば陸軍長官にヘンリー・スティムソンなど）も政権内に迎え入れるものであった。筆者は、これは従来のいわゆる「ニューディーラー」を中心とした布陣とははっきり異なった政権構成になっていると考える。[17]

他方でGM社会長A・P・スローンJr.は、大規模なGM社組織再編を断行している。前節表7-5を再度見られたい。五月三〇日にローズヴェルト大統領が、GM社長ウィリアム・ヌードセンを国防生産諮問会議National Defense Advisory Committee（NDAC）議長に就任要請したのを受けて、六月三日GM社は、ヌードセンの政府業務就任と社長休職を発表した。また後任の社長代行としてチャールズ・E・ウィルソンをおいた（W・ヌードセンの正式の社長辞任は九月三日、C・E・ウィルソンの正式の社長就任は一九四一年一月六日である）。

このこと自体が決定的に大きな変化である。六月一七日スローンは、全米出版編集者協会において重要な演説を行った。その要旨は、「民主主義は現在麻痺しつつある。……大量生産の考え方をアメリカ合衆国の国防（national defense）に生かさなくてはならない」というものであった。

また同席したGM社研究開発部門トップのチャールズ・ケタリングも特徴ある演説を行っている。その要旨は、「われわれは現在、労働力の過剰、資金の過剰、物資の過剰という特別の時代に生きている。不足しているのはただ一つ、新しいプロジェクトだけだ」というのである。すぐに見るように、その「新しいプロジェクト」というのはアメリカ合衆国の大規模な軍需生産の開始であったのである。

そして翌六月一八日スローンはいま一つの重要なGM社の人事を発表する。すなわちGM社海外事業担当副社長ジェイムズ・D・ムーニーのGM本社国防事業担当社長アシスタントへの就任を中核とするGM社内再編であった。[18]

わたくしはこれを、まさに「組織体制調整人」アルフレッド・P・スローンJr.の絶妙の対応であると感ずる。スローンの胸の内は次のようなものであったであろう。「GM社がいま組織を挙げて取り組むべきは、なによりも（ドイツではなく）〝アメリカ合衆国の再軍備National Defense Program〟なのだ！」

以下にこれ以降のGM社の軍需生産への進出過程を見ていこう。

(1)一九四〇年九月一四日GM社長代行C・E・ウィルソン、GM社の機関銃machine guns生産への進出を発表。「総額約八一三〇万ドルを政府から受注。これは一九四〇年五月二九日に五〇〇台の教育受注から始まった。今後四つの事業部(サーギノー・ステアリング事業部、フリント・ACスパークプラグ事業部、デイトン・フリジデア冷蔵庫事業部、シラキュース・ガイドランプ事業部)で大量生産する。我々の技術(精密加工と大量生産)はこうした国防生産に適している。機関銃生産は関連するそれぞれの地域における雇用増大に結果するだろう」。

(2)一〇月一五日スローン「MOBILIZING AMERICA'S ECONOMIC DEFENSE」と題する演説を行う。

「アメリカ的生活様式American way of livingを内外の攻撃から防衛するための国防national defenseを始めなければならない」。

(3)一二月一二日GM社総額四億ドルの国防生産受注を発表。そのうち一億六四八〇万ドルが航空機エンジン(アリソン事業部)、八千万ドルがイギリス、カナダ、アメリカ政府向け軍用トラック(シボレー事業部、GMカナダ社など)、六一四〇万ドルが機関銃(サーギノー自動車部品事業部、フリジデア冷蔵庫事業部、ACスパークプラグ事業部、など)、四六四〇万ドルが海軍向けディーゼルエンジン(クリーヴランド・ディーゼルエンジン事業部)、そのほか砲弾(オールズ事業部)、航空機部品(ロチェスター事業部)など。

……(中略)……

(4)一九四三年五月一八日社内報「GM社は現在全米一の火砲firepower生産者である。毎月一一万八千台の、カービン銃から大砲にいたる種々の銃砲shooting irons、を生産している。そこにおけるわれわれのスローガンは〝馬力から火力へ〟from Horse Power to Firepowerである」[19]。

ここにおける、単に「モーターに関連するもの」に限られない、機関銃から航空機までの怒涛のようなGM社の軍需生産の拡大に見られるいわば「自己目的性」は、まさにその論理、「アメリカ的生活様式を内外の攻撃から防衛するために国防生産を始めなければならない」に由来するものではないだろうか？　GM社は自ら意識的にその先頭に立ったのである。

7　おわりに――ジェイムズ・D・ムーニーの出版されざる回想録――

「W・B・ワクトラーからJ・D・ムーニーへの手紙　一九四七年九月一二日：親愛なるジム。数日まえ編集者のL・ロクナーが貴殿の出版計画中の回想録の原稿を持って来て、その中に出てくる（GM社に関係する）人物の確認を要請してきた。我々三人〔E・ライリー、E・S・ホグルンド、と私――三人ともGM社海外事業部の人間〕が数時間にわたってこの本について検討した結果は、この本の出版は大いなる誤りだろうということである。……これらすべての理由から私はあなたが決してこの本を出版すべきではないと感ずる。もしあなた自身がこの本を出版しなければならないと感じるのなら、我々はあなたがこの本からわれわれの個人名を消し去り、さらにはGM社の会社名を消し去ることが必要だと感ずる」。

「E・ライリーからJ・D・ムーニーへの手紙　一九四七年九月一六日：われわれの感じるところでは、この本の出版によってあなたが一九三九年から一九四〇年にかけて経験した事柄を表に出すことは、大変な論争を呼び起こし、それはあなた自身にも、あなたがこの本の中で個人名を言及した人々にも、またもっとも重要なことだが会社そのものにも有害な影響をもたらすだろう。あなた自身は確かにそれらの経験が意味するところの最終的な判断者であり、それらの意義を感じているように私は思う。しかしそれにもかかわらずほとんどのアメリカ人のナチス・ドイツとその警察国家への反感はあまりにも強い。従ってナチ体制のいかなる小部分をも擁護する立場に身を置くことはだれにとっても判断の誤りである、とわたくしには思われる。……もしあなたがそれでもこの本の出版を進めるつもりなら、私はあなたにまず第一にウィルソン氏〔C・E・ウィルソンGM社長当時〕に一コピーを持って行き、彼の見解を求めることを要求するのが合理的だと考える。……」

「E・S・ホグルンド（GM社海外事業部）からA・ブラドリー（GM本社副社長）への社内便　一九四七年一〇月一七日：……かれらが最も懸念するのは、J・ムーニーとGM社とナチ高官との戦前〔第二次世界大戦におけるアメリカ参戦前の意味〕における関係への言及がスキャンダルを駆り立てる出版界に新たな燃料を供給するのではないかということである。……」[20]。

こうしてジェイムズ・D・ムーニーの回想録 Lessons in Peace and War は出版されることはなかった。今はただ三つの文書館の中にその完成原稿といくつかの草稿が人目につかず存在しているだけである。

（1）Memorandum to Mr. John Foster Dulles from E. Seligman, Oct. 25, 1939, in N. Lisagor & F. Lipsius, *A Law Unto Itself, The Untold Story of the Law Firm of Sullivan & Cromwell*, 1988, p. 339.

（2）Letter from Edsel B. Ford, Dearborn, to Mr. R. H. Schmidt, Cologne-Niel, Germany, Oct. 31, 1940, Exhibit 188 of The Investigation of Ford-Werke, 5th Sep. 1945, Record Group 407, Box 1032, NARA.

（3）James D. Mooney Papers, Box 4, Folder 24, Georgetown University Library, Washington, D. C.

（4）この買収過程についての詳細は、A. P. Sloan, Jr., *My Years with General Motors*, New York 1963.〔田中融二ほか訳『GMとともに』（ダイヤモンド社、一九六七年）、四〇三〜四二二頁〕および拙著『ナチズムとドイツ自動車工業』（有斐閣、一九九九年）、九八〜一〇一頁を参照のこと。

（5）James D. Mooney Papers, Box 4, Georgetown University Library.

（6）GM Documents, Box 2, Yale University, Sterling Memorial Library.

（7）Ibid.
（8）James D. Mooney Papers, Box 1, Folder 10, 11, 12.
（9）James D. Mooney Papers の中に全文が保存されている。
（10）Memorandum of J. D. Mooney, March 4, 1940, James D. Mooney Papers, Box 1, Georgetown University Library.
（11）James D. Mooney Papers, Box 3, Georgetown University Library.
（12）GM Documents, Box 9, Yale University, Sterling Memorial Library, Manuscript Division.
（13）この「考え」は、当時進行中であったドイツ政府とイギリス政府との交渉による平和の条件として「ヒトラーの首相辞任」が出されていたことをさしている。
（14）GM Documents, Box 3, Yale University, Sterling Memorial Library.
（15）James D. Mooney Papers, Box 1, Georgetown University Library.
（16）James D. Mooney Papers, Georgetown University Library.
（17）この点についての研究史のフォローはいまだ十分にはできていない。後日を期したい。さし当たりこの時期のマクロ経済的位置づけについては、河村哲二『第二次大戦期アメリカ戦時経済の研究――「戦時経済システム」の形成と「大不況」からの脱出過程――』（御茶の水書房、一九九八年）を参照。
（18）これによってGM社のドイツにおける民需・軍需転換の経験がフルに生かされる機構が作り出された。
（19）GM Documents, Box 7, 8, Yale University, Sterling Memorial Library.
（20）MG Documents, Box 4, Yale University, Sterling Memorial Library.

第8章　ホロコーストの力学と原爆開発

永岑　三千輝

1　はじめに

軍縮と軍拡・武器移転の構造的国際的連関を世界史の中で位置づけていこうとする本書において本章に与えられた課題は、軍縮破綻の構造的連関をホロコーストと原爆開発という問題に即して解明することである。その前提はヴェルサイユ体制である。その根本的問題のひとつは、帝国主義列強による「勝者の平和」であったということである。それは敗戦国に対する戦争責任の全面的押し付け、領土縮小、植民地剥奪、巨額の賠償金という諸問題であった。そこには「力が正義」という本質的性格・問題性がぬぐい得ない刻印として押し付けられていた。大戦間期の軍縮の努力は貴重な人類の積み重ねという側面があるが、他面ではそれは深刻な問題を孕むヴェルサイユ・ワシントン体制のもとで遂行された。それは、敗戦国ドイツからの軍事力剥奪の土台の上に構築され、世界的な植民地所有国である勝者たちの限定的軍縮という制約を当初から持っていた(1)。その非民主主義的ヴェルサイユ体制の問題性を、その不当性に対するドイツ国民の感情、彼らの民主主義的名誉回復の希望を、ヒトラー・ナチスのドイツ帝国主義が逆手に取った。大国ドイツがなぜ他の大国と平等の権利を持ってはいけないのかと、短期間で再軍備・軍拡を実現した。しかしヒトラー・ナチスの基本戦略は世界強国ドイツの建設であり、東方大帝国の創出であった。だが、その再軍備・軍拡は底の浅いものであり、電撃戦はイギリスを屈服させることができないものであった。「対英戦終結の前にも」ソ連を屈服させるという傲慢な対ソ奇襲攻撃命令・バルバロッサ作戦は、結局は総力戦の泥沼への道となった。(2) その帰結のひとつが、ホロコーストであった。

一方におけるホロコーストすなわち第三帝国のユダヤ人大量殺害の諸要因も、本章で検討する原子力・原爆開発の問題も、すなわち軍事経済の構築、武器の開発・製造・投入、(3) 特にその極限的形態としての無差別大量破壊兵器・原子爆弾の開発を規定する諸要因も、非常に多くのものがある。いずれも第二次世界大戦がその引き金となっている。いうまでもなく、強力な破壊兵器の投入はヒトラー・第三帝国国家指導部・軍部の切望するところであった。ホロコーストの命令者たちヒトラー、ヒムラーやハイドリヒなどがソ連やイギリスに対する決定的打撃力を求めて切歯扼腕しているとき、なぜ最も強力な原子爆弾を開発・投入できなかったのか。そこに向かい得なかったのか。その原因はホロコーストの展開を規定する主要な要因群と密接に関連するのではないか。本小論は、この問題連関に限定して旧ソ連から返還された文書に依拠する最近の研究とドイツ原子力開発文書にアクセスして若干の確認を行おうとするものである。そこから、第三帝国の軍拡破綻の構造を照射しようとするものである。

ナチ体制下の原爆開発をめぐる長い論争史の基礎には、戦勝国アメリカによる「非道徳的な」無差別大量殺戮の武器の開発と投下の悲惨な結果（広島・長崎）がある。その現実を知った後、犯罪的体制としてのヒトラー第三帝国のなかで科学者たちは「良心的に」原爆開発をボイコットし阻止したという主張がなされた。(4) これに対する反論が世界的な論争の出発点にあった。ドイツ人は実際には、また結果からみれば、第二次大戦中、現実的な核兵器製造からは遠く隔たった地点にいた。しかし、その理由は何か。はたして上述のようなドイツ人科学者たちの「高潔さ」、「良心」によるのか。政治（政治の継続としての戦争）と科学（者）との関係はナチ体制下でどのようになっていたのかが論争の焦点となる。しかし、ホロコーストに関していえば、本小論は論争史におけるこうした主観主義的見地に批判的である。[5] ホロコーストはヒトラー・ヒムラーなど第三帝国指導部の理念・政策選択とその必然的帰結としての独ソ戦・世界大戦・総力戦のダイナミックな展開の結果であったというのが本小論の立場である。[6]

2　対ソ戦敗退への画期・対米宣戦布告・世界大戦化とホロコースト

戦時下におけるユダヤ人東方移送（実質はポーランドに建設された絶滅収容所でのユダヤ人大量殺害）への道は、国民と広大なヨーロッパ占領地域の民衆の世界戦争と総力戦に向けての実質とイデオロギーの両面での統合の切り札であった。[7] ユダヤ人大量殺害は独ソ戦とともに親衛隊・治安警察の特別部隊（アインザッツグルッペ）によってソ連占領地で開始された。[8] しかし、ヨーロッパ・ユダヤ人の移送政策（実質的には絶滅政策に移行）への画期は、一九四一年一二月であった。[9] 一方における「二〇世紀を決した史上最大の戦闘」であるモスクワ攻防戦とそこでのヒトラー・ドイツの敗退、[10] 攻勢から守勢へ、侵攻地・占領地の拡大から前線の後退・占領地域圧縮へ、そして独ソのイニシアティヴの大局的転換・戦後世界への世界史的転換（戦後のソ連東欧体制の成立への起点とでもいうべきもの）がまさにこの時点であった。しかも他方で、この第三帝国の「冬の危機」の真っただ中における軍事同盟国・日本の真珠湾攻撃、これに呼応するヒトラーの対米宣戦布告、東西と地中海の戦線で巨大な反撃を受ける戦略状況、それらがヒトラー・ドイツの戦争努力の総体に与える決定的インパクト、こうしたことが「ヨーロッパの理解を得る」ための、すなわち統合の武器としての反ユダヤ主義の全ヨーロッパ・ユダヤ人絶滅政策への跳躍点となった。[11]「ユダヤ人問題、パルチザンとして根絶」が帝国保安本部・親衛隊の基本方針となる。[12]

ヒトラー・ヒムラー・国防軍最高指導部がユダヤ＝ボルシェヴィズムと等置する敵軍に攻撃の主導権を握られ人的物的犠牲が深刻化するとき、絶滅戦争への軍の関与は深みにはまった。[13] 四二年一月一日の二六カ国の連合国宣言で世界的対立軸が確定した後、「ユダヤ人問題最終解決」を議題とする各省の次官級会議を「もはや先延ばしできない」と、ヒムラー直属の帝国保安本部長官ハイドリヒの指揮のもと、一月二〇日にヴァンゼー会議が開催された。そこで全ヨーロッパからの移送・疎開の強行の基本的確認がなされた。[14] その結果、同年のうちにポーランド・ユダヤ人約二〇〇万を中心にヨーロッパ各地のユダヤ人がベウゼッツ、ソビボール、トレブリンカなどの絶滅収容所に連行され排気ガス（一酸化炭素）で殺戮された。[15] ヨーロッパ大陸のほぼ全域を軍事占領下において総力戦に突入し、しかも守勢に転じざるを得なかった総体的敗退化の戦況・史的力学こそが、ナチ支配下に巻き込まれその軍靴のもとにおかれた全ヨーロッパのユダヤ人の運命を決した。

このように、グローバルな文字通りの世界大戦突入の四一年末・四二年初めがホロコーストにおける大きな画期となったとすれば、原子力・原爆の開発にとってもそうであった。アメリカ側とドイツ側のいずれにおいても「一九四二年の初めが分岐点であった。このときまでは、どちら側も、そもそも原子核エネルギーは利用できるものであろうかどうか、またこの目的にはどんな基礎的方法が使用されねばならないかという科学的な問題を主として取り扱っていた。米英側が遥かに進んでいた同位元素分離という一つの分野を除けば、どちらもほとんど同じ結果に到達していた」。[16] しかし、転機の意味はこのような科学的技術的側面だけであったのか。[17] マンハッタン計画に向けて大統領・軍が大きく舵を切ったアメリカとその方向には進めなかった第三帝国とでは、逆方向での重大な諸要因での構造的転機があったとみるべきではないか。

3　民族主義的反ユダヤ主義の圧迫下のハイゼンベルクと原子物理学会

ヒトラー・ナチ党は人種主義帝国主義の体系の中でユダヤ人を諸悪の根源と位置づけ、最底辺に位置づけていた。それが権力を握った。政権掌握の高揚感の中で左翼攻撃とともにユダヤ人攻撃が激化した。すでに一九二三年のヒトラー一揆のときにも身の危険を感じて脱出した経験を持つアインシュタインはちょうどアメリカに滞在中で、帰国しないことを宣言し、市民的な自由、寛容、平等の存在しない目下のドイツには住みたくないと公言した。直ちにアインシュタインはプロイセン科学アカデミーから追放された。そのすぐ後三三年四月はじめ、ヒトラー政府は「アーリア人種でない」者、「不適当な」者、それ以外でも「ナチス国家を躊躇なく支持する保証を与えなかった」者を排除する法律を制定した。ノーベル賞のフリッツ・ハーバー、ジェイムズ・フランクなどたくさんの世界最先端を走るユダヤ系科学者が法律の発効と相前後して抗議の意思を表明してドイツを脱出した[18]。後述する物理学協会の報告書で見るように、この大量脱出ないし追放はドイツの科学界、特に物理学界とその研究の進展に対する決定的な打撃となった。とりわけ国際主義的平和主義で世界的に有名なユダヤ人・アインシュタインがその代表と目された原子物理学は、量子力学とともに、「ドイツ物理学」を主張するナチ党の実験物理学者（陰極線の研究で一九〇五年のノーベル賞を受賞したフィリップ・レーナルト、陽極線のドップラー効果およびシュタルク効果の発見により一九一九年のノーベル賞を受賞したヨハネス・シュタルク）によって、敵意にさらされつづけた[19]。

量子力学にしても核物理学にしても、その開拓の歴史、開拓者たちの顔ぶれ（たとえばドイツのプランク、ゾンマーフェルト、ハイゼンベルク、パウリ、ハーン、マイトナー、デンマークのボーア、オーストリアのシュレーディンガー、イギリスのラザフォード、ディラック、チャドウィック、コッククロフト、イタリアのフェルミ[20]、アメリカのローレンス、ソ連のイワネンコ、ロシア系のガモフ）を見れば、ヨーロッパ的ないし、欧米的な、さらには日本の仁科、湯川をはじめとする学者の原子物理学への貢献を考えれば、アジアも含む世界的な学界の共同・競争での理論と実験の成果の公開・交流によってこそ、飛躍したものであった(21)。しかし、ユダヤ系自然科学者の大量追放でドイツは「短期間に科学における世界一の座を失った」(22)。「世界一」という規定は議論の余地が十分にあるであろうが、ドイツの物理学会が決定的な打撃を受け、民族主義的反ユダヤ主義の圧迫下に置かれたことだけは間違いない。

ハーンやハイゼンベルクなどはユダヤ系科学者の排除・解雇に対する抗議文を作成し、ルスト文相に提出しようとした。しかし、最長老・カイザー・ヴィルヘルム協会総裁プランクは「もし今日三十人の教授が立ち上がって政府の処置に反対を表明したとすれば、明日にはその地位を欲しい百五十人の人間が忠誠を示す声明を出すでしょう」と、この行動を抑えた(23)。事実、学問的にはすでにアウトサイダーであるレーナルトやシュタルクがヒトラーとの多年にわたる精神的連係によって「老戦士」とたたえられ、三三年五月にはシュタルクが帝国物理学工学研究所の総裁に任命された。レーナルトはこの任命をナチ党機関紙フェルキッシャー・ベオバハターで「今や物理学に新しい時代が始まった」と賞賛した。こうしたドイツ科学界のナチ化に対抗するかのように、ノーベル賞選考委員会は三三年の秋、三二年物理学賞をハイゼンベルク「量子力学の建設」に、三三年のそれをシュレーディンガーとディラックに与えた(24)。それが新聞に発表された二週間ほどあとの一一月二三日、シュタルクはベルリン大学化学研究所で「新帝国における自然科学の使命」と題する講演を行い、弱冠三二歳でノーベル賞を受賞したハイゼンベルクを「学問上の形式主義者」として弾劾した。「白いユダヤ人」というのが民族主義物理学者によるハイゼンベルクへのレッテルであった(25)。

こうした状況のもと、「一九三三年から一九三九年までのあいだで、原子物理学の問題についての一般の人々の関心は、他の国々、とくにアメリカ、英国、フランスに比べるとドイツでは皆無といってもよかった。アメリカでは一九三九年以前に、高電圧装置やサイクロトロンを備えた近代的研究所が次々と建てられているのに、ドイツにはまあまあといった設備の研究所が二つあったにすぎない」[26]。しかも、これら二つも国家の援助を受けない民間寄付によるカイザー・ヴィルヘルム協会の援助によるものであった。二つの研究所とはハイデルベルクとベルリンのカイザー・ヴィルヘルム研究所であった。どちらも核実験用の小さな高圧装置を備えていたが、原子核研究の決定的な武器となるサイクロトロン[27]はなく、ハイデルベルクにサイクロトロンを作り始めたのもようやく一九三八年のことであった。しかも、これは全く個人的寄付でつくられ、主として医学的研究用に設計されたものであった[28]。

4　核分裂の発見と原子力・原子爆弾の開発努力

原子核内に潜む莫大なエネルギー[29]を取り出す革命的可能性にいくらかでも役立つ物理的現象は一九三七年になっても知られていなかった。原子エネルギーの「実際的利用」という問題に取り掛かることができたのは、一九三八年のクリスマス、カイザー・ヴィルヘルム化学研究所のハーンとシュトラスマンによって発見されたウラン原子の核分裂であった。三九年の春、フランスのジョリオと彼の共同研究者は、分裂の際にウラン原子核自身もいくつかの中性子を放出し、核分裂の連鎖を原理的には可能にすることを発見した。こうした研究成果は戦争勃発前のこの段階ではまだ公開であり、国際的科学雑誌『Naturwissenschaft』や『Nature』で世界中の専門家が直ちに知るところとなった[30]。

ドイツにおける武器弾薬等の開発の中心部局は陸軍兵器局であった[31]。核分裂がもたらす軍事的意味に関して陸軍兵器局はすでに一九三九年初めから関心を持って原子力開発の行方を追跡していた。すなわち、三月、陸軍兵器局のシューマン教授は、部下のバッシェ博士に核分裂に関するすべての公刊物を集めるように命じた。さらに、シューマンは、原子物理関係研究所と密接に連携して研究のその後の進展を追跡するよう命じた。そして。陸軍兵器局の研究部の中に原子物理課を創設し、ゴトフ陸軍研究所（クンマースドルフ射撃場）に実験設備を作る準備を命じた。同年六月に核物理課が研究部の中に設置され、その課長にディープナー博士が任命された。九月の戦争勃発後、シューマン博士はウラン委員会（Uran-Verein）を創設した。これは陸軍兵器局核物理研究会（Kernphysikalische Arbeitsgemeinschaft）の略称であった。この時点からシューマンは規則的にクンマースドルフでのウラン計画について報告した。この研究の進展については、陸軍兵器局研究諮問委員会（Forschungsbeirat des Heereswaffenamts）に報告されていた。この委員会には、マックス・プランク、カイザー・ヴィルヘルム物理化学研究所長・帝国研究会議科学部門長ティーセン博士、物理工学帝国研究所長・物理部門長エーザウ、ドイツ研究協会総裁で帝国研究会議副総裁メンツェル博士、化学工学帝国研究所総裁リマルスキ博士といった人々が属していた(32)。陸軍兵器局はシューマン教授に率いられた核物理研究会に当時最良の原子研究者を集めた。ボーテ、ガイガー、ハーン、ハルテック、ハイゼンベルク、フォン・ヴァイツゼッカー、クルジウス、デーペル、ヨースといった研究者であった(33)。

一九三九年一二月には、ハイゼンベルクの理論的研究結果の報告書「ウラン分裂からの技術的なエネルギー獲得の可能性(34)」が提出された。この報告書冒頭に明記されているように、彼はそれまでにドイツの外で行われた研究の成果、当時はまだ公開され入手できた原子エネルギーに関する『Nature』のような物理学雑誌のボーア、フェルミ、シラード、ジョリオ、コヴァルスキーなどの論文をも研究してこの論文を書いている(35)。結論として、「ハーンとシュトラスマンによって発見されたウランの分裂過程はこれまでに存在しているデータによれば、大規模なエネルギー製造にも利用できる。それに適したマシーンの製造のための最も安全な方法は、ウラン二三五（九二）のアイソトープの濃縮にある。濃縮が行われれば行われるほど、マシンは小さく建設できる。ウラン二三五の濃縮は、マシーンの大きさを一立法メートル程度に小さくするための唯一の方法である。さらにそれは、爆発力がこれまでの最も強力な爆発物の何十乗も越えるような爆発物の製造のための唯一の方法である」と、末尾では原子爆弾の可能性に関しても言及している(36)。

しかも最近の研究によれば、一九四一年春のソ連への侵攻までに、ハイゼンベルクは純粋ないしほぼ純粋なウラン二三五を核爆弾として利用することも含めた彼の核反応理論を仕上げていた。同時に彼の若手の同僚カール・フォン・ヴァイツゼッカーは反応炉で、核爆弾としてウラン二三五と同等のプルトニウムが製造できることも発見し、すでに一九四一年には特許も申請していた。[37] その特許のなかで彼は核反応がどのように爆発物の原料の製造に利用できるかを詳細に書いていた。さらに、彼は、陸軍兵器局の代表と核分裂の軍事的な投入可能性についても議論していた。ハイゼンベルクもプルトニウムとその作用について、軍需大臣アルベルト・シュペーアに対し、一九四二年六月の講演で、自分が研究している核反応が核爆弾の点火の爆薬製造に利用できることを伝えていた。[38]

戦時下、核開発の極秘化の結果としてアメリカとドイツで相互に独立に、一九四二年春までに原子炉の前身「ウラン燃焼の層構造」が解明され、連鎖反応による核エネルギーの解放が実験的に確認された。この決定的な研究成果がドイツでは「ウラン委員会」によって、アメリカの巨額の資金と人員投入に比べれば「ごくわずかの」物的金銭的手段で達成された。陸軍兵器局クンマースドルフ・ゴットフの研究に参加する若手研究者（ドクトラント）は無給であった。陸軍兵器局研究部長シューマン博士は、一九四二年はじめ、陸軍兵器局長レープ大将に核分裂研究の到達点について報告し、このウラン・プロジェクトを帝国研究会議（ベッカーに代わってエーザウが総裁になっていた）に引き渡すよう提案した。レープ局長はこれに同意した。その理由は三つあった。第一に、総統命令により、今年度中に実現できないプロジェクトはこれ以上進めてはならないとされたからである。第二に、ウラン問題に関しては海軍、空軍、工業界も参加の意思を表明していた。このウラン開発プロジェクトは、陸軍兵器局の守備範囲を超えるものとなっていた。第三に、もしも「ウルトラ爆弾」を製造しようとすれば、それに必要な工学的出費は膨大なものとなり、ドイツの経済的状況からすれば負担不可能なほどと予測された。しかも、技術的開発が適切な期間内に実現できるかどうかは「まったく期待できなかった」。そこで、レープ局長は、「情勢の適切な認識の下に」、ウラン・プロジェクトを帝国研究会議と物理工学帝国研究所に引き渡すことを命じた。(39) これらの方針の基礎にあるのは、多年度にまたがる長期的研究開発の余力がもはや第三帝国にはなくなっていたということである。(40)

そこで、ただちに帝国研究会議がすべての費用を引き受けることになった。そして、帝国研究会議と陸軍兵器局の合同による核物理研究の成果報告大会が四二年二月二六日に開催された。陸軍兵器局研究部長のシューマンが「武器としての核物理」を報告し、核分裂発見者ハーンが「ウラン原子核の分裂」、ハイゼンベルクが「ウラン核分裂からのエネルギー取得の理論的基礎」、ボーテが「エネルギー取得に関するこれまでの研究成果の結果」、ガイガーが「一般的な基礎研究の必要性」、クルジウスが「ウラン同位体の濃縮」、ハルテックが「重水の取得」、エーザウが「他の帝国諸部局及び工業界の参加による『核物理』研究会の拡大について」といったテーマで報告した。(41)

これを受けて、次年度における核開発予算が問題となった。一九四二年六月四日、軍需大臣シュペーアを筆頭とする軍需・武器関係の高官が核開発研究の中心であるハイゼンベルクの講演を聞いて判断を下すことにした。結果は、シュペーアを落胆させるものであった。講演でハイゼンベルクは原子力エネルギーの開発、原爆製造は、何年かかるか不明・不確定だとした。アメリカの場合には、「もしかしたら数年先に驚くようなこと」がありうるのではないかと予測した。その予測は実際には正確であった。アメリカではドイツ原爆開発なるものを脅威とみなした大々的な原爆開発がマンハッタン計画として始まろうとしていた。しかし、ハイゼンベルクの目下の意識の前面にあるのは、アメリカに比してのドイツの「厳しい戦争の状態」であり、原爆開発はいまだ想定外であった。(42)

講演の最後でハイゼンベルクは、「開発努力の以上のような諸困難を考慮したとしても、ここで数年のうちに、技術にとって最大級の重要性を持つ新大陸が開拓される可能性があることをしっかり把握しておく必要がある」とした。しかし彼の主張のここでの主眼は、自分たちの研究のレゾン・デートル、自分が所長をしている物理学研究所およびその他の核物理研究の革命的重要性の強調にあった。「アメリカでは、この問題に非常にたくさんの最良の研究所が投入され研究が進められていることをわれわれが知っている以上、ドイツでもこの問題の追究を断念することはできない。そのような諸開発のほとんどが長期を要することを考えただけでも、そしてアメリカとの戦争がまだ何年も続くかもしれないことを考えれば、核エネルギーの技術的利用がある日突然、戦争を決定づける役割を演じうるという可能性も考慮に入れなければならない」と、核エネルギー開発の研究の継続と重要性を訴えたのである。(43)

一九四二年の夏、シュペーア軍需大臣は、ウランマシーン（原子炉開発）はごくわずかの出費で継続との決定を下した。(44)陸軍兵器局では、レープ局長の明確な承認のもとでシューマン率いる研究グループ（物理学者のディープナー、ヘルマン、クルジウス、ポーゼ、ベルカイ、そしてドクトランテン）が、「ごくごくわずかの資金」でウラン・プロジェクトを継続した。ハイゼンベルクの密接な共同研究者ヴィルツの戦後証言によれば、陸軍兵器局ゴットフ実験施設での実験はある程度前進し、四二年から四三年に約一〇％の中性子増殖を実現することに成功した。(45)

しかし、一九四二年初めに理論的段階から大々的な実験段階への「実験室の競争の第二ラウンド」がはじまると、これにドイツは加わることができなかった。結果論の意味合いもあるが、「ドイツの一九四二年の軍事的経済的情勢は、原子爆弾製造が必要とするような巨額の出費をもはや不可能にした。もしも必要な資材、工学的諸設備、熟練労働力・不熟練労働力が調達できたとしても、そして、連合国が関連の製造諸施設を爆撃することを忘れたとしても、ドイツは決してアメリカより先には原子爆弾を完成できなかっただろう」と戦後になって陸軍兵器局関係者は述べている。(46)

ドイツではごく小規模な範囲で一九四二年春以降、経済的な目的のためのエネルギー取得用マシーンの開発作業が続けられたにすぎなかった。戦争は「総統指令」により、つねに毎年、「その年の内に終結すべきもの」とされていた。(47)そうした窮迫状態により、原子力開発・原爆開発のための人的物的予算的な可能資源はもはや存在しなかった。一九六七年、ハイゼンベルクは「レープ大将の一九四二年の決定の正しさ」を強調した。「ドイツでは真剣な原子爆弾の製造の試みはなされなかった。それへの道は原理的には一九四二年以降、開かれてはいたのだが[48]」と。しかし、四一～四二年の全体状況の根本的転換の中で「すべてのドイツの科学的資源は新しい環境に明確ではっきりとした利益をもたらすプログラムに」投入されるべきものとされた。この政治、軍事、軍需経済の文脈の中で、原子爆弾開発は、陸軍兵器局、関係科学者にとって「不適切」となったのである[49]。

しかし、原理的な原爆開発の可能性を長期的な射程に入れ、それを物理学研究、とりわけ原子物理研究の復権へと物理学会挙げての行動に拍車をかけたのも、超巨大国家アメリカとの戦争への突入という事態であった。すでに言及した一九四二年六月四日のハイゼンベルクのハルナックハウス講演と彼のこの時点でのカイザー・ヴィルヘルム研究所（初代所長アインシュタイン）の所長への任命は、年頭からの物理学界の働きかけの成果であり[50]、敵国アメリカの圧力の増大であった。だが四二年の第三帝国は対ソ戦兵器増産、対英武器としてのVロケット開発投入への重点化が現実的選択であった。原子力開発に約束された人的物的資源の実際の配分はみじめなものであった。四三年三月八日の段階で、四二年二月末からの一年間の総括が行われた陸軍兵器局のハイゼンベルク宛書簡によれば、「課題の基本的な解決のための最初の一歩が歩まれた。この研究の継続と成功を祈る」という状況であった[51]。

しかし、四三年六月二六日のハイゼンベルクのシュペーア軍需大臣宛書簡によれば、「核物理学の開発課題の実行のためにこれまで何の補助もなかった」という状態であった[52]。原爆開発の前提となる放射性同位元素製造・中性子線源のための設備サイクロトロンをとってみても、ドイツではその建設は進まなかった[53]。それだけにとどまらなかった。カイザー・ヴィルヘルム物理学研究所は同じ六月には、海軍のUボート戦争で「緊急の問題」での協力を求められた。その問題の解決は空軍も必要としているものであった。それは「戦争を左右する重大性をもつ」ものであり、研究所が「可能な限り最大の規模で」協力することが求められた[54]。つまり、ハイゼンベルクなどがウラン問題、原子力開発問題に全力を投入できないような状況が、ここにも露呈していた。ドイツの原子力開発の挫折は、ドイツ戦時経済の脆弱性、それをもたらした連合国の攻撃（ドイツ占領下ノルウェーの重水製造設備やベルリンのカイザー・ヴィルヘルム物理学研究所等への、破壊意図の真意を「悟られないように」実施された攻撃）と関連していた。

なかでも、甚大な被害[55]をものともせず冷酷無比に推進されたソ連軍の反撃の強大化、すなわち東部戦線における四二年一月からの「すべての戦線での敵の攻撃」[56]、それに対抗する総動員体制の構築こそは、武器弾薬の生産をはじめとする軍需経済諸部門でひと・もの・かねの諸資源の不足を激しいものとした[57]。シュペーア軍需大臣は、四二年四月の軍需関係者会議の演説で、四一年「秋までの経済指導は短期戦に向けられていた」とし、その段階までは「戦争と戦争準備の間の転換が経済生活に過大な要求を突きつけることなしに」可能だったとした。しかし、「われわれみんなが感じているように、今年はわれわれの歴史における決定的な転換点の前に立っている」のだった。「日本がアメリカ合衆国とイギリスをしっかり結びつけた後となっては、今や敵はロシアに大きなチャンスを見ている」のは明確であった。この事態は、「すべてのドイツ人に、まさに単純素朴な民衆にとって、何が問題となっているかこれまでよりはっきり」させたとし、ドイツの民衆は「この最後の努力が勝利の報酬を見出すのだと悟っている」という。したがって、「ドイツの全経済を軍需経済の必要性に従属させる」とのヒトラーの断固たる決定を自分の戦時経済の基本方針にするとシュペーアは述べた[58]。シュペーア期の軍需生産の拡大、彼の軍拡の「奇跡」は、諸資源の集中によるものであり、生産全体の拡大によるものではなかった。

それは「軍需経済の集中化、陸軍兵器局のような関係中央部局の組織の改善」を強制する一方で[59]、占領地からの略奪的調達を必然化した[60]。前線への兵士の大量動員は、軍需経済を中心に労働力不足を深刻なものとさせ、四二年春以降、労働配置総監ザウケルの任命による外国人労働力の大量動員を必然化した[61]。国防軍は占領下ソ連地域からの「百万の東方労働者が戦争を決定づける重要性をもつ」とし、強制的リクルート「人間狩り」が行われた。ソ連地域からドイツ本国への強制労働者が一番多くなったのは四二年夏であった。交差点や映画館などから鞭で連行する野蛮さ、命令に従わないものの家族への報復措置、あるいはその示唆による強制的連行などが占領支配下住民の反ドイツ感情を高め、パルチザン支持者を増やすことになり、ついには強制手段の緩和を余儀なくされるほどであった(62)。

それだけになおさら、「大食漢」ユダヤ人を食料バランスから削除するための、生贄としての、統合の武器としてのユダヤ人移送・疎開は過酷を極めることになった。ハイゼンベルクを取り巻く反ユダヤ主義の危険な雰囲気も細心の注意を払わせるものであった。彼への「白いユダヤ人」攻撃の危険が消滅したわけではない。政治的なこと、特にアインシュタインをめぐることには極めて慎重な態度を取らざるを得なかった。それを象徴的に示すのが、「ご用心を」との師ゾンマーフェルトへの注意喚起の手紙であり、極秘の訪問であった。恩師ゾンマーフェルトの『物理学教科書』の叙述（校正段階でその叙述の問題個所が出版社からハイゼンベルクにひそかに伝えられたようである）への「書留」便で、恩師に注意を喚起した。さらに直接会って、恩師に「時代の空気」を念入りに進言した。その結果、ゾンマーフェルトは愛弟子の忠告を受け入れた。科学的には「フェアな態度」ではないと考えつつも、叙述から「アインシュタイン」の名前を可能な限り削除することにした。残されたのは当初の七カ所のうち一カ所だけとなった(63)。

5　おわりに

以上みてきたように、総力戦の泥沼から第三帝国敗退への移行、そこでの民衆統合のためにユダヤ人を一酸化炭素排気ガス、のちには虱駆除の青酸ガス化学薬品ツィクロンBで殺害していく総体的欠乏・窮迫状況は、短期的に実戦投入を求められる原爆開発の諸前提条件の喪失を意味していた。四二年夏以降、かろうじてナチ体制下の原子物理学の遅れを取り戻すための研究を維持ないし推進することだけが、その限りでの原子炉開発が国家プロジェクトとして細々と認められたにすぎなかった。現実の原子力研究開発の進行は、必要不可欠な最低限の人的物的資源も十分ではなく、とうてい長期的な多大の人的物的資源投入を可能とする状態にはなかった。そして、ハイゼンベルクによれば、「これが一番重要なる事実だが、原子爆弾を作る計画に着手することは、ドイツの戦略に責任ある人々の心理的根拠に逆らって始められるわけにはいかなかった。これらの人々は一九四二年になっても戦争の早期決着を期待していたし、すぐに効果がえられそうもなければ、どんな重要な計画も厳に禁じられていた。必要な援助を受けるためには、これらの約束が果たされないことを知りつつも、専門家たちは早期に結果が出ることを受け合わなければならなかったであろう。こんな事情に直面して専門家たちは最高指揮者に原子爆弾を作るための漠大な工業的努力をするようなことを奨めようとはしなかった」[64]と。四三年の政治軍事情勢は、彼らを原子力開発の限定的な道、すなわち原子炉開発への道を歩ませたにすぎない。しかし、その道さえ、総力戦敗退の全体状況の中で、ほとんど前進できなかったというのが実情であった。

軍事占領下のヨーロッパ全域の統治の武器の一つとして、ヨーロッパの諸悪の根源と位置付けたユダヤ人の「東方への移送」を実行し、その実、絶滅収容所での一酸化炭素ガス・青酸ガスによる大量殺害に追い込まれていた第三帝国の全体的権力状況は、原子力開発をきわめて初歩的な段階に押しとどめた要因と密接に関連するものであった。

（1）ヴェルサイユ・ワシントン体制の抑圧下にあるという点で共通の立場のドイツとソ連とが武器移転を介して秘密の相互協力を行い（ラッパロ条約体制）、そこでソ連に蓄積された軍事力・軍事技術がのちの対ドイツ戦の基礎になったという連関が軍縮のあり方、それと関係する軍備増強・武器移転のあり方を見ていく上では重要だが、ここでは検討の対象外である。

（2）チャーチルの言うように、「ロシアの抵抗がドイツ軍の力を壊滅させ、ドイツ国民の志気に決定的な打撃を与えたということは歴史の確証する結論」であった。チャーチル［一九八四］三、一一頁。

（3）Bernstein［2001］, Preface to the first edition（1996）, p. xi. 兵器としての具体的実現可能性・投入可能性があれば、「秘密兵器」・液体燃料推進型ロケットＶ２のように総力戦下の厳しい制約条件の中でも開発が促進され、大量に投入された兵器もある。それは、「夢中になった、熱狂的といってもいい、様々の挫折に屈しない無私の仕事」の結果であった。Walter Dornberger, *Denkschrift: Die Eigenentwicklung des Heeres-Waffenamtes auf dem Raketengebiet in den Jahren 1930–1943*, S. 18. in: BA MA. Freiburg. N625/199.「天才的な理論家・実践家」の開発メンバーであったフォン・ブラウンの「実行力、創造的精神が最も困難な問題の解決に負っていた」。Ibid., S. 19. そもそも陸軍兵器局は、ワイマール期にヴェルサイユ条約に触れずに厳しい制約下の少数の軍隊の戦力を増すような「現代的な軍備」、新兵器開発を目指した。「エーベルト大統領のもとワイマール共和国は広い視野で寛大に陸軍兵器局の建設作業を支持した」。Vortrag Erich Schneiders über die Organisation und die Waffenentwicklung im ehmaligen Heereswaffenamt am 30. 11. 1963, S. 9f, in: BA Freiburg, N625/201. 弾道・弾薬部の研究をもとに、ロケット開発はすでに一九二九年から始まった。そして、四二年の六月と八月の発射実験の失敗を経て一〇月には成功していた。それは「一〇年にわたる辛苦と努力」の結果であった。もし発射実験が失敗すれば、「つぎ込んできた人的・物的資材を航空機と戦車にまわす」ことになるところであった。開発が進むにつれて飛躍的に増えていく資金と人材の調達を可能にするには、「上の位置の人びと、最高の位置の人びとの注目を集める必要があり、研究成果を御目にかける必要があった」。その努力の結果、三六年三月にはフォン・フリッチュ上級大将に「ロケットを使用可能な兵器として開発するのに金がかかるというのであるなら、全面的な支持を惜しまない」と言わせていた。空軍最高指導部も理解を示し、三七年にはペーネミュンデに開発製造基地がつくられた。人材もハイレベルのものを集めることができた。開発を前進させるため、「陸軍の首脳部を四六時中、悩まし続ける」ほど、ブラウンたちの情熱は激しかった。ドルンベルガー［一九六七］、三、八、二四、四七〜四八、五四〜五八頁。ドルンベルガーは、いわばアメリカの原爆開発におけるグローブスのような人物だった。グローブス［一九六四］、Norris［2002］。ドイツの原子力開発においては、このような意味での中心的人物を生み出すことはなかった。武器弾薬等を開発する陸軍兵器局の人員は、一九三九〜四一年、約六千人から七千人。この部局すら四一年から四四年には「強制的に削減されて」五千人から六千人となった。Vortrag Schneiders, S. 7b, in: BA Freiburg, N625/201.

（4）広島への原爆投下を知ったすぐ後、ファームホールに囚人となっていたハーン（茫然自失、自殺を考えるといった精神状況）、それとは対照的なハイゼンベルク（「戦争を終わらせる最も迅速な方法」）、ヴァイツゼッカー（「ドイツも開発できた、やらなかっただけだ」）などの反応に、すでに原爆のとらえ方に関する対立的見地の萌芽が看取される。Bernstein［2001］, p.

115ff. *Operation Epsilon* [1993], p. 70ff.

(5) 独ソ戦はヒトラーにとって『わが闘争』以来の一貫した人種主義的帝国主義による東方大帝国=世界強国の建設のために必要不可欠なものであった。永岑［二〇〇七b］。

(6) ドイツ国防軍の背後におけるパルチザンの活発化は、「運動を瞬時に撃滅するために」対抗措置・報復措置の累進的過激化をもたらした。処罰も見せしめ効果を狙い、残虐なものとした。Befehl Wilhelm Keitels vom 16. September 1941, Kaden/Nestler [1993], Bd. 1, S. 144.

(7) 永岑［二〇〇三］。欧米におけるホロコースト研究の論争史・研究史については、ヘルベルト［二〇〇二］参照。ホロコースト展開の機能主義の代表者ハンス・モムゼン［二〇一〇］は最近の総括的概観で、ドイツの占領政策、とりわけソ連地域におけるその研究がホロコースト研究の認識を「根本的に拡張した」（S. 214）とし、四一年一〇月から四二年三月にかけての絶滅政策の段階的高進を認めつつ、四一年「一二月一二日の大々的命令」（ヒトラーのナチ党首脳部に対する演説を記録したゲッベルス日記に依拠したゲアラッハ説）には同意せず、四一年一二月中旬の決定的転換（私の説）とそれによるヴァンゼー会議開催の画期性を認めようとはしていない。その結果、ヒトラーの意向を受けたヒムラー、ハイドリヒの絶滅政策における決定的役割を相対化し、「運び屋」アイヒマンの政策決定における重要性を認める結果に陥っている。

(8) チャーチルはその『第二次世界大戦史』において認めているように、この情報を現地とベルリン間の無線の傍受により把握していた。しかし、ユダヤ人に警告を発することなく、その意味ではイギリスの軍事目的優先の戦略（防諜の実態を敵に秘密にしておくこと）で、ユダヤ人を見殺しにした、ともいえる。ブライトマン［二〇〇〇］。平時においても、第三帝国の迫害を受けたユダヤ人の受け入れは拒否され、例外はわずかの子供たちの受け入れだった。木畑和子［一九九二］。

(9) 四一年六月二二日の独ソ戦開始から同年一二月までの、独ソ戦下でのソ連地域のユダヤ人殺戮の無差別化・拡大化過程に関しては、永岑［二〇〇一］を参照されたい。「ユダヤ人は赤軍やパルチザンと連絡をつけている」、「パルチザン諸部隊の連絡はとりわけユダヤ人によって維持されている」、「町々で大きなグループを形成しているユダヤ人層は多くの場所で始まった抵抗運動の推進者となっている」、「ユダヤ人はボルシェヴィズムの精神的指導者である」、「最も重要なことはユダヤ人の影響を最も徹底的な手段で除去することだ」。Heer [1995], S. 116.

(10) ナゴルスキ［二〇一〇］。

(11) Gerlach [1997], p. 31.
(12) 四一年一二月一八日、総統大本営でのヒトラーとの会談後のヒムラーのメモ。Himmler [1999], S. 294.
(13) Heer/Naumann (Hrsg.) [1995], Hamburger Institut für Sozialforschung (Hrsg.) [2002].
(14) Gerlach [1997].
(15) Arad [1987]. 排気ガスを密閉したボックス型荷台に送り込む移動型ガス室(ユダヤ人問題解決のひとつの手段)の開発・ソ連地域への投入も電撃戦の挫折から「冬の危機」、総力戦への過程においてであった。永岑[二〇〇七a]。Bericht von SS-Untersturmführer August Becker an SS-Obersturmbannführer Walther Rauff, Gruppenleiter im RSHA, vom 16. Mai 1942, IMG, XXVI, S. 102ff. Dok. 501-PS. アウシュヴィッツ-ビルケナウの火葬場(ガス室を持つ施設、青酸ガス・ツイクロンBを使用)の建設は四二年以降のことであり、稼動は四三年からであった。
(16) ハイゼンベルク[一九五七]、一四二頁。
(17) 「一九四〇年四月にベルリンのカイザー・ヴィルヘルム研究所がウランなどのぼう大な研究計画に乗り出した」という情報が、アメリカ側のプロジェクトに「活気」を与えた。グローブス[一九六四]、九頁以下(Gloves [1962], p. 7ff)。
(18) Statement in *New York World-Telegram*, Cassidy [1992], pp. 301-305. 第一次大戦のときは、ユダヤ人もキリスト教徒と同じドイツ人として国民的な共同の行為として政府の戦争政策に動員された。多くのユダヤ系エリートがドイツ国家・ドイツ民族のために戦争政策を担った。そのある意味で筆頭にあるのが、空中窒素の固定で火薬爆薬の自給を可能にしたハーバーであった。宮田[二〇〇七]、ヘイガー[二〇一〇]。
(19) ヘルマン[一九七七]、九〇頁。反ユダヤ主義ナショナリストの実験物理学者レーナルトは、平和主義・国際主義のアインシュタインに対する攻撃先鋒であり、相対性理論によるノーベル賞授与に反対のキャンペーンを張った。それもあってアインシュタインの受賞は「量子論の研究、とくに光電効果」が対象となった。同書、九三頁。
(20) マイトナーはオーストリア国籍のユダヤ人、ボーアは母親がユダヤ人で、ドイツ占領下のデンマークでは「非アーリア」とみなされ、フェルミは妻がユダヤ人であった。Walker [1995], p. 145. サイム[二〇〇四]、クーパー[二〇〇七]。
(21) 坂田[一九七二]。
(22) ホフマン[一九九〇]、八七頁。一九世紀末から二〇世紀三〇年代までのドイツの急激な発展、世界大国への成長を可能にしたのは、国家・経済・技術革新・科学の相互関係であったが、その国家・経済・技術の結びつきの強みが大量の科学者追放で破壊され、「ドイツ科学の衰退」がもたらされた。Herrera [2006], pp. 115–136.
(23) ハーン［一九七七］、一六六頁。
(24) ヘルマン［一九七七］、九一～九三頁。シュタルクは後にナチ親衛隊機関紙『黒い軍団』の中で、ハイゼンベルク、シュレーディンガー、ディラックへの授与を、ナチス・ドイツに対する「ユダヤの影響を受けたノーベル委員会のいやがらせ」と弾劾した。同書、一一二頁。
(25) ヘルマン［一九七七］、九六頁。
(26) ハイゼンベルク「戦時下ドイツにおける原子エネルギーの工業的利用の研究」、同［一九五七］、一三三～一三四頁。
(27) 同時期にアメリカで巨大な進歩を遂げた「サイクロトロン　地図のない国への道案内」ウィルソン［一九九〇］、一一～六六頁。
(28) しかも、一九四四年まで実験することもできなかった。ハイゼンベルク［一九五七］、一三四頁。
(29) 原子力の莫大なエネルギーはアインシュタインの相対性理論（一九〇五年）により理論的解明がなされ（ハイゼンベルク［一九五七］、五二頁）、原爆戦争を予言するウェルズの科学的空想小説はすでに第一次世界大戦前夜に出されていた。ウェルズ［一九九七］。ウェルズの小説から影響を受けたシラード（ハンガリー・ユダヤ人でアインシュタインと親しく、共同でいくつかの特許を取得）は、連鎖反応の科学的可能性を理論的に発見し、ドイツから脱出したイギリスで、一九三四年に特許を取得した。Aczel [2009], p. 127.
(30) ハイゼンベルク［一九五七］、一三三頁。
(31) Vortrag Schneiders, S. 3, in: BA Freiburg, N625/201. 一九四〇年に死去した陸軍兵器局長カール・ベッカーは第一次大戦の経験から、自然科学と武器技術との密接不可分の関係を深く認識し、四〇歳を超える年になって化学を学び、多くの大学の教授とコンタクトを持った。ヒトラーが権力を掌握して「国防の自由」を得た後、陸軍兵器局の武器開発責任者、のち局長になった。同時に、一九二九年にケーニヒスベルク大學で学位をとり、三三年にはベルリン工科大学正教授になった。三四年には建築アカデミー正会員、三五年にはプロイセン科学アカデミー正会員に選ばれた。同年、カイザー・ヴィルヘルム協会の評議員になり、三七年にはあたらしく創設された帝国研究会議の初代総裁にヒトラーによって任命された。かくして科学研究とその応用をけん引する人物が陸軍兵器局をも率いていた。"Gedächtnisrede auf Karl Becker von Thiesen", *Jahrbuch der Preussischen Akademie der Wissenschaften*, Jg. 1940, Berlin 1941, S.159 162, in: BA Freiburg, N625/9.

（32）陸軍兵器局研究部のメンバーだったホルツによる概観より。Bericht vom 5. März 1949. Internationales Wettrennen um die Atombombe von Dr. W. Holtz. Ergänzungen von Oberst a. D. Glagow, S. 2, in: BA Freiburg, N625/9.

（33）Ibid. アメリカでもウラン問題の軍事的重要性はただちに軍関係の認識するところとなり、三九年三月に海軍でウラン計画の会議が開かれた。外部から、シラード、アインシュタインの働きかけがルーズベルト大統領に出される前のことであった。大統領のウラン問題諮問委員会には、ブライト、コンプトン、フェルミ、ローレンス、ペグラム、スミス、ユーレイなどが招集された。

（34）W. Heisenberg, Die Möglichkeit der technischen Energiegewinnung aus der Uranspaltung, 6. Dez. 1939. ドイツ博物館文書館所蔵。インターネットで全文二四ページのオリジナル文書が写真版で公開されている。http://www.deutsches-museum.de/archiv/archiv-online/geheimdokumente/forschungszentren/leipzig/energie-aus-uran/

（35）Heisenberg（6. Dez. 1939）, S. 1-2. 核分裂・中性子放出による連鎖反応に関して、「原子爆弾にもつながる可能性」を考えて、「ドイツ人には秘密にしておかなければならない」と考えるシラードと、ジョリオ、フェルミ、その他のスタンスは、一九三九年の段階では基本的に違っていた。ジョリオ、フェルミなどの研究が、『フィジカル・レヴュー』誌につぎつぎと公表される結果となっていた。『シラードの証言』、七〇～七八頁、および原子物理学者間の一連の書簡、同、七九～一〇六頁。

（36）Heisenberg（6. Dez. 1939）, S. 24.

（37）特にこの点が、ロシア原子力文書館の資料で新しく解明された最重要点の一つ。Mark Walker（2005）, S. 6.

（38）Mark Walker（2005）, S. 6, 39f. この講演のことは、すでに邦訳もあるトマス・パワーズの研究が明らかにしていた。パワーズ［一九九五］。

（39）Ibid. S. 3f.

（40）永岑［一九八八］。

（41）Mark Walker（2005）, S. 4.

（42）Heisenberg, Die Arbeiten am Uranproblem.（Vortrag gehalten am 4. 6. 42 im Harnackhaus der KWG）, in: MPGA, Abt. I, 34,

93/2.

(43) Heisenberg, Vortrag gehalten am 4. 6. 42, in: MPGA, Abt. I, 34. 93/2.

(44) Mark Walker (2005), S. 4.

(45) Ibid., S. 5.

(46) Ibid.

(47) Ibid.

(48) Ibid., S. 6.

(49) Herrera [2006], p. 138.

(50) ハイゼンベルクの恩師ゾンマーフェルトの行動も激しいものであった。初期のユダヤ人救済活動からハイゼンベルク復権に至る彼の活動は、Eckert/Märker (2004) に詳しい。ゾンマーフェルトはミュンヘン大学の学長と話し、彼の理論物理学講座の後継者となったナチ物理学の「無能な」ミュラーの講義に関して抗議を行った。Schreiben Sommerfelds an Walther Gerlach, 10. Sept. 1940, in: Deutsches Museum, Archiv, NL 80, 431.

(51) Schreiben von Min. Dirig. Prof. Dr. Schumann, Chef der Forschungsabteilung (Heereswaffenamt) im OKH am 8. 3. 1943, in: Archiv der MPG, Abt.I, Rep. 34, 59.

(52) Schreiben Heisenbergs an das Reichsministerium für Bewaffnung und Munition, z. Hd. von Dr. Goerner vom 26. 6. 1943, in: Archiv der MPG, Abt. I, Rep. 34, 43/1.

(53) 日野川静枝［二〇〇九］によれば、アメリカでさえ「原爆開発のためにバークレーの科学者たちの力が必要になった時、またそのために一八四インチの巨大電磁石が必要になった時、放射線研究所は研究活動を中断させられ、そのサイクロトロンは解体された」。また、ハーバードのサイクロトロンは「原爆開発のために売られた」。最先端の開発を可能にする人的物的資源は限られており、武器開発のためには基礎研究が一時的に中断され、あるいは解体されたのである。重量二千トンの「一八四インチ・サイクロトロン用電磁石の最初の仕事は原爆材料ウラン二三五の分離法の開発とならざるを得なかった」と。イギリスやフランスでも財源問題がサイクロトロン開発の阻害要因となっていた。フランスでは、一九三六年の人民戦線政府の樹立がジョリオ-キュリーたちの本格的なサイクロトロンづくりの資金提供を可能にした。デンマークでもフランスでも、ロックフェラー財団の援助が重要なものであった。同、二九、四〇、八八、一二〇、一四〇、一六五頁。

(54) Schreiben Telchows an Heisenberg vom 10. Juni 1943, in: Archiv der MPG, Abt. I, Rep. 34, 43/1.

(55) たとえば、一五歳から六四歳までの就業年齢層のうち二一〇〇万人から二三〇〇万人が戦争の犠牲になっている。Harrison, Mark [1996], p. 294, Table M. 3. The cost of wartime demographic losses, 1941–45.

(56) Alfred Toppe, Über den Munitionsverbrauch des deutschen Heeres im Feldzug gegen die Sowjetunion 1941–1943, S. 30, 32, in: BA Freiburg, N625/205.

(57) たとえば激戦の続いた独ソ戦での火薬爆薬の消耗・不足に関しての詳細は、Toppe, op. cit., in: BA Freiburg, N 625/205. 実戦に投入され大々的に宣伝された「秘密兵器」ロケットA4（V-2）にしても、一九四三年段階で、陸軍兵器局の月産一八〇〇機の要求にたいし、当該軍需産業が生産できたのがその半分の九〇〇機でしかなかったという状況も、象徴的現象であろう。Schreiben von Leeb an David Irving, 27. 2. 1964, in: BA Freiburg, N625/203.

(58) Rede des Reichsministers Speer am 17. April 1942, in: BA NS 19/3898.

(59) Heereswaffenamt, Findbuch vom BA-Militärarchiv Freiburg, RH 8 I, S. XXIX. „Planung, Verteilung und Bewirtschaftung der vom Heer benötigten Rohstoffe, 1941–1943“, in: RH 8 I/3740; „Verteilung der Eisen-und Stahlkontigente und N. E. Metalle, 07. 1939–07. 1943“, in: RH 8 I/12; „Rüstungsstatistik-Waffen und Gerät. 1939–1944, in: BA RH 8 I/1034–1041;“ Rüstungsstand（Verlust- und Verbrauchszahlen, Fertigung, 1938–1941, in: BA RH 8 I/1022–1023; „Rüstungsstand（Waffen und Munition, 1939–1944“, in: BA RH 8 I/1042; „Rüstungsstand（Feritigungsstatistik Waffen und Gerät, Munition）, 1942–1944“, in: BA RH 8 I/1024–1025; „Entwicklung und Beschaffung von Waffen, 1939–1944“, in: BA RH 8 I/1044; Rüstungsstatistik Deutschland（Volkswirtschaft）, 1936–1944, in: BA RH 8 I/1885.

(60) 永岑［一九八八］。

(61) 矢野［二〇〇四］。

(62) Müller [1995], S. 93f., 97.

(63) Schreiben Heisenbergs an Sommerfeld, 8. Okt. 1942, in: Deutsches Museum, Archiv, NL 89, 24.

(64) ハイゼンベルク［一九五七］、一四二～一四三頁。

文献リスト

文書館史料

ドイツ博物館文書館 Deutsches Museum, Archiv

マックス・プランク協会文書館 Archiv der Max Plank Gesellschaft（MPG）

陸軍兵器局文書 Bundesarchiv（BA）, Militärarchiv（MA）, RH 8 I.

陸軍兵器局関係者文書 BA, MA N625/9, 199, 200, 201, 203, 205.

四か年計画文書 BA, R 26.

ヒムラー（親衛隊全国指導者・ドイツ警察長官）幕僚部文書 BA NS 19.

〈和文〉

ウィアート、スペンサー・R／シラード、ゲルトルード・ワイス［一九八二］伏見康治・伏見諭訳『シラードの証言——核開発の回想と資料一九三〇—一九四五年』みすず書房（Weart, Spencer R. & Szilard, Gertrud Weiss [1978] *Leo Szilard: His Version of the Facts. Selected Recollections and Correspondence*, MIT Press, MA）

ウィルソン、ジェーン［一九九〇］中村誠太郎・奥地幹雄訳『原爆をつくった科学者たち』岩波書店同時代ライブラリー（Wilson, Jane (ed.) [1975] *All In Our Time. The Reminiscences of Twelve Nuclear Pioneers*, Chicago）

ウェルズ、H・G［一九九七］浜野輝訳『解放された世界』岩波文庫（Wells, Herbert George [1914] *The World Set Free. A Story of Mankind*, London）

木畑和子［一九九二］『キンダートランスポート』成文堂。

クーパー、ダン［二〇〇七］梨本治男訳『エンリコ・フェルミ——原子のエネルギーを解き放つ——』大月書店（Cooper, Dan [1999] *Enrico Fermi*, Oxford）

グローブス、レスリー・R［一九六四］冨永謙吾・実松譲訳『原爆はこうしてつくられた』恒文社（Groves, Leslie R. [1962] *Now It Can Be told: The Story of the Manhattan Proeject*, New York）

サイム、R・L［二〇〇四］米沢富美子監修・鈴木淑美訳『リーゼ・マイトナー――嵐の時代を生き抜いた女性科学者――』シュプリンガー（Sime, Ruth Lewin［1996］*Lise Meitner. A Life in Physics*, Berkeley, Los Angeles, London）

坂田昌一［一九七二］『物理学と方法　論集1』岩波書店。

芝健介［二〇〇八］『武装親衛隊とジェノサイド――暴力装置のメタモルフォーゼ』有志舎。

チャーチル、W・S［一九八三、一九八四］『第二次世界大戦』一、二、三、四、河出文庫（Churchill, Winston S.［1967］*The Second World War*. Abridged one-volume editon, London.

ドルンベルガー、ヴァルター［一九六七］松井巻之助訳『宇宙空間をめざして――V2号物語――』岩波書店（Dornberger, Walter［1952］*V2. Der Schuss ins Weltall. Geschichte einer grossen Erfindung, Esslingen*）

永岑三千輝［一九八八］「電撃戦から総力戦への転換期における四カ年計画」（一）（二）『経済学季報（立正大学）』三八〜二、五一〜九三頁、三八〜三、八七〜一五一頁。

永岑三千輝［一九九四］『ドイツ第三帝国のソ連占領政策と民衆　一九四一―一九四二』同文舘。

永岑三千輝［二〇〇一］『独ソ戦とホロコースト』日本経済評論社。

永岑三千輝［二〇〇三］『ホロコーストの力学――独ソ戦・世界大戦・総力戦の弁証法――』青木書店。

永岑三千輝［二〇〇七a］「特殊自動車とは何か移動型ガス室に関する史料紹介――」『横浜市立大学論叢』五六、社会科学系列、三、一二三〜一四二頁。

永岑三千輝［二〇〇七b、二〇〇八、二〇〇九］「アウシュヴィッツへの道――「過去の克服」の世界的到達点の見地から――」（一）（二）（三）『横浜市立大学論叢』五八、人文科学系列、一・二、五五〜九五頁、同五八、社会科学系列、一・二・三、二二三〜二五七頁、同五九、人文科学系列、一・二、二〇一〜二二八頁。

永岑三千輝［二〇〇八］「独ソ戦・世界大戦の展開とホロコースト」『ロシア史研究』八二、一七〜二五頁。

永岑三千輝［二〇〇九］「ナチス・ドイツと原爆開発」『横浜市立大学論叢』六〇、人文科学系列、一、四九〜七五頁。

永岑三千輝［二〇一〇］「ハイゼンベルクと原爆開発」『横浜市立大学論叢』六〇、社会科学系列、二・三、一三三〜一四八頁。

永岑三千輝［二〇一〇］「ハイゼンベルク・ハルナックハウス演説の歴史的意味――ホロコーストの力学との関連で――」『横浜市立大学論叢』六一、人文科学系列、九九〜一二五頁。

ナゴルスキ、アンドリュー［二〇一〇］津守滋監訳・津守京子訳『モスクワ攻防戦――20世紀を決した史上最大の戦闘』作品社（Nagorski, Andrew [2007] *The Greatest Battle. Stalin, Hitler, and the Desperate Struggle for Moscow That Changed the Course of World War II*, New York/London/Tronto/Sydney）

南部陽一郎［二〇〇九］江沢洋編『素粒子論の発展』岩波書店。

ハーン、オットー［一九七七］山崎和夫訳『オットー・ハーン自伝』みすず書房（Hahn, Otto [1968] *Mein Leben*, München）

バイエルヘン、A・D［一九八〇］常石敬一訳『ヒトラー政権と科学者たち』岩波現代選書（Beyerchen, A. D. [1977] *Scientists under Hitler: Politics and the Physics Community in the Third Reich*, New Haven）

ハイゼンベルク、ヴェルナー［一九五七］佐々木宗雄訳『原子核の物理』みすず書房（Heisenberg, Werner [1943]*Die Physik der Atomkerne*, Braunschweig）

ハイゼンベルク、ヴェルナー［一九七四］山崎和夫訳『部分と全体：私の生涯の偉大な出会いと対話』みすず書房（Heisenberg, Werner [1969] *Der Teil und das Ganze: Gespräche im Umkreis der Atomphysik*, München）

ハウトスミット、S・A［一九七七］山崎和夫・小沼通二訳『ナチと原爆――アルソス：科学情報調査団の報告――』海鳴社（Goudsmit, Samuel A. [1947] *ALSOS. The Failure in German Science*, London）

パワーズ、トマス［一九九五］鈴木主税訳『なぜ、ナチスは原爆製造に失敗したか――連合国が最も恐れた男・天才ハイゼンベルクの闘い――』上、下、福武文庫（Powers, Thomas [1993] *Heisenberg's War. The Secret History of the German Bomb*, New York）

日野川静枝［二〇〇九］『サイクロトロンから原爆へ――核時代の起源を探る――』績文堂。

ブライトマン、リチャード［二〇〇〇］川上洸訳石田勇治解説『封印されたホロコースト――ローズベルト・チャーチルはどこまで知っていたか』大月書店（Breitman, Richard [1999] *Official Secrets: What the Nazis Planned, What the British and Americans Knew*, New York）

ヘイガー、トーマス［二〇一〇］渡会圭子訳白川英樹解説『大気を変える錬金術――ハーバー、ボッシュと化学の世紀――』みすず書房。

ヘルベルト、ウルリッヒ（永岑三千輝訳）［二〇〇二］「ホロコースト研究の歴史と現在」『横浜市立大学論叢』五三、社会科学系列、一、一二七〜一六四頁。
ヘルマン、アーミン［一九七七］山崎和夫・内藤道雄訳『ハイゼンベルクの思想と生涯』講談社（Hermann, Armin［1976］*Werner Heisenberg in Selbstzeugnissen und Bilddokumenten*, Reinbek bei Hamburg）
ホフマン、クラウス［二〇〇六］山崎正勝・小長谷大介・栗原岳史訳『オットー・ハーン――科学者の責任と義務――』シュプリンガー（Hoffmann, Klaus［1993］*Schuld und Verantwortung*, Berlin, Heidelberg.［2001］*Otto Hahn*, New York）
ホフマン、ディーター［一九九〇］櫻山義夫訳『シュレーディンガーの生涯』地人書館（Hoffmann, Dieter［1984］*Erwin Schrödinger*, Leipzig）
宮田親平［二〇〇七］『毒ガス開発の父ハーバー――愛国心を裏切られた科学者――』朝日新聞社。
矢野久［二〇〇四］『ナチス・ドイツの外国人――強制労働の社会史――』現代書館。
山崎正勝・日野川静枝編著［一九九七］『増補　原爆はこうして開発された』青木書店。
読売新聞社編［一九六八］「日本の原爆」『昭和史の天皇4』七七〜一二九頁。

〈欧文〉

Aczel, Amir D. [2009] *Uranium Wars: The Scientific Rivalry That Created The Nuclear Age*, New York.
Arad, Yitzhak [1987] *Belzec, Sobibor, Treblinka. The Operation Reinhard Death Camps*, Bloomington and Indianapolis.
Bernstein, Jeremy (ed.) [2001] *Hitler's Uranium Club: The Secret Recordings at Farm Hall*; introduction by David Cassidy, Second ed. Rev., New York.
Cassidy, David C. [1992] *Uncertainty. The Life and Science of Werner Heisenberg*, New York.
Eckert, Michael/Märker, Karl (Hrsg.) [2004], *Arnold Sommerfeld, Wissenschaftlicher Briefwechsel*. Bd. 2: 1919-1951, Berlin, Diepholz, München
Gerlach, Christian [1997] "Die Wannsee-Konferen, das Schicksal der deutschen Juden und Hitlers politische Grundsatzentscheidung, alle Juden Europas zu ermorden", *Werkstatt Geschichte*, 18, S. 7-44.
Hamburger Institut für Sozialforschung (Hrsg.) [1996] *Vernichtungskrieg. Verbrechen der Wehrmacht 1941 bis 1944.*

Hamburger Institut für Sozialforschung（Hrsg.）[2002] *Verbrechen der Wehrmacht. Dimensionen des Vernichtungskrieges 1941–1944*, Hamburg.

Harrison, Mark [1996] *Accounting for War. Soviet production, employment, and the defense burden*, 1940–1945, Cambridge.

Heer, Hannes/Naumann, Klaus（Hrsg.）[1995] *Vernichtungskrieg: Verbrechen der Wehrmacht 1941–1944*, Hamburg.

Heer, Hannes [1995] "Die Logik des Vernichtungskrieges. Wehrmacht und Partisanenkapmf", in: Heer/Naumann [1995], S. 104–138.

Herrera, Geoffrey L. [2006] *Technology and International Transformation: The Railroad, the Atomic Bomb, and the Politics of Technological Change*, New York.

Himmler, Heinrich [1999] *Der Dienstkalender Heinrich Himmlers 1941/42* im Auftrag der Forschungsstelle für Zeitgeschichte in Hamburg, bearbeitet, kommentiert und eingeleitet von Peter Witte u.a., Hamburg.

Internationaler Militärgerichtshof Nürnberg（IMG）[1949], *Der Prozess gegen die Hauptkriegsverbrecher vom 14. November 1945–1*. Oktober 1946, 42 Bde.

Kaden, Helma/Nestler, Ludwig [1993] *Dokumente des Verbrechens. Aus Akten des Dritten Reiches 1933–1945*, 3 Bde.

Kaufmann, Doris（Hrsg.）[2000] *Geschichte der Kaiser-Wilhelm-Gesellschaft im Nationalsozialismus. Bestandsaufnahme und Perspektiven der Forschung*, Göttingen, 2 Bde.

Militärgeschichtliches Forschungsamt（Hrsg.）[1988], *Das Deutsche Reich und der Zweite Weltkrieg*, B.5/1: *Organisation und Mobilisierung des deutschen Machtbereichs. Kriegsverwaltung, Wirtschaft und personelle Ressoucen 1939–1941*, Stuttgart

Militärgeschichtliches Forschungsamt（Hrsg.）[1999] *Das Deutsche Reich und der Zweite Weltkrieg*, Bd. 6: *Der Globale Krieg. Die Ausweitung zum Weltkrieg und der Wechsel der Initiative 1941–1943*, Stuttgart.

Mommsen, Hans [2010] *Zur Geschichte Deutschlands im 20. Jahrhundert. Demokratie, Diktatur, Widerstand*, München. Kapitel 13, Der Wendepunkt zur „Endlösung": Die Eskalation der nationalsozialistischen Judenverfolgung.

Müller, Rolf-Dieter [1995] "Menschenjagd. Die Rekrutierung von Zwangsarbeitern in der besetzten Sowjetunion", in: Heer/Naumann [1995], S. 92–103.

Norris, Robert S. [2002] *Racing for Bomb. General Leslie R. Groves, The Manhattan Project's Indispensable Man,* South Royalton, Vermont.

Operation Epsilon: The Farm Hall transcripts [1993] /introduced by Sir Chares Frank, Berkley, Los Angeles, Oxford.

Walker, Mark [1989] *German National Socialism and the quest for nuclear power 1939–1949*, Cambridge. (*Die Uranmaschine: Mythos und Wirklichkeit der deutschen Atombombe*, Berlin 1990)

Walker, Mark [1995] *Nazi Science. Myth, Truth, and the German Atomic Bomb,* Cambridge, Massachusetts.

Walker, Mark [2000] "A Comparative History of Nuclear Weapons", Kaufmann [2000, pp. 309–327]

Walker, Mark [2005] "Eine Waffenschmiede? Kernwaffen- und Reaktorforschung am Kaiser-Wilhelm-Institut für Physik", Ergebnisse 26. Vorabdrücke aus dem Forschungsprogramm „Geschichte der Kaiser-Wilhelm-Gesellschaft im Nationalsozialismus", Berlin.

第9章　一九三〇年代における「軍・民技術区分」問題とドイツ軍拡

高田馨里

1　はじめに

小論では、「軍・民技術区分」が国際法上においても各国国内法においてもきわめて曖昧にしか位置づけられていなかった一九三〇年代におけるドイツの急速な再軍備過程を再考したい。戦間期のドイツ第三帝国の軍拡をめぐる三つの論考――武器輸出合法化を含むドイツ再軍備プロセス、ドイツ自動車産業とアメリカ資本の密接な関係、そしてドイツにおける原爆開発の試みと開発の失敗――は以下の三つの論点を提示しているといえる。

第一に、国際法上の不備の問題である。田嶋論文は、軍縮を規定する国際条約の締結とそれに準じた国内法整備という問題、もしくは国際法を遵守しない独自の国内法整備について明らかにしている。具体的には一九二七年の武器禁輸法を廃して成立した一九三五年のドイツ「武器輸出入法」を中心に対中武器輸出問題を考察している。

第二に、戦間期における国際的な軍縮条約において民間分野として進歩の著しい航空機産業ならびに航空機エンジンなど航空機の基幹部分を支える自動車産業も軍縮の対象から外れたことである。戦間期において軍縮、軍備規制の対象とするべき「武器」や「兵器」の定義は、民間技術分野との関連の中で限定的なものにならざるを得なかった。西牟田論文では、自動車産業など民間技術の軍事転換問題、そして米独企業の経済的つながりとドイツ軍拡との連関を論じている。従来、民間企業の内部資料は比較的アクセスが困難であり、なかなか実態調査を行うことは難しい。その点においても、本報告は企業内部資料からの貴重な分析であるといえる。

第三に、頭脳流出を含む科学技術の海外移転問題である。一九二七年、ハイゼンベルグが量子力学を確立したことによりドイツは原爆開発成功に最も近い国家の一つであったにもかかわらず、なぜ原爆開発に失敗したのか。この点については、第三論文の永岑論文が明らかにしている。

本論では、これらの論点を踏まえつつ、最初に、一九三〇年代における「軍・民技術区分」の曖昧さを検証すべく、民間技術として用いられてきた国際航空商業の軍事動員問題の考察を踏まえ、国際法と国内法の問題、民・軍技術区分問題について検証する。次に、企業による経済活動と国家政策、最後にドイツの科学技術政策の特異性について考察し、議論を進めたい。

2　戦間期、潜在的軍備としての国際民間航空分野

戦間期におけるドイツ第三帝国の急速な再軍備計画は、ヨーロッパにおけるミリタリー・バランスを覆し、国際軍縮レジームの崩壊を加速させた。一九三三年から一九三四年における政治的、文化統制政策に続いて、一九三四年から一九三六年にはナチスは経済統制を行い、財政支出政策を通じて再軍備政策を進めた。急激な軍拡を支えたのはもちろんドイツの科学技術力であり、重化学工業であった。第一次世界大戦後に敗戦国ドイツの軍事技術開発を秘密裏

に支援したのは革命によって国際社会から排除されたソ連政府であり、一九三三年の政権奪取後、ヒトラーは国家による再軍備計画を急激に進めた(1)。

一九三〇年代半ばに進められたドイツ再軍備は、戦間期にすでに民・軍技術の境界不分明な領域が拡大しつつあった中で進められたといえる。第一次世界大戦後、国際社会は軍縮を希求した。軍縮政策そのものが、大国間の軍事力のバランスを重視するものであった。ドイツの非軍事化が戦争目的の一つではあったものの、英仏間で意見調整は難航した。パリ講和条約を導くため、アメリカ政府がどれほど妥協したのかについては現在でも論争が続いているが、フランスの過重なドイツへの要求と領土的野心は、英仏間の協力を損なうものであり、アメリカ大統領ウッドロウ・ウィルソンの反発をも招いた(2)。国際的な世論の高まりから一九二〇年代初頭における海軍軍縮が一定の成果を収めたが、しかし軍縮対象はきわめて限定的なものであったといわざるをえない。一九二一年のワシントン海軍軍縮についてみても、いわば海軍保有艦船数の軍備規制にほかならなかった。

航空技術については民・軍転換が容易である技術であると広く認められていたものの、明確な規制方針に関して国際的な合意に至ることはなかった。ヨーロッパ列強は、航空機および航空機産業に対する規制が、自国国益、すなわち当時飛躍的に発展を遂げていた国際民間航空商業活動を損なう恐れがあるとみなしたのである。戦間期に空の秩序を規定していたのは、一九一九年に締結されたパリ国際航空条約であった。第一次大戦期に航空の軍事的脅威が認識されたため、この条約はすべての締約国は安全保障の観点から「完全かつ排他的な領空主権を有する」ことを規定し、国際連盟の一機関として設置された国際航空委員会（Commission Internationale de Navigation Aerienne : CINA）が国際的な航空活動を管理することになった。パリ航空会議において、敗北したドイツは民間航空の所有をも禁止されるべきであるという意見が提起された。しかし、アメリカ代表団がドイツは少なくとも民間航空のみに限り、その領土内のみ運航を許されるべきであると提案した。これがドイツの民間航空政策として認められることになったので

ある。(3)

パリ条約とともに締結された国際航空運送協定（International Air Traffic Association）は、条約締約国の「排他的領空主権」に基づく二国間航空協定を基礎としたが、イギリス、フランス、オランダ、ベルギーなどのヨーロッパ帝国主義国は、政府が直接運営する「国策遂行の手段（Chosen Instrument）」として国営航空会社を設立した。イギリスのインペリアル航空、エール・フランス、KLM、SABENAなどの航空会社は、宗主国と植民地を迅速かつ特権的に結びつける手段として、また宗主国の「シンボル」として――「警察行動」という名目での軍事的介入手段として(4)――、帝国の支配権、宗主権、保護権の及ぶアフリカ、中東、アジアへと航空路を拡大し、互いに競合したのである。(5)

航空技術の発展は急速だった。それゆえ戦間期、国際民間航空分野を規制するべきであるという論点は、一九二〇年代のイギリスで盛んに議論されることになる。イギリス下院では、国際空軍提唱者の一人デイヴィッド・デイヴィス下院議員が「国際航空分野を国際連盟による管理下におき軍縮を達成するべきである」と主張した。同様に、国際連盟設置を強く支持したロバート・セシルは、一九二二年に国際空軍を国際連盟の軍事力とすることを提唱している。彼らは、イギリスにおいては国際航空商業に従事する航空機もまた爆撃機への軍事転用が容易であるゆえに、また航空機生産工場は軍需産業とみなすべきであるので、「国際機関による管理下」に置くことを提唱したのである。イギリスにおいて最も影響力のあった提唱者の一人が、ウィンストン・チャーチルであり、彼は一九二九年に出版した自著において、国際民間航空分野の国際管理と恒久的平和を維持する手段としての国際空軍構想を提唱していたのである。この議論は、侵略国による航空技術の軍事利用を回避するために必要な措置であると認められたわけであるが、その具体的な国際的協議は一九三二年のジュネーブ軍縮会議において取り上げられることになる。(6)

一方、ドイツはロカルノ条約締結、国際連盟加盟による国際関係の好転により、国際航空分野に進出した。さらに一九二六年に政府資本三六％をもつドイツ・ルフトハンザ（DHL）の設立に伴ってドイツ＝フランス間の路線が就航した。一九三〇年には、中国に中独合弁航空会社 Eurasia を設立した。この会社は、中国資本が三分の二、ドイツ資本三分の一、技術支援はドイツが行った。さらに、DHLはドイツ系移民の多いラテンアメリカ諸国に進出し、現地のドイツ系移民企業家に資本供与、パイロット訓練およびパイロット派遣、航空機を売却するなど当地の航空商業に多大な影響を持つようになっていた(7)。

一九三二年、ジュネーブ軍縮会議の開催に際して、国際航空を国際機関による管理下におくべきであるという提案は、しかしイギリスではなくフランス代表団からなされた。フランス陸軍相アンドレ・タルデューが提唱したのである。フランスの提案は、実際、ドイツの航空技術の管理・規制を念頭に置くものであったが、しかしこの提案に対してイギリス航空相は、フランスの提案は、純粋に商業的活動といえる国際民間航空商業に対して不寛容な足かせをはめることだと強く懸念を表明、フランスの提案は政治的欺瞞に過ぎないと非難した。英仏両国の足並みがそろわず、またフランス政府自体も、国内における意見の分裂やイギリス政府からの批判を受けてジュネーブ軍縮会議において国際民間航空を国際管理下におくことを期待してはいなかった(8)。とかくするうちに、国際的な航空技術規制が具体化する前に、一九三三年にナチスが政権を奪取することになる。

3　ドイツ再軍備から原爆開発へ

ジュネーブ軍縮会議において航空機産業および国際民間航空分野の国際管理案が否定され、結果、軍事・民間技術の境界が不分明なまま国際航空分野においてドイツは躍進していた。つまり、迅速なドイツ再軍備の基盤は、重化学工業、自動車工業などと同様に、基幹産業の一つであった航空機産業を温存することによって可能であったと考えられる。航空機産業、ひいては国際民間航空商業そのものを軍縮対象にし、国際管理下に置くという主張が登場するものの、一九三二年から開催されるジュネーブ軍縮会議においてそれが実現することはなかった。それゆえ、一九三〇年代、航空分野においては民生技術がそのまま軍事技術の基盤として用いられるという「逆スピン・オフ」が起こったことになる[9]。ここに、航空技術の「軍・民技術区分」の難しさという特徴があるといえる。

　戦間期における武器移転においても軍需品と民生品の区別は曖昧だった。ドイツでは第一次世界大戦後、国際的にはヴェルサイユ条約、国内法においても武器輸出禁止条項が設定された。しかしながら、実際にドイツは第三国経由によって、中国に工業製品・半製品として武器輸出を行っていた。田嶋報告によれば、対中武器輸出貿易については、すでに民間企業のクルップやラインメタルが受注を獲得していたという。ならば、「ドイツ第三帝国における軍拡政策」は、ナチス・ドイツの政権奪取よりも以前に始まっていたことになる。ここに、ワイマール期からナチス・ドイツ期への連続性を見て取ることが可能であるといえる。また、販路としての中国にしても、すでに一九三〇年には中独合弁航空会社を設立するなどアクセス拠点の確保も進めていた。ナチス・ドイツの国家的な武器輸出政策が、むしろ民間企業の活動を圧迫するようになり、結果的に国策企業が武器輸出を行うという、送り手側の変化は起こったといえるが、その目的としてタングステンなど原料獲得も継続的に行われていた。ならばドイツ軍拡という場合、実際にはいつから始まっていたのだろうか？　次に、武器移転に付随する政治問題についてである。一九三五年の再軍備宣言後、ドイツ政府は国策として武器輸出入の拡張に従事するが、それを積極的に進めたドイツ国防相は対中武器輸出のもたらす中国内部の混乱などの政治問題について、どの程度考慮していたのだろうか？　中国国民党と共産党との対立や、日中関係の泥沼化の中で、ドイツ政府内部で対中貿易に関する見解の相違はどの程度存在したのだろうか。また、対中武器輸出貿易は、ナチスによるドイツ軍拡のなかでどのように位置づけられていたのだろうか。

　次に、西牟田報告へのコメントである。西牟田報告は、ドイツ軍のモータリゼーションを事実上、アメリカ企業が支援した点を明らかにしている。具体的には、ジェネラル・モーターズ（ＧＭ）がドイツ自動車産業オペルを買収・合併し、ドイツ自動車産業の発展に貢献したという。ここに、アメリカ企業人の対独「宥和」の姿勢が示されているといえる。一九三〇年代後半からアメリカ合衆国が参戦する一九四一年一二月までの期間、アメリカ合衆国の外交政策は、国民世論を反映して「孤立主義的」であったと指摘されてきた。孤立主義的な人々——たとえばチャールズ・リンドバーグなど——はドイツに強い親近感を示していた。一方、ローズヴェルト政権は、一九四〇年のフランス降伏以後、国内の孤立主義的な傾向に警鐘をならし、軍備を拡張してイギリス支援に乗り出すことになる。[10] こうした外交政策の転換期に、ドイツ企業と関係の深かったＧＭのジェイムズ・ムーニーが企業人として実際に対独「宥和政策」に同調した点は、注目に値する。企業人として指示した対独「宥和政策」とは具体的には何を目指すものだったのだろうか？　また、戦間期、自由資本主義経済の復興過程で民需から軍需へと転用可能な自動車や航空機産業の多国籍化が進んだといえるが、経営陣にとっての多国籍化戦略とはいかなる意味をもったのだろうか？　国際関係が安定し繁栄を享受できるならば問題とはならないが、一九三〇年代後半において国際情勢が急激に悪化する中で、ＧＭの目指した対独「宥和政策」といえる企業戦略の先にあるものとは何だったのだろうか？

最後に、永岑報告に対するコメントである。ドイツは一九世紀以降、世界的な技術先進国であった。その研究体制は、国家をあげての研究所設置など、他国が模範とするものであった。さらにナチスが原爆を開発するのではないかという恐れはドイツから逃れてきたユダヤ人科学者たちによってもたらされることになった。ユダヤ人科学者に対する迫害は、むしろ頭脳流出という広義の「武器移転現象」——送り手には何のメリットももたらさないというきわめて特殊な——を引き起こしたといえる。それまで科学技術開発において、とくに先進科学分野においてドイツに遅れをとっていたアメリカ合衆国が、戦後に科学技術先進国になりえたのは、経済的のみならずこうした亡命ユダヤ人科学者という「頭脳」をイギリス以上に受け入れる素地があったからだと考えられる。[11] つまり、ドイツ政府のユダヤ人迫害政策は科学者の国際性や国際主義を否定するものだったといえるだろう。さらに、ドイツは、総力戦のなかで必要な資源獲得も困難になった。頭脳流出を引き起こし、原料獲得が困難になるなか、原爆開発は、民間技術開発部門と国家の軍事技術開発部門のどのような関係性の中で進められたのだろうか？

4　おわりに

以上、簡略であるが一九三〇年代後半におけるドイツ第三帝国の軍拡政策について三つの報告に基づき、考察してきた。この問題の解明は、ナチス期ドイツの軍備拡張という一時的かつ特殊な事例というよりはむしろ、「軍・民技術区分」問題、航空および自動車産業といった重化学工業の多国籍化、さらには頭脳流出問題などと密接に関わっているといえよう。さらに、ドイツ軍拡をもたらした国際法上の不備と戦間期の軍縮条約の限界――武器・兵器定義のあり方と規制への反発――は、二一世紀の現在においても通常兵器の軍縮が困難な状況と、ある種の連続性を持つものだといえるのではないだろうか。

（本稿作成中に、ロンドン・インペリアル・カレッジ特別研究員Wagar H. Zaidi博士から一九三〇年代のヨーロッパにおける国際航空軍備規制問題に関する最新の研究成果をお教えいただいた。この場をかりて謝意を記しておきたい。）

（1）Gerald L. Weinberg, *A World at Arms: A Global History of World War II* (Cambridge, 1994), pp. 22-23.

（2）マイケル・ホーガン著（林義勝訳）『アメリカ　大国への道――学説史から見た対外政策』（彩流社、二〇〇五年）所収［Michael J. Hogan, ed., *Paths to Power: The Historiography of American Foreign Relations to 1941* (Cambridge, 2000)］, pp.

168-169; Lorna S. Jaffe, *The Decision to Disarm Germany: British Policy towards Postuar German Disarmament, 1914-1919* (Boston, 1985), pp. 172-175.

（3） Eugene Sochor, *The Politics of International Aviation* (London, 1991), p. 2.

（4） David E. Omissi, *Air Power and Colonial Control: the Royal Air Force, 1919-1939* (Manchester University Press, 1990), pp. 3-7.

（5） Betty Gidwitz, *The Politics of International Air Transport* (Boston, 1980), pp. 39-40.

（6） Wagar H. Zaidi, "'Aviation will either Destory or Save our Civilization': Proposals for the International Control of Aviation, 1920-45," *Journal of Contemporary History*, 46-1 (January 2011), pp. 154-155.

（7） R. E. G. Davis, *A History of the World's Airlines* (London, 1964), pp. 55-59, 151-160, 188；中国における民間航空商業について、外国との合弁会社とはいえその主導権は中国側にあったという。この点については、萩原充「中国の民間航空政策と対外関係——日中戦争前後の対外連絡を中心に——」『国際政治』第一四六号（二〇〇六年一一月）、一〇三～四頁、ラテンアメリカ諸国におけるドイツ民間航空商業の躍進については、Burden, William A. M., *The Struggle for Airways in Latin America* (New York: The Council on Foreign Relations, 1943; reprinted by Arno Press, New York, 1977) を参照。

（8） Zaidi, "Aviation will either Destroy or Save our Civilization", pp. 155-159.

（9）「スピン・オフ」論題に関しては小野塚知二「武器移転の経済史」奈倉文二・横井勝彦・小野塚知二『日英兵器産業とジーメンス事件』（日本経済評論社、二〇〇三年）、三～四頁。

（10） Wayne S. Cole, *Roosevelt and the Isolationists, 1932-1945* (Lincoln: The University of Nebraska Press, 1983); James C. Schneider, *Should America Go to War? The Debate over Foreign Policy in Chicago, 1939-1941* (Chapel Hill: The University of North Carolina Press, 1989).

（11） 高橋智子・日野川静枝『科学者の現代史』（青木書店、一九九五年）、第五章。

第10章　ドイツ再軍備と武器移転

小野塚 知二

1　ドイツ再軍備の歴史研究の意義

ヴェルサイユ条約によって軍備を事実上禁じられ、また兵器の開発・生産と輸出入にも厳しい制限の課せられたドイツが、ナチスの政権獲得からわずか六年で、公式の再軍備宣言（一九三五年三月一六日）からはわずか四年半で周辺諸国を電撃的に蹂躙し、イギリスとフランスの両軍を相手にして互角以上の戦争を進め、さらに独ソ戦開始後も当初は破竹の進撃をしたことは、軍事史上きわめて稀な事例である。当時の日本ではそうしたナチス・ドイツに命運を託す雰囲気が強かったこともあって、それは「ドイツの優秀さ」を物語る神話となってはいるが、そうした急速な再軍備がいかにして可能であったのかは必ずしも充分に明らかにされているとはいいがたい。また、連合国側では最終的な勝利によって当初の失敗・劣勢を覆い隠す論調が支配的であって、ヴェルサイユ条約破棄と再軍備もナチスの非道を物語る挿話の一つにされているように思われる。[1]しかし、懲罰的な軍備剥奪（押し付けられた軍縮）が協調的軍縮とともに破算したこの事実は非常に重く、また現在でも同種の事態が発生する危険性はあるから、第三帝国の急速な軍拡の秘密は冷静に解き明かされなければならない。同時に、それにもかかわらずドイツが第二次世界大戦で敗北したのは軍事史的には、不正義や暴虐のゆえではなく、その軍備が質と量の両面で大きな制約を帯びていたがゆえであり、この制約の原因も明らかにされなければならない。

この第Ⅱ部は全体として、ドイツの急速な軍拡を可能にした条件と、しかし、そこに孕まれていた限界とを国際関係に注目して明らかにしようとしているが、本章では武器移転史研究の知見を用いて、それをいかに再構成できるかを試みてみよう。

2　国際関係の中のドイツ再軍備

ドイツの急速な再軍備を可能にした条件として、これまでも指摘されていたのは、ヴェルサイユ体制下において、近隣諸国を隠れ蓑にして兵器の開発や試験を行ってきたことである。兵器単体に注目するなら、この点が大きな意味を持つのは間違いないのだが、兵器の開発と試験だけで再軍備が可能になるわけではない。以下では、おもにヴァイマール期に注目して、兵器技術の移転による開発能力の維持のほかに、国際民間航空協力、武器輸出による生産能力維持、および外国からの資本受入と兵器生産へ転用可能な生産設備の増強の四点について、考察してみよう。

(1)　兵器技術の移転による開発能力の維持

ドイツとソ連の間の緊密な軍事協力関係は、一九二二年四月に独ソ間で締結されたラパッロ条約の秘密付属条項（一九二二年七月二六日）により形成されたと考えられてきたが、そこに籠められた軍事的な思惑を強調することには批判的な見解もある。(2) 実際には、独ソ間の軍事協力は第一次大戦後早くに始まっており、ラパッロ条約による国交回復より前に、両軍の間にさまざまな協議が行われ、協定が結ばれていた。それらの成果の一つが、リペックに設置された独ソ合同航空学校（一九二四年）だが、これは単なる航空機搭乗員の訓練所ではなく、試作機を組み立てて、実地に試験を行う機関でもあった。(3) 同様に、相前後してカザンに戦車学校が、サマラに毒ガス施設が設置され、教育と製品の開発・試験が進められた。また、民間分野でも、ユンカース社のフィリ（モスクワ近郊）工場やクルップ社の砲弾工場がソ連内部（トゥーラ、レニングラード、シュリュッセルベルグ）に建設されて、ドイツ国内では禁止されている航空機・兵器の開発・試験と生産が行われた。(4)

外国の目の届きにくいソ連領内では、このように両軍の協力に基づく開発・試験が可能であったが、ドイツは近隣諸国においては、こうした露骨な手段を採用せず、資本提携・技術提携関係を通じて兵器の開発・試験を行うことのできる企業を取得した。ボフォース社はスウェーデンの古い兵器企業であるが、第一次大戦直後からクルップ社の設計図と技師を受け入れて、旺盛な製品開発に乗り出している。(5) ツューリヒ近郊のエリコン社も一九世紀後半に起源を持つスイスの機械製造企業であるが、一九二三年にドイツのマグデブルク機械製造所に買収されて、航空機用および対空用機関砲を開発し製造した。同様にして、スイスのゾロターン兵器会社も一九二〇年代末にドイツのラインメタル・ボルズィヒ社に買収されて諸種の火砲を開発・生産している。これらはいずれも中立国の企業であったため、その製品は第二次世界大戦の枢軸国だけでなく、連合国・中立国でも広く用いられ、また技術が供与されたが、(6) 技術と資本の両面でドイツ企業の傘下にあり、ドイツ側から見れば第一次大戦期までに蓄積された兵器技術と人的な開発基盤を維持するための隠れ蓑にほかならなかった。すなわち、ドイツからソ連、スイス、スウェーデン等への武器移転が発生し、そこからさらに他国への移転が連鎖的に起きているが、その起点にあるのはドイツの再軍備への意欲であった。

(2) 国際民間航空協力

民間航空と軍事との密接不可分な関係、殊にドイツ民間航空の国際展開については本書第4章および第9章で高田馨里が詳説しているので、前項でも触れた独ソ協力の民間航空版について触れるに留める。

民間航空は第一次世界大戦前に欧米各国で小規模な試みはあったが、本格的に展開したのは大戦後である。大戦後の民間航空草創期は軍隊の放出した機材や人員を吸収することにより発展の基礎を築いただけでなく、一九二〇年代、三〇年代を通じて、各国の空軍（あるいは航空兵力を運用する軍）と、民間航空と、航空を所管する官庁との間には人的にも技術的にも緊密な関係が維持されていた。イギリス、フランス、アメリカなどでは戦後成立した民間企業の主導で国際空路の開設が進められたのに対して、ドイツとソ連では国際空路を開設し、その路線を運航する国際共同運航組織がまず設立され、その後にそれぞれのフラグキャリアが形成された。この出発点に位置するのが一九二一年に設立されたドイツ・ロシア航空会社（Deruluft, 1921-37. おそらく世界最初の国際共同運航組織）である。これは、ドイツ側アエロ・ウニオン社とソ連側は通商代表部とが一九二一年一一月二四日に合意して、外交行嚢、郵便物、人員等の輸送を目的に設立された。この独ソ航空協力が、前項で見た軍事協力と同様に、ラパッロ条約による外交関係の公式樹立以前に進んでいることは注目される。ヴェルサイユ体制の除け者にされた両国が大戦終結後早くから軍事・航空面で協力関係を構築してきたことが、外交関係樹立の背景に作用しているようにも思われる。[7]

アエロ・ウニオンはAEG、ハンブルク＝アメリカ汽船会社、およびツェッペリン飛行船建造会社の共同出資で一九二一年に設立され、先行するドイツ航空輸送会社（DLR）を資本面で傘下に収めた。ドイツ・ロシア航空会社はドイツ側DLRの人員と機材を用いて一九二二年五月にはケーニヒスベルク＝モスクワ路線を、二八年六月にはベルリン＝タリン＝レニングラード路線を運航した。前者の路線はベルリン＝ケーニヒスベルクのドイツ国内線と接続していたし、モスクワから先も徐々に延長してカザンやハリコフなど独ソ軍事協力の要地を結ぶ路線とも接続するようになった。

ソ連ではこうした民間航空の経験を踏まえて、一九二三年に航空所管官庁として民間航空管理委員会が設置され、また同じ年には、ドブロリョート（全ロシア民間輸送会社）、ウクライナ航空会社、およびザカフカス航空会社が設立された。これら三社は一九二九年から三〇年にかけて合併し、また株式もすべて政府所有となって全ソ連民間航空統一公団へ改組され、三二年にはアエロフロートへと改称された。他方、ドイツではDLRは一九二三年にアエロ・ロイドに吸収され、さらに二六年には政府の航空政策にしたがってユンカース航空輸送会社と合併してドイツ・ルフト・ハンザが発足し、以後、ドイツのフラグキャリアとなった。ルフト・ハンザは一九三〇年には、ドイツ・ロシア航空会社の路線の東側に中国との合弁企業オイラジアで路線を接続して北京までの運航に乗り出し（運航開始は一九三一年）、また同年にはベルリンとリオデジャネイロを結ぶ南大西洋路線も開拓した。このように、独ソ民間航空協力はルフト・ハンザとアエロフロートという軍事的な使命も帯びた航空企業の設立・発展に非常に大きな意味を有していた。殊に、空軍が禁止されているドイツでは、各地の航空（グライダー）クラブとともに民間航空が、搭乗員・整備士など空軍とも共通する人的基盤を温存し育成するうえで大きな役割を果たしたのであった。

(3)　武器輸出

以上二つの方法が、おもに隠然たる再軍備の時期（第一次大戦直後からナチス政権獲得まで）を特徴付けるとするなら、武器輸出はその時期から、半ば公然たる再軍備期（ナチス政権獲得から再軍備宣言まで）を経て公然たる再軍備期（再軍備宣言以降）にいたるまで一貫して継続された方法である。兵器を輸出することがなぜ、自国の再軍備に役立つのかについては、本書第6章で田嶋信雄がドイツの対中国武器輸出に注目して詳説している通りだが、簡単に整理するなら、以下のように複数の理由が絡み合っている。第一に、武器輸出によって、ドイツの再軍備・軍拡に必要な外貨と原料資源を確保するということである。これは、外貨不足によって対外経済関係を大きく制約された一九三〇年代のドイツ経済にとっては決定的に重要なことであると同時に、中国との関係においてはバーター取引を通じてタングステンなど希少資源を獲得することを可能にする手段でもあった。第二に、兵器の開発と生産能力を維持するためには絶えざる新規需要が必要であるが、ヴェルサイユ条約によって制限された兵力の範囲内にとどまる限り、兵器を新型に更新する速度は遅くならざるをえず、それは能力維持を阻害する要因となるから、輸出市場が必要となるのである。むろん、公式には兵器の輸出入を禁じられていたドイツにとって、第三国を経由するなどの隠蔽が必要ではあったが、ドイツがスペイン内乱に介入した時期、あるいは第二次大戦開戦当初に、新型兵器を用いることができた背景には武器輸出が作用しているのである。さらに、第三に、このように常に兵器の更新を進めなければならないのだとすると、余剰兵器・旧式兵器は積極的に他国に売却されなければならないし、それら兵器を恒常的に受け入れる大口の市場を確保しなければならないだろう。また、ヴェルサイユ条約によって保持を禁止された兵器は条約内の兵力にとどまる限りドイツにとっては無用の長物であるが、それを輸出できるなら、少なくとも外貨を獲得することができる。本書第6章で明らかにされた、ドイツ外務省が対中武器輸出の公然化に難色を示した理由（①武器輸出入禁止、②極東国際関係の緊張、③中国内政の不安定）は非常に明晰であるが[9]、これを圧倒して武器輸出を正当化したのは国防省側の軍拡・兵器産業維持という要因であったとされる。これは、自国の軍拡のために武器輸出が必要とされたことを示す好例である。

武器輸出入禁止下での輸出については、このほかにもさまざまな事例が知られるが、日本もヴェルサイユ体制下のドイツから兵器とその技術を獲得しようとしていた。二つの例を示すことにしよう。

三菱合資会社は一九一九年に「兵器取引のためにベルリンに〔中略〕駐在員を設置し[10]」たが、その営業活動に初期から関与した秦豊吉は以下のように回想する。「第一次大戦直後、ドイツの戦時工業の跡を視察に、日本から来た海軍委員は、加藤寛治大将を首班として、山本英輔大佐（後の大将）、伍堂卓雄大佐（後の商工大臣）が加わった十数名の一団であった。これを案内したのが、日独貿易では、最も古い歴史を持つハンブルクのイリース商会であった。この商会には、海軍出身でベルリンの工科大学で勉強したジーゼル・エンジンの専門家川路顧問がいたので、これが東道の主人〔来客の案内をする者の意――引用者〕という訳である。この一行の国内視察には、連合国側からスパイが厳重に付けられたことは申すまでもない」。この一行はハンブルクでブローム・ウント・フォス社の造船所を案内されて、二千トン級の大型潜水艦用のディーゼル機関六台を見せられる。しかし禁制品であるからイリース商会も日本海軍も直接には手を出せず、上海にトンネル会社を設立し、鉱山機械の名目で輸出することになった。「ハンブルクには、こういう軍事品の密輸出を監視する、連合国側委員がいた。日本からも、その中には委員が出ている。それが知れない筈がない。何もかも筒抜けで、何もかも知らぬ顔をしていたのが、本当のところであったろう。／その後二年たつと、計らずもパリの連合国平和条約実施委員会で、ドイツ政府所有の大型ジーゼル機関が、相当の数量海外に持ち出され、上海向けにも送り出されたことが暴露されたのである。日本側の海軍委員大角岑生（後の海軍大臣）は大いに狼狽したが、同時にスペイン向け約二十数台が、密輸出されていることも暴露されたので、これを扱った某国はもみ消し運動を始め、日本側も無事に済んだ。某国とは英国だといわれていたが、私ははっきり知らない。／〔中略〕こういうものの代金はむろん外貨で、スイスとスエーデン、又オランダの銀行へロンドンから振込むのである」[12]。

また、秦も述べるように「ドイツから機械器具の買入、輸出よりも、もっと大切なのは、ドイツの技術そのものを、日本へ輸入することで」あった。図面や製造権の購入だけでなく、技術者の招聘も明治期以来久しぶりになされている。川崎造船所は新型潜水艦の技術を導入するためにクルップ社ゲルマニア造船所とヴェーザー造船所から技術者を招聘したほか、同所航空機工場はリヒャルト・フォークト博士を一九二三年から三三年まで雇用した。同所ではフォークトのもとで土井武夫などの若手設計技師が育った。フォークトは帰国後はブローム・ウント・フォス社航空機部門の主任技師として設計に携わり、さらに戦後はアメリカ空軍に請われて渡米している。このように技術者を外国に派遣することには、第(1)項で見た独ソ軍事協力や外国企業との資本・技術提携と同様に、ヴェルサイユ体制下で職を得難かった技術者に職を保証して、その後に開発能力の人的基盤を温存する効果があった。

(4) 外資受入

ナチス・ドイツの暴虐に敢然と立ち向かう、自由(を希求する世界の人民)の守護者アメリカという、映画『カサブランカ』的なイメージが冷静な再検討を必要とすることはすでにさまざまに指摘されてきたが(13)、終戦前後の時期の米独関係についてはアレン・ウェルシュ・ダレス(本書第7章冒頭に登場するジョン・フォスター・ダレスの弟、やはり弁護士で、CIAの前身時代から深く関与)とゲーレン機関の関係など謀略的・際物的な題材が多かった。この第7章は、アメリカ財界の代表者たちの中にナチス・シンパがいただけでなく、ナチス・ドイツの軍拡に能動的かつ積極的に協力した企業があったことを明瞭な証拠とともに明らかにして、経済史研究が二〇世紀の軍拡・武器移転問題に取り組む際に避けて通れない事例を扱っている。

外貨不足に悩むドイツの外為管理のために、ドイツ事業で上げた利潤を現金の形で確保できない状況においてもGMはオペル社に関与し続けた。それがナチスに対する確信犯的な協力姿勢から発するのか、それとも、外為規制といやむをえざる事情のもとでオペルへの関与を継続した結果として軍拡に協力せざるをえなかったのか、判断するのは容易ではあるまいが、GMはヒトラーの意向に添ってオペル社で上げた利潤をベルリン郊外の軍用トラック工場に再投資することにより、きわめて目的意識的にドイツの再軍備を資本面で支える役割を選択したという重い事実が第

7章では明らかにされる。

しかも、それはGMという企業とドイツ企業およびナチス指導者との関係にとどまらず、アメリカ政府の対独姿勢にも検出されうる可能性を示唆している。GMの対独投資を主導したムーニーのメモによれば、ローズヴェルト大統領は、第二次大戦開始後の一九四〇年初頭において、ドイツと英仏との平和を回復するための調停提案の中に、以下のような項目を含ませることによって、中立を越えて明らかに対独宥和的・妥協的な姿勢を見せていたからである。すなわち、「(r)チェコスロヴァキアとポーランドにもし広範な自治権が認められるなら、アメリカはこれらの国々に対するドイツの政治的経済的影響力を認めるのにやぶさかではない。(s)アメリカの世論は同じくオーストリアとドイツの合邦に関しては、オーストリアが政治的にも経済的にも文化的にもドイツ・ライヒの統合的一部であることを認めるのにやぶさかではない」(第7章第4節)。従来、アメリカの参戦以前の中立政策は英仏に親近感を持つ中立であると理解されてきたが、ここにはむしろ中立政策を逆向きに作用させる可能性が内包されていたことが示唆されている。

しかし、GMのドイツ再軍備への深い関与は、アメリカ国内の反独世論の高まりの前に躊躇せざるをえなかったのである。これが直ちに、序章で指摘した道徳的な問いの作用を意味するわけではないにせよ、こうした世論は、第二次大戦終了後においてなお、ムーニーの回想録刊行を断念させる力をGMに与えたのであって、武器移転の送り手側民間企業には経済的利益とは別の要因、すなわち武器取引に突き付けられた問いへの顧慮も、作用していることを示している。GMにとって、自らの対独宥和姿勢は、国内世論（その背後にある株主や消費者）に対して説明できないのであれば、隠蔽せざるをえないことがらだったのである。

3　国際関係から切断されたドイツの核開発

ナチス・ドイツの「原爆開発」こそはアメリカの核開発を直接的に正当化した最大かつ最初の根拠であった。本書第8章はその実態を史料的に確定し、ドイツの原爆開発がホロコーストと同様に、ナチス・ドイツが軍事的にも経済的にも追い詰められていく過程の現象であったことを物語る。アメリカとドイツは核分裂エネルギーを兵器に利用する可能性にほぼ同時に気付き、核兵器の開発に乗り出すのだが、戦争の進展とともに開発の進捗には大きな差が発生し、一九四二年にはドイツが事実上この開発競争から脱落するのに対して、アメリカはイギリスやカナダからの組織的な協力も得ながら開発を加速化していく。これは直接的には、核開発に投入しうる人的、物的、および財政的な資源の量の差に起因するが、第8章は同時に、この過程にナチス・ドイツの軍拡に重大な限界が露呈していることをも明らかにする。ナチス期のドイツは、国粋的な（純粋に「ドイツ的な」）科学研究と技術開発のあり方を追求して、兵器開発に投入しうる人的資源の質と量を自らの手で大きく制約してしまったのである。

しかも、このことは、原子物理学の分野での反ユダヤ主義政策が敵への意図せざる潜在的な「武器移転」となった可能性をも示唆している。アメリカの核開発が、イギリスやカナダとの協力関係によって、さらに多数の亡命科学者・技術者たちも動員して推進され、成功したことと比較するなら、ナチス期ドイツからの人材流出は、対価として何も得るもののない――ユダヤ人を迫害し、体制に従順でない者を弾圧するという汚名と国際的な非難のみを獲得した――特異な移転現象の存在を意味し、興味深い(14)。さらに、「ドイツ物理学」がハイゼンベルクに「白いユダヤ人」という悪罵を投げ掛け、それにもかかわらず彼の知見に頼らざるをえない滑稽さは、ナチス期の科学研究と技術開発の体制が冷静で合理的な計算のうえに成立したものでは必ずしもないことを物語っている。こうした研究・開発体制における偏狭な国粋主義ないし政治主義に対して、冷静なナショナリズムや技術的な合理性の観点から、ドイツの科学水準を維持するために使えるもの、有能な者はユダヤ的であろうが、黒猫であろうが使うべきだという路線は力を持ちえなかったのである。ソ連がスターリン時代も含めてユダヤ人を迫害し、また体制に従順でないと認定された者たちを大量に弾圧したことはよく知られているが、「反革命的」でも「ブルジョワ的」でも外国人でも使える者は使うという冷徹な計算が——それが、摘発されたすべての科学者・技術者・芸術家を救ったとはいえないにせよ——作用して、研究・開発が成功すれば罪一等を減じる効果もあったのとは、対照的ですらある。音楽においても、国粋主義／政治主義化の進行する状況で、ドイツに残った者たちの間には、そうした状況を積極的に利用して立身出世をはかろうとするか（カラヤン型）、そうした状況に懸念を示しつつも結局は保身に走るか（フルトヴェングラー型）、いずれかしかなかったのだが、なぜ冷徹な計算を踏まえたナショナリズムが成熟しなかったのだろうか。

4　三つの問いとの関係

序章で示された三つの問いとの関係で第Ⅱ部の成果を振り返ることで、本章の締めくくりとしよう。すなわち、第一に、受け手と送り手との特徴的な組み合わせがいかに成立したか、第二に、新技術の実用化と軍事上の革新とはいかに結び付きえたか、そして第三に、いかなる言説が軍拡と武器移転を正当化し、また非難したか、という三つの問いである。

本書第Ⅱ部が共通に論じているのは軍拡における国際関係ないし対外関係の重要性である。これは、奈倉・横井を中心に進められてきた武器移転史研究が、国際関係から切断されて、国内で完結した軍拡や富国強兵は事実上ありえないとする知見と一致する。ヴァイマール期のドイツのソ連との兵器共同開発・試験はナチス期には縮小され消滅するが、代わって中国に対する武器輸出が重要な対外関係となる。関係のあり方は大きく異なるが、そのいずれにも兵器の開発・生産体制を維持するという目的が貫徹しており、自国の軍拡のために外側への武器移転が不可欠の役割を果たしたことを示している。

ここで興味深いのは、ドイツが第一次世界大戦期までに開発した技術とその延長上では——たとえば銃砲、航空機、潜水艦、毒ガス、戦車、および自動車の利用などに関しては——きわめて巧みに国際関係と外国資本を利用して、強いられた軍縮下にも軍拡の能力を発展させえたのに対して、核兵器というまったく新奇な技術的可能性の追求に際しては、[15]自らを国際関係から遮断しただけでなく、内側に蓄積された人材をも流出させるという相違の存在である。技術的可能性と新たな兵器・戦術の可能性とがいかなる状況において結び付き、また結び付かないのかを考察しようとする際に、第Ⅱ部が扱った諸事例は今後検討されるべき課題、殊にヴァイマール期に進んでいた武器移転・軍拡の基盤とナチス期にまったく新規に着手された兵器開発との比較の課題を示唆しているといえよう。

第Ⅱ部で扱われた事例において、世論（殊に国内世論）は軍拡に対してどのような役割を果たしただろうか。ヴェルサイユ体制下の「国際世論」を考慮して、ヴァイマール期もナチス体制初期においても、公然たる再軍備には踏み込めずにいたのだが、この過程でなされた、他国を隠れ蓑にした兵器の生産開発能力の維持温存は、一方では私企業の生存戦略が作用していると見ることも可能だが、他方では強いられた軍縮としてのヴェルサイユ体制への国民的な反感を背景にしていたとも考えるべきであろう。この反感を背景にして、それを最も効率的に動員することに成功したのがナチズムであった。「ラ・マルセイエーズ」の侵略的で攻撃的な響きに対する防衛としての「ラインの護り」がドイツのナショナリズムの最も端的な情緒的な表現だとするなら、このナショナリズムの延長上にヴェルサイユ期の隠然たる再軍備からナチス期の公然たる再軍備までを一貫して正当化する論理が潜んでいたことになるのだが、他方で、人種主義の色付けを施してナショナリズムを動員したナチズムは、研究開発の人的基盤を流出させる要因となり、軍拡の能力を大きく阻むことにもなった。第1章ではナショナリズムが軍拡を正当化し、武器取引に突き付けられた道徳的な問いを麻痺させる役割を果たすことが多いとの仮説を示したが、ナショナリズムを動員することによって正当化された強兵策が、そのナショナリズムを最も効率的に動員した思想によって制約される場合もありうることを、この事例は示している(16)。

（1）フランスは戦勝国であるが軍事的には緒戦で敗北しているし、ヒトラーが東部に第二戦線を開くという軍事史上稀な戦略的失敗を犯さなければ、イギリスも敗北していた可能性があった。また、日本の参戦によってアメリカが第二次大戦に引きずり込まれても、イギリスという橋頭堡のない状態では、第三帝国による垂直的なヨーロッパ統合が成功していた可能性もあった。連合国の失敗や敗北の可能性に目を瞑ることによって、第三帝国の軍拡は未解明のまま放置されてきたのである。

（2）清水正義「ラパッロ条約成立の一断面――独ソ交渉の展開を中心に――」『現代史研究』31、一九八九年。

（3）リペツクの航空学校は、ナチス政権成立による独ソ協力の終了後もソ連単独の施設として存続し、現在でも新型航空機および航空機用兵器の開発と試験を行うための空軍基地がある。

（4）鹿毛達雄「独ソ軍事協力関係（一九一九―一九三三）――第一次大戦後のドイツ秘密再軍備の一側面――」『史学雑誌』74-6、一九六五年。

（5）ボフォース社の三七㎜対戦車砲はイギリス、オランダ、ソ連など多くの軍隊で採用されたが、これはクルップ社より一九二一年に取得した設計図から試作し、改良を加えて製品化したものであった。第二次大戦中の大口径対空砲の代表的な存在であるクルップ社の八八㎜高射砲も、一九二〇年代にボフォース社において両社共同で開発されたものが原型であった。

（6）たとえば、第一次大戦中のドイツで設計された機関砲を元にして、エリコン社が一九二〇～三〇年代に開発・製造した対空用および航空機用の二〇㎜機関砲はドイツだけでなく、日本、イタリアなどの友好国、近隣のバルト三国、ポーランド、チェコスロヴァキア、さらにイギリス、フランス、アメリカにおいても採用されて、広く用いられた。

（7）民間航空企業間の国際航路運航協定としては、一九二〇年八月にドイツ（Deutsche Luft-Reederei）、オランダ（KLM）、およびデンマーク（Det Danske Luftfartselskab A/S）の間で締結されたプールが最初である。

（8） これは単にドイツ工業の振興や外貨問題にとどまらず、凶作から発生した食糧危機のあり方（飼料輸入のための外貨制約、穀物を飼料と食用にいかに振り向けるか等々）をも規定する要因でもあった。古内博行『ナチス期の農業政策研究　一九三四―三六――穀物調達措置の導入と食糧危機の発生――』東京大学出版会、二〇〇三年参照。

（9） 清末と一九二〇～三〇年代の中国とは、名目上の統一政権があるとはいえ内政が不安定で複数勢力が割拠し、その軍拡はロシアや日本を刺激するという点で、国際関係において類似した状況にあった。オーストリア＝ハンガリー帝国外務省は一九世紀末から第一次大戦直前までの時期に、同国にあった水中兵器の先進企業ホワイトヘッド社から清末の中国に対する魚雷・機雷の輸出に強い懸念を示すが、その理由はナチス・ドイツ外務省の②・③とまったく同様であった（Haus-, Hof- und Sttatsarchiv（Österreich）. GA［Gesandschaft］Peking 111. Whitehead & Co. A. G. Fiume. 1909-1914.）。

（10） 当初は三菱合資会社ロンドン支店ベルリン出張所として始まり、一九二一年には三菱商事会社のベルリン出張所、二四年に同社ベルリン支店となり、二八年には現地の税法上の関係から現地法人の Mitsubishi Shoji Kaisha GmbH となった。『三菱商事社史』上巻、一九八六年、一九一頁、二四〇～二四一頁参照。

（11） これらはアウグスブルク＝ニュルンベルク機械製造所（Maschinenfabrik Augsburg-Nürnberg AG, MAN）製のF10V53/53で、MAN側も直接輸出ではなくスイスのラウシェンバッハ機械製造所（Maschinenfabrik Rauschenbach AG）に輸出業務を全面委託して偽装を図った。このため、日本海軍名称はマ式ではなく、ラ式2号内火機械とされた。この機関は日本海軍最初の大型の巡洋潜水艦の伊1型の最初の三隻に搭載された。なお、伊1型はドイツが第一次大戦末期に計画したU142型の図面を元に製造されているが、その図面は日本海軍の依頼を受けた川崎造船所社長の松方幸次郎が他国を出し抜いて入手したと言われている。『川崎重工業株式会社社史』一九五九年、二二八頁、三八六～三八七頁。

（12） 秦豊吉『三菱物語』要書房、一九五二年、一一〇～一一五頁

（13） 拙稿「ナショナル・アイデンティティという奇跡――二つの歌に注目して――」永岑三千輝・廣田功編『ヨーロッパ統合の社会史』日本経済評論社、二〇〇四年二月、二一七～二七二頁を参照されたい。

（14） 科学だけでなく、たとえば音楽においても同様に、帝政期からワイマール期までの地位をドイツはナチス期に喪失し、戦後も回復できなかっただけでなく、ドイツを逃れてアメリカに亡命・移住した音楽家たちによってアメリカの水準を高める

のに、意図せざる貢献をした。

(15) ミサイル技術や遷音速領域の後退翼技術についても、まったく新奇なものが一九三〇～四〇年代にドイツ内部で独力で開発されたのだとの見方もありえようが、前者のうち殊に誘導技術（慣性航法装置、ＩＮＳ）は一九世紀末までに魚雷において実用化された自律制御技術の延長上だし、後退翼の技術も一八七〇～八〇年代にエルンスト・マッハによって始められた超音速流体と衝撃波に関する研究の延長上に一九三五年に提唱されたものであって、核分裂エネルギーの兵器利用のようにその原理的な発見自体が一九三〇年代以降にはじめてなされた技術とは大きな相違があると考えるべきであろう。

(16) 独立後一九七〇年代までの自立発展志向の強かった時期のインド、中ソ対立後の中国、さらには現在の北朝鮮も、ドイツの国粋主義と同様に、自主独立のイデオロギーが軍備を制約する面を有することを示している。

終　章　武器移転の連鎖の構造

横井勝彦

1　はじめに

本書は、科学研究費補助金（二〇〇八～二〇一一年）による共同研究「軍縮と武器移転の総合的歴史研究――軍拡・軍縮・再軍備の日欧米比較――」（基盤研究(A)：研究代表者　横井勝彦）の成果の一部である。そこでまずは、この共同研究に至るまでの経緯と研究課題の変遷に関して簡単に紹介しておきたい。

本書に先立って、われわれの研究グループはすでに二冊の成果を発表してきた。奈倉・横井・小野塚［二〇〇三］と奈倉・横井［二〇〇五］がそれである。そこでは、内外の一次資料に基づいた日英兵器産業の実証分析を踏まえて、日英間の武器移転（arms transfer）の実態を「送り手」（supplier）と「受け手」（recipient）の両面より解明することを試みた。つまり、海外戦略（武器輸出・直接投資）を展開するイギリス兵器産業とそれを容認するイギリス政府を中心とした「送り手」側の事情と、「軍器独立」をめざしつつも海外への兵器技術依存から脱しきれないでいた

「受け手」としての日本側の事情について、日英双方からの多角的な分析を展開して、日本資本主義の確立と「軍器独立」の過程において、イギリスからの武器移転がいかに重要な意味を持っていたかを明らかにしてきた。

武器移転は、日英関係史においてきわめて大きな意味を持っていたにもかかわらず、前述のわれわれの共同研究以前には、まったく扱われてこなかった。たとえば、平間・ガウ・波多野［二〇〇一］は、日英両国の第一線で活躍する研究者を総動員して、幕末維新期から第二次大戦後までの四〇〇年に及ぶ日英間の軍事関係史をさまざまな角度から論じた貴重な成果であるが、そこでも日英の軍事産業や日英間の武器移転に関する論及はほとんど見られない。

ところで、われわれの共同研究では、これまで一貫して武器移転を武器輸出だけに限定せず、ライセンス供与や技術者の派遣と受入れ、さらにはそれと関連した武器の運用・修理・製造能力の移転までの広範な内容を含む概念として捉えてきた。奈倉・横井［二〇〇五］では、イギリス建艦技術の日本国内での地域間技術移転、武器移転におけるマーチャント・バンクの役割、海外研修・視察を介した武器移転・技術移転、軍器独立に対する武器移転の役割と限界、武器移転と民需転換との関係、武器移転に対する政府規制の実態、軍縮期軍民転換の可能性、軍事技術機密情報ルートの実態などを各種の一次資料を駆使して分析しているが、同書の内容は日英間に限っても武器移転がきわめて広範な内容を含んだ研究テーマとなりうることを端的に物語っている。

その後、奈倉・横井・小野塚は、政治経済学・経済史学会二〇〇六年度秋季学術大会（明治大学）でのパネル報告（論題「国際経済史研究における『武器移転』概念の射程」）においても、武器移転の経済史研究の重要性を強調して、二つの視点から次のような問題提起を行っている。第一に、武器移転とは「送り手」と「受け手」を総合的に議論できる概念であり、日英関係に限らず、両者は武器の輸出入国の政府・軍・兵器企業などから構成され、それらの戦略や関係を総合的に捉えることによって、国際的な武器取引の全体構造を解明することが期待できる分析概念である。各国の軍事力が国際政治に及ぼす影響が巨大なものであり続ける限り、こうした問題の解明はきわめて重要な今日的な課題と言えよう。そして第二に、「送り手」と「受け手」の関係や国際環境は時代とともに大きく変化するものであるから、武器移転の世界史もまた、第一次大戦以前、両大戦間期、第二次大戦以降といったように、それぞれの時代的特徴を有しているという事実に留意すべきである(1)。これまで一般論として扱われることの多かった「政府と兵器企業との関係（軍産関係）」、あるいは日本経済史研究の中でしか議論されてこなかった「軍器独立」や「軍事的顛倒性」などの問題を、国際経済史のテーマとして、グローバルな視点から捉え直すためには、何よりもそれぞれの時代の武器移転の歴史的・構造的な特徴を明確にすることが重要なのである。

いわゆる帝国主義の時代に巨大産業として自らを確立した欧米の民間兵器産業は、第一次大戦に至る軍拡競争を背景として、つまり自国の軍需拡大を背景として急成長を遂げたが、その後の軍縮不況期には海外への武器移転を本格化させた。各国政府も自国の兵器製造基盤を保持するという国防上の理由より、それを容認ないしは支援してきた。軍備と武器移転は不可分の関係にあった。こうした点については、日英関係に主眼を置いたわれわれの共同研究によっても、かなりの程度実証的に解明されてきた。しかし、武器移転の国際経済史研究の重要性を強調する以上、あるいは武器移転の研究によって帝国史・国際関係史・経済史の総合化を目指す以上(2)、視野を「武器移転の世界史」へと広げなければならない。

かくして、二〇〇八年よりわれわれの武器移転史に関する共同研究は、メンバーも大幅に拡充して、日英関係史から世界史へと研究領域を拡大し、対象時期も一九世紀後半から第二次大戦前までというこれまでの制約を外し、さらには武器移転と軍縮との関係にも視野を広げて、新たなスタートを切ることとなった。冒頭にも記したように、本書はその最初の成果であり、これまでの共同研究では扱ってこなかった武器移転史研究の最前線を渉猟する試みである。

2　本書の構成と各章の概要

本書の第Ⅰ部は、政治経済学・経済史学会二〇〇九年度秋季学術大会（岡山大学）でのパネル報告（論題「武器移転史のフロンティア――人・もの・武器の交流の世界史的意味――」）、第Ⅱ部は二〇〇九年度社会経済史学会全国大会（東洋大学）でのパネル報告（論題「ドイツ第三帝国の軍拡政策と国際関係――軍縮と武器移転の総合的歴史研究――」）における報告とそこでの議論を基礎に構成されている。「軍拡と武器移転の世界史」という本書のタイトルとの関係において、各章がそれぞれどのような位置を占めているのかを確認しつつ、その特徴を要約的に紹介すれば、以下の通りである。

第Ⅰ部「武器移転史のフロンティア――人・もの・武器の交流の世界史的意味――」を構成する各章は、第1章「武器移転はいかに正当化されたか――実態と規範――」（小野塚知二）で紹介されているように、われわれの共同研究のそれまでの枠組みから時間的にも空間的にもはみ出た事例を対象としているが、そこでは武器移転史のフロンティアを方法的に開拓することが共通して企図されている。

第2章「近世東アジアにおける武器移転の諸問題――ポルトガル、イエズス会、日本――」（高橋裕史）では、イエズス会史料等を丹念に分析して、一六世紀ポルトガル領インドと日本における武器移転をめぐる諸問題が考察されている。インド進出のために展開された武器移転やイエズス会宣教師が長崎を拠点として展開した日本への武器移転の歴史は、一九世紀後半以降に限定した従来の分析の枠組みに再検討をせまり、歴史的起点を大航海時代にまで遡って武器移転の世界史を議論することの意義と可能性を示唆している。

第3章「イギリス帝国主義と武器＝労働交易」（竹内真人）は、一八世紀「大西洋奴隷貿易」において、アフリカでの奴隷獲得に果たした銃の役割を視野に入れて、一九世紀の南西太平洋諸島での銃の交易実態を解明する。あわせて欧米各国による無秩序な武器（旧式銃・廃銃）交易に対してイギリスが行った規制の実効性についても検証しており、武器移転のみならず武器移転規制の破綻の構造にも論及している貴重な成果である。

第4章「第二次大戦直後のアメリカ武器移転政策の形成」（高田馨里）は、アメリカ合衆国政府による大戦終結直後の武器移転政策に注目して、武器移転が冷戦期に外交政策の遂行手段として活発に展開されてゆくまでの事情を解明している。戦前の武器輸出国イギリスは体系的な武器輸出政策を有していなかったが、本章はココム体制以前の「送り手」としてのアメリカの戦略と「受け手」諸国のさまざまな思惑を視野に入れて幅広い分析を展開している。冷戦以前のアメリカの武器移転政策を構造的に解明した先駆的な研究である。

第Ⅱ部「ドイツ第三帝国の軍拡政策と国際関係」を構成する各章は、ドイツ第三帝国の軍拡政策を、中国への武器輸出（第6章）、アメリカ自動車企業の対独投資（第7章）、ナチスによる原爆開発（第8章）の三つの側面から考察しており、第二次大戦前夜から戦時期にかけての軍拡諸要因の国際的連関を解明することを共通の課題としている。第5章「軍拡と武器移転の国際的連関――日英関係からドイツ第三帝国へ――」（横井）で紹介している通り、これらもまたわれわれの共同研究の従来の領域を超えて、ドイツ第三帝国の軍拡の内実に迫る先駆的取組みである。

第6章「第三帝国の軍拡政策と中国への武器輸出」（田嶋信雄）は、ナチス・ドイツの中国に対する脱法的な武器輸出を考察の対象とする。とりわけ中国への武器輸出はドイツにとって経済的にも戦略的にも特別の意味を持っていた。本章は、日中戦争の勃発で急増した中国への武器輸出が親日派のヒトラーによって停止される経緯を、一次資料を駆使して克明に分析している。

第7章「第三帝国の軍事的モータリゼーションとアメリカ資本――語られざるジェネラル・モーターズを中心に――」（西牟田祐二）は、ナチス・ドイツ第三帝国の軍備拡大が少なくともある時点までは英米によっても容認されていた事実を強調する。具体的には一九二〇～三〇年代にアメリカの対ドイツ投資を一貫して進めていたアメリカ自動車企業ジェネラル・モーターズ（GM）社の動向を詳細に分析し、そのような国際的連関より、いわゆる「対独宥和」の論理とその帰結の解明を試みている。

第8章「ホロコーストの力学と原爆開発」（永岑三千輝）は、軍縮と軍拡の総合的国際比較研究のなかで、「なぜ、ナチスは原爆開発に失敗したのか」（T・パワーズ）という問題へ批判的検討を加えた意欲的な試みである。ナチス・ドイツ第三帝国と科学者はそれぞれ原爆開発に関してどのような態度を取っていたのか。国家（軍・軍需省など）と自然科学者の関係はヒトラー政権下でどのように推移していたのか。独ソ戦の展開と世界大戦化・総力戦化の中で、原爆開発が結果的に成功せず、ホロコーストを必然化した諸要因を追究する。軍拡の諸要因ではなく、軍拡破綻（原爆開発失敗）の諸要因についての国際的連関の解明である。

3　新たな視点——武器移転の連鎖の構造——

本書の主たるテーマは「軍拡と兵器の拡散・移転がなぜ容易に進んだのか」を明らかにすることにある。すでに序章では、こうした問いに対して次のような要件が軍拡と武器移転の促進要因として指摘されている。すなわち、①秩序の混乱状況のもとで武器を必要とする「受け手」と武器移転に政治的・軍事的・経済的な各種機会を見出す「送り手」との間の（時には「死の商人」も介在する）特徴的な組合せの成立、②新技術の実用化と新兵器開発の可能性との結びつき、さらには③軍拡と武器移転を正当化する独特の言説の成立、以上の三点である。たしかに本書の各章はそうした仮説を論証するいくつもの事例を提示しているのであるが、ここではさらに新たな視点として「武器移転の連鎖の構造」について指摘しておきたい。

実際の武器移転とは、「送り手」と「受け手」の二者間で完結する一回限りの現象ではなく、その後も時には「受け手」が「送り手」に転じて、多角的に連鎖していく性格を有している。「兵器拡散 weapons proliferation」や「軍拡競争 arms race」とは、「武器移転の連鎖の構造」の帰結・所産にほかならないのであり、軍縮や武器移転規制の破綻の構造を解明するためにも、今後の課題として「武器移転の連鎖の構造」を視野に入れた議論が必要ではなかろうか。

われわれの共同研究では、民間兵器産業の誕生とその維持・保全（国内兵器生産基盤の確保）を目的とした武器移転との関係性にもっぱら注目してきたが、軍拡と武器移転の促進要因について考える際には、すでに本書の序章が指摘している前述の論点（①②③）に留意することが重要であろう。以上の三点は本書のいくつかの章でも妥当する要因であるが、ここでは「武器移転の連鎖の構造」の具体的な事例の背後にある要因として、④いわゆる兵器革命によって生じた旧式兵器の海外流出、⑤戦争や地域紛争で威力が証明された新兵器の世界的な拡散、⑥戦後余剰兵器の海外流出、以上の三点を追加しておきたい(3)。

(1)　一九世紀中葉以降の洋式銃の世界還流（要因④の事例）

嘉永六（一八五三）年のペリー来航から戊辰戦争（一八六八〜六九年）にいたる激動の時代に、日本には史上かつてないほどの巨大な武器市場が形成された。幕府の鎖国政策が開国とともに国防強化政策に転じて、諸藩に課されていた軍備規制も緩みはじめると、欧米からの武器輸入がにわかに本格化した。とりわけ小銃に関しては、徳川三〇〇年の泰平の時代にあって技術的停滞がはなはだしく、しかも、当時は欧米における銃の変革が日進月歩で進んでいたために、幕府も諸藩もそれに追随して自給体制を整備することなど到底不可能であった。かくして、小銃については大部分が洋銃の輸入に頼らざるをえなかった。幕末維新期の日本に形成された輸入洋銃市場は、総計七〇万丁の規模に及んだとされている(4)。

しかも、輸入された洋銃は新旧入り交じってきわめて雑多であった。種子島への鉄砲伝来から幕末までのおよそ三〇〇年間、和銃といえば単発の火縄銃であったが、ヨーロッパでは一六世紀末に燧石銃が出現し、一九世紀初頭には雷管式発火装置が発明され、同じ雷管銃でもゲーベル銃、ミニエー銃、エンフィールド銃、スナイドル銃、スペンサー銃など、幕末維新期には、新式銃も含め雑多な洋銃が輸入されていた(5)。

では、だれが輸入していたのか。長崎の警備を担当し、イギリス船フェートン号事件（一八〇八年）での失態以降、洋式兵器になみなみならぬ関心を払ってきた佐賀藩は、藩政改革を背景として巨大な軍事力を育成してきた。慶応三（一八六七）年の記録では一〇〇〇丁のスペンサー銃を海外に発注していた(6)。スペンサー銃は一八六〇年にアメリカで発明され、南北戦争で一躍注目を集めたが、戊辰戦争においても、上野の彰義隊討伐で、あるいは東北の転戦でも、佐賀藩兵の元込め七連発のスペンサー銃の威力は絶大であった。スナイドル銃がイギリスで制式となったのは一八六七年であるから、佐賀藩の対応がいかに迅速であったかがうかがえよう。

もっとも、洋銃全般の所有総数では、やはり薩長両藩が突出していた。薩英戦争と下関戦争という二つの攘夷戦争が惨憺たる結果に終わり、薩長も初めて西洋近代兵器の優秀さを真に認識して開国論に転じ、倒幕へと一本化していくなかで武器輸入による軍備増強も加速化していった。薩摩の輸入した小銃の場合も、ミニエー銃やエンフィールド銃など先込め施条銃が大半を占めていたが、スナイドル銃やスペンサー銃といった元込め施条銃もかなりの数量にのぼっている。その多くは、幕府の監視の手薄な長崎港でイギリス貿易商グラバーを介して調達されたものであった(7)。だとすれば、そうした洋銃はいったいどのような経路を辿って日本に入ってきたのか。この疑問に対するイギリス代理公使ニールの以下の指摘は大変に示唆的である。

「イギリス政府は、清朝政府以外、シンガポールと香港からの武器の輸入を禁止する措置をとりました。これにより、日本への武器や軍需品の供給は制限されたはずです。しかしながら、中国の開港場には、明らかにヨーロッパやアメリカから持ち込まれたと見られる銃砲やその他の軍需品が、ほとんど無尽蔵なくらいに貯蔵されており、この国〔日本――訳者〕の注文による武器の買い付けは、上海で、そしておそらくは寧波などでも自由に行なわれております」(8)。

薩英講和の成立前夜、つまり薩英戦争下の緊迫した状況のもとで、ニールは、大英帝国といえども東アジアの武器貿易がどうにも統制できない状況を、以上のように伝えている。日本に入った洋銃の多くはイギリスから直接輸出されたものではなく、ほとんどがすでに海外に出回っていた旧式銃ないしは廃銃の部類に属し、それを武器商人が中国あたりで寄せ集めたのである。その時代、洋銃は東アジアにおける重要な交易品目であった。中国は東アジアにおける一大武器市場と化していたが、それは決して対外的な危機意識の結果ではなかった。一八五一年に洪秀全が武装蜂起を宣言して以来、太平天国軍（一八五一～六四年）が清朝の大軍と攻防戦を展開しながら北上を開始すれば、武器商人の活動領域も北方へと大きく広がっていった。

以上のように、欧米で武器革命が進展するなかで、世界に放出された各種の洋銃が、やがて二流の旧式銃として中国を経由して日本に還流してきたのである。クリミヤ戦争（一八五三～五六年）以降にヨーロッパから中国に流れた銃、あるいは南北戦争（一八六一～六五年）の終結とともにアメリカから中国に出回った銃、幕末の日本に持ち込まれた銃とは、そうしたものの寄せ集めであった。しかも、ここでさらに注目すべき点は、南北戦争期だけでも、イギリスからアメリカには一〇〇万丁を上回る銃が輸出されたという事実である。

バーミンガム小火器会社（一八六一年設立）の会長グッドマンによると、一八五五～六四年の一〇年間にイギリス陸軍兵器局向けにバーミンガムで生産された小銃（銃身）は約九八万、陸軍のエンフィールド工廠製が約五〇万、合計一四八万丁であった。一方、同時期のバーミンガム製銃の総輸出量は約三一一万丁、つまりイギリス陸軍向け（九八万丁）の三倍以上の小銃が海外に輸出されていた。南北戦争期にアメリカに輸出されたイギリス銃だけでも約一〇八万丁（うちバーミンガム製が約七三万丁）におよんでいたのである(9)。ただし、銃の自給体制を整えた北軍は、南北戦争の最中の一八六三年にイギリスとの銃取引を停止している。

種子島以来の火縄銃の伝統しか持ち合わせていなかった幕末維新期の日本には、いかなる水準の洋銃もが、つまり当時の欧米における銃革命によって放出された各種旧式銃や戦争終結によって流出を開始した余剰兵器が、ほぼ一様に、しかも大量に受け入れられた。しかし、その日本もやがては武器移転の「受け手」から「送り手」へと転じていく。

日露戦争の開始とともに東京・大阪の両砲兵工廠は大拡張によって、その生産能力を飛躍的に拡大していたが、戦後には過度に拡大した軍需生産基盤を維持するために、陸軍省によって中国への武器輸出が推進された(10)。明治四一（一九〇八）年には中国への武器輸出を促進する目的で、三井物産、大倉組、高田商会の三社により泰平組合が創設されるが、とりわけ一八九九年の義和団の蜂起以降、本国政府によって中国へのあらゆる武器輸出ルートを遮断されて「武器移転の連鎖の構造」から排除されつつあったイギリスの銃産業にとっては、このような日本による中国市場への銃の輸出はきわめて深刻な事態に映った(11)。

(2) 二〇世紀初頭以降の建艦競争（要因⑤の事例）

日露戦争の頃から主力艦国産化を目指して日本の建艦能力は急上昇したが、明治維新から日清戦争に至るまでの日本海軍は、水雷艇・砲艦・通報艦などの小型艦船を除き、海軍艦船のほとんどをイギリスからの輸入に依存していた。日露戦争時には一五二隻（二六万四六〇〇トン）の艦艇を保有するに至っていたが(12)、六大戦艦はなおもすべてイギリス製であった。日清戦争時の黄海海戦も日露戦争時の黄海海戦と日本海海戦もイギリス製軍艦の砲力の勝利であった。

一八八〇年代から一九〇〇年代にかけて、イギリスの民間造船所では海外の各国海軍向けの軍艦建造が手広く行われていた。海軍関係者の間ではその是非をめぐって早くから議論はあったが[13]、結局それが規制されることはなかった。なかでも最も大規模に行われたのが日本海軍向け軍艦の建造であり、その大半を担っていたのが後発企業に属するアームストロング社とヴィッカーズ社であった[14]。

ヴィッカーズ社とアームストロング社は、イギリス海軍が海軍国防法（一八八九年）によって大量建艦体制に移行した頃には、まだ戦艦建造業者リストには掲載されず、イギリス海軍の入札には招請されない存在であった。この両社のイギリス海軍向けの軍艦建造の比率が他社並みに増加するのは意外に遅い。両社製の戦艦を中心に編成された日本海軍の日清・日露戦争における活躍は、確実にイギリス海軍の両社に対する評価を高めたが、その頃、すでに両社の方では日本海軍へ最新鋭艦を輸出することによって、近未来におけるドレッドノウト型高速戦艦の誕生と大艦巨砲主義の時代の到来を確信していた[15]。当面注目すべきはこの事実である。

さて、ここでまずは近代イギリス海軍史におけるドレッドノウト革命の位置について確認しておくために、四期に区分して、それぞれの時期の特徴を説明しておこう[16]。

第一期（一八五〇〜七〇年代）は、パクス・ブリタニカの絶頂期に相当するヴィクトリア朝中期の約三〇年間で、この時代には木造帆走海軍から鉄製汽走海軍への転換が進んだが、本国財政の緊縮と東アジアにおける砲艦政策の終焉とともにイギリスの海軍力は大きく削減されていった。ところが第二期（一八八〇〜一九〇四年）に状況は一変する。フランス、ドイツ、ロシアとの建艦競争に直面してイギリス海軍は膨張に転じる。植民地会議での防衛費分担論議や日英同盟の締結にもかかわらず、ついに一九〇四〜〇五年度の海軍予算は史上最大規模に達した。この世紀転換期における海軍費の急膨張は、他のいずれの二カ国の海軍力をも上回ることを原則とした海軍戦略、二国標準主義（two-power standard）に規定されていた。続く第三期（一九〇五〜〇八年）はわずか四年ではあるが、この時期は大艦巨砲主義への一大転換期として、イギリス海軍史のなかでも特別な位置を占めている。一九〇五年以降、イギリスの海軍費は自由党の緊縮財政路線のもとで削減されていくが、海軍第一本部長フィッシャーは、㈠艦隊の本国海域集中、㈡旧式軍艦の大幅整理、㈢ドレッドノート（Dreadnought）型戦艦の導入によって、海軍費の削減と海軍力再編の同時実現という統一党の海軍政策を推進していった。なかでも一九〇五年一〇月にポーツマスで起工された全主砲の高速巡洋戦艦ドレッドノート（排水量一万七九〇〇トン、四五口径一二インチ主砲一〇門搭載、主機蒸気タービン二一ノット、一九〇六年一二月竣工）は、主力艦の新時代を画すものであって、新たな建艦競争の激化を予告していた。そして第四期（一九〇九～一四年）にはいると、英独建艦競争の激化とともに海軍費は急膨張を再開するが、この時期にはイギリスの民間兵器企業の軍艦建造能力も急上昇を遂げる。

ドレッドノウト革命はイギリス海軍にとってのみならず、世界の海軍史に対しても大きな影響を及ぼしたが、以下ではさらにドレッドノウト型戦艦を生み出したフィッシャー改革と日露戦争との関係に注目してみたい。

イギリス海軍は他国の海戦情報、とりわけアームストロング社やヴィッカーズ社からイギリス海軍と同型の最新鋭軍艦を多数購入していた日本海軍の海戦情報に格別の関心を払い、実際に日露戦争の際には観戦武官を日本海軍の軍艦に乗り込ませていた。日露戦争時の二つの海戦（一九〇四年八月一〇日の黄海海戦と一九〇五年五月二七～二八日の対馬海戦）は、トラファルガー海戦以来の歴史的な大海戦であって、そこでの海戦情報が世界的な「大艦巨砲主義」の起点となった。すなわち、フィッシャー革命は日露戦争の動向を見守りながらスタートしたと言われているが、この点の事実関係については若干補足説明が必要である。

ドイツ海軍の台頭を警戒するフィッシャーは、かねてよりイギリス海軍の抜本的な変革の必要性を主張してきており、海軍第一本部長に着任した時には、すでに改革の大綱は確定していた。つまり、日露海戦情報によってフィッシャー改革の方向が決定されたのではなく、フィッシャーが自己の改革構想を正当化するために海戦情報を恣意的に利用したのであった。黄海海戦はたしかに長距離砲撃戦であったと観戦武官も主張しているが、戦局を決した対馬海戦はじつは副砲による短距離の砲撃戦であった。観戦武官パケナムから届いた報告書では、斉射と艦砲中央管制の採用には否定的ながらも、将来の海戦は長距離砲撃戦であると指摘されていたが、フィッシャーが取り上げたのは単一巨砲主義を支持する後半部分の指摘だけであった[17]。

フィッシャーは一九〇五年一月には新型戦艦の建造を目的として戦艦設計委員会を設置しており、そこにはドレッドノウト構想をフィッシャーと共有していたイギリス海軍艦船建造局長ワッツ（任一九〇二～一二年）が参加していた[18]。ワッツはアームストロング社のエルスウィック造船所の主任技師（任一八八五～一九〇二年）として、日本海軍の戦艦八島の建造も手がけていた。ヴィッカーズ社のアンドリュウ・ノブルも、かなり早い時期にフィッシャー自身より新型戦艦の設計を私的に依頼されていた[19]。ドレッドノウト構想は日露戦争以前より確実に存在していた。

アームストロング社とヴィッカーズ社による日本海軍への最新鋭軍艦の輸出と日露海戦情報は、フィッシャーのドレッドノウト革命の実現に際して戦略的に活用され、世界的規模での建艦競争（naval race）を引き起こすこととなった。ドイツでは一九〇七年にナッソウ型ド級戦艦四隻の建造が開始され、アメリカでも同年にデラウエア型ド級戦艦二隻の建造が着手されているが[20]、この建艦競争はさらに南米や東地中海諸国にも及んだ[21]。また、日本でも日露戦争の頃から主力艦国産化路線のもとで建造能力が急上昇しており、一九〇五年には横須賀海軍工廠で戦艦薩摩（排水量一万九三七二トン、一二インチ砲四門、一八・三ノット）が起工され（一九〇九年竣工）、一九〇六年には戦艦安芸（排水量二万八〇〇トン、一二インチ砲四門、二〇ノット）が呉海軍工廠で起工されていた（一九一一年竣工）。だがドレッドノウト型戦艦の出現によって、両艦は新造艦でありながら完成時には二流の「旧式艦」になっていったのである。かくして日本海軍も、日露戦争後には大艦巨砲主義に基づく世界的な建艦競争に巻き込まれていった[22]。

アームストロング社とヴィッカーズ社による日本海軍への最新鋭軍艦の輸出と日露海戦での勝利は、イギリス海軍の両社に対する評価を決定的に高めたのみならず、ドレッドノウト革命を正当化して、世界的規模での建艦競争を惹起する結果となった。ここにおいても、再び日本を一基点として「武器移転の連鎖の構造」は確実に存在していた。

(3) 二〇世紀アジア航空機産業における武器移転の構造(要因⑥の事例)

ここでは、アジアの航空機産業にみられた「武器移転の連鎖の構造」を、センピルを団長としたイギリス航空使節団の日本招聘(一九二一年)とアメリカの航空機製造企業インターコンティネント・コーポレーション社の中国からインド・バンガロールへの転出(一九四〇年)に焦点を当てて紹介しよう。前者は日本海軍航空隊の創設を、そして後者はインド最大の航空機製造企業ヒンダスタン航空機会社(一九四〇年設立、以下HALと略記[23])の設立過程を考える上で不可欠の武器移転の契機をなしていた。しかも、この両者の過程はそれぞれ別個のものではなく、アジアにおける武器移転の連鎖の過程を構成していた。

第一次大戦は、飛行機が戦争の主要兵器となり得ることを証明し、航空技術の変革を加速化させた。欧米の航空機産業は戦時期の軍需を背景として急膨張を遂げた。イギリスにおいても、開戦時の航空機の月産量はわずか一〇機であったが、一九一八年には二六八八機へと急増し、機体・エンジンおよび関連部品製造部門の雇用労働者数も一九一六年の四万九〇〇〇人から一九一八年には二六万八〇〇〇人へと急膨張を遂げていた[24]。ところが、終戦とともにイギリス航空機産業は急激な縮小を強いられている。戦時下の航空機生産に関与していた多くの企業は倒産ないしは撤退を強いられ、残った企業も苦境に喘ぐこととなった。センピル航空使節団の来日は、このような状況のもとで行われたのであった。

センピル航空使節団の招聘は、日本海軍航空史上の新紀元を画するものであったと言われている[25]。日本海軍の創設がイギリス海軍に大きく依存していたように、海軍航空部門の創設も、当時その分野で最先端を行くイギリスから支援を得るのが望ましい。このように考えた日本海軍は、イギリスから使節団を招聘するに至ったのである。過剰な航空機を抱えて戦後不況に喘ぐイギリス航空機産業にとっても、多数の航空機が練習機として日本海軍によって買い取られることは、まことに好ましいことであった。

日本海軍にとっても、一〇〇機を超える練習機の買い取りは格別の意味を持っていた。たとえば、大量に持ち込まれた練習用アブロ機は、その後、海軍によって制式練習機として国産化が決定され、海軍技術者をアブロ社に派遣して、その製作法を習得させた。さらに後に同機は中島飛行機と愛知時計でも量産を実現している。また、購入練習機の中でも多数を占めたグロスター社の主力戦闘機スパローホークの場合は、半完成および部品で輸入した五〇機が海軍工廠で組み立てられ、ここでも最新技術の分析と移転が着実に進んでいた[26]。センピル使節団来日当時、すでに外国からの機体やエンジンの製造権の購入は始まっていたが、センピルによって持ち込まれた練習機やその他の試作・見本機が「模倣時代」（第一次大戦～満州事変）における日本の海軍航空技術の発展を加速化させたことは想像に難くない。

日本の航空機産業は一九三〇年代には機体とエンジンの両方で独自の開発能力を有し、具体的には一九三二年に横須賀浦郷に設立された海軍航空廠（海軍航空技術研究の総合機関）を拠点として「自立時代」に移行していた。そしてその年に勃発した上海事変で日本海軍の航空部隊は初めて実戦に参加する機会を得ている。上海事変の勃発時点で、日本の海軍航空隊は近代空軍としての体制をおおむね完成させつつあった。

さて、ここで強調しておきたい点は、上海事変において日本海軍航空史上初の空中戦に投じられた日本海軍の戦闘機も、それを搭載して中国に出撃した世界初の改造空母「鳳翔」も、そして日本海軍航空システムそのものも、センピル航空使節団を介したイギリスから日本への武器移転の成果であったという事実である[27]。しかし、中国側にとってこの武器移転の成果は衝撃的であった。上海事変を通して中国側は日本の圧倒的な空軍力を痛感し、中国空軍の近代化に全力を注ぐこととなった(28)。アジアにおいても戦闘の三次元化が始まった。一九三〇年代にアメリカから中国への戦闘機輸出が急増していったのには、以上のような背景があった。

カーチス・ライト社などはこのような背景のもとで中国への戦闘機の輸出を急速に伸ばしていったが、ここでは特に、アメリカの航空機製造企業による中国からインドへの武器移転に言及しておきたい。カーチス・ライト社との連携のもとで、ニューヨークに拠点を持ったインター・コンティネント・コーポレーション社の社長パウレイは、一九三四年に中国に進出して工場を建設し、中国国民党向けに現地での航空機製造を開始していた(29)。しかし、日本軍の侵攻が激化するなかで中国の工場は閉鎖されて、一九三九年には中国を撤退し、インドのバンガロールへと移転している。そして、この中国から脱出したアメリカ企業インター・コンティネント・コーポレーション社ならびに同社のニューヨーク本社からの技術移転を基礎として、翌年にはインド最大の航空機製造企業HALが設立されていったのである(30)。HALはインド空軍のみならず中国国民党政府にも航空機を製造し続けた。そこには明らかに中国を経由してのアメリカからインドへの武器移転があったのである。

さて、次に注目したい点は、一九四七年の独立後の非同盟政策のもとで、インド空軍の戦力増強が武器移転の「送り手」の多角化と兵器生産の自立化という二原則に即して進められたという事実である。植民地時代に創設されたインド空軍（一九三三年創設）は、イギリス空軍（一九一六年創設）の補完戦力として帝国防衛の一翼を担ったが、独立後はイギリスから自立した空軍組織として軍備の拡充と近代化を追求していった。それを支えたHALへの諸外国からの武器移転も一九五〇年代には多角化を開始して、イギリス依存体制からの脱却が進められた。一例を上げれば、一九五六年にHALでの超音速戦闘機製造への技術支援を求めて、ドイツのフォッケ・ウルフ社で長年戦闘機の設計に携わってきた技師クルト・タンクをインドに招聘している。また、一九六二年にはアメリカの支援するパキスタン空軍に対抗するために、ソ連との間で超音速ジェット戦闘機MIG-21の購入とインドでのライセンス生産の契約を締結している[31]。ちなみに、ＨＡＬが機体を独自に設計した超音速ジェット戦闘機マルートを完成させたのは一九六一年のことであった[32]。

イギリスのセンピル航空使節団によって形成された日本海軍の航空戦力が、上海事変を契機として一九三〇年代にはアメリカから中国への武器移転を加速化させ、その過程で中国に進出していたアメリカ航空機製造企業が第二次大戦の初期段階でインドに転出した。そして、そこでＨＡＬが技術的な中核となって、今日「インドのシリコンバレー」と言われるハイテク産業都市の歴史的起点として、米ソ冷戦下に軍事都市バンガロールが形成されていったのである。

4　残された課題――軍縮の経済史研究――

われわれの武器移転史研究は、その対象領域を従来の日英二国間の分析から国際的な軍拡・武器移転の分析へと広げ、対象時期も一九世紀後半から第二次大戦前までという制約を外して、さらには軍縮・武器移転規制との関係にまで視野を広げることになった。その結果、本書の第Ｉ部では、一六世紀のポルトガル領インドと日本、一九世紀の南西大西洋諸島、そして戦後冷戦前夜のアメリカに注目して、それぞれの時代における軍拡と武器移転の歴史的意味を探った。第Ⅱ部では、ドイツ第三帝国に焦点を絞って、脱法的な対中国武器輸出、アメリカＧＭ社の対独投資、さらには世界大戦下で失敗に終わったナチス・ドイツの原爆開発を扱っているが、ここでは武器移転史研究の枠組みを超えて、軍拡諸要因の国際的連関を解明することが共通の課題として意識されている。

本書によって武器移転史研究の対象は、時代的にも領域的にも大きな広がりを持つこととなったが、「軍縮と武器移転の総合的歴史研究――軍拡・軍縮・再軍備の日欧米比較――」というわれわれの共同研究のテーマとの関連では、残された課題も決して少なくない。

第一に、軍縮の経済史研究、つまり軍縮の社会経済的影響の解明とそれへの対応の各国比較という課題がいまだ手付かずのまま残されている。ワシントン会議、ジュネーブ海軍軍備制限会議、ロンドン海軍軍縮会議、さらにはジュネーブ武器取引規制会議や国際連盟一般軍縮会議での軍縮の議論にイギリス、アメリカ、ドイツ、日本はどのように参画し、どのような影響を被り、そして兵器生産国としてどのように対応したのか。

第二には、より重要な課題として、戦間期軍縮交渉破綻の原因を経済史・国際関係史の視点より総合的に究明する作業が残されている。各国政府の軍事・外交政策や兵器産業利害の国際的な対抗関係を検討して、なぜ軍縮協定と武器輸出管理が破綻し、再軍備へとシフトしていったのかを明らかにすることが、われわれに課された第二の課題である。

「軍拡と兵器の拡散・移転がなぜ容易に進んだのか」という問題設定のもとで、序章では軍拡と武器移転の促進要因として、①武器移転の「送り手」と「受け手」の間の特徴的な組合せの成立、②新技術の実用化と新兵器開発の可能性との結びつき、③軍拡と武器移転を正当化する独特の言説の成立、以上の三点が指摘され、本書の各章においてもそれらの具体的な事例研究が行われている。またこの終章では、以上の三点に加えて、④いわゆる兵器革命によって生じた旧式兵器の海外流出、⑤戦争や地域紛争で威力が証明された新兵器の世界的な拡散、⑥戦後余剰兵器の海外流出を、「武器移転の連鎖の構造」の具体的な事例を説明する要因として追加している。これら三点（④⑤⑥）の実証分析は、とりわけ「軍縮と武器移転規制がなぜ困難をきわめてきたのか」という次なるテーマの検討に際しては、序章で指摘されている三要因（①②③）の軍縮破綻への影響力の検証と同様、大変興味深い研究成果に繋がるのではなかろうか。

この終章では、洋銃と軍艦と航空機の三つの事例に即して、「武器移転の連鎖の構造」という視点を新たに提起したが、その目的は武器移転が「送り手」と「受け手」の二国間だけで完結する閉ざされた事象ではないことを指摘して、グローバルに展開する現実の武器移転を、多角的・構造的に把握することの重要性と可能性を強調することにあった。「武器移転の連鎖の構造」それ自体が「軍拡と兵器の拡散・移転がなぜ容易に進んだのか」への解答であり、「軍縮と武器移転規制の破綻の構造」そのものでもある。

（1）武器移転の時期区分に関しては、本書の序章での指摘がより詳細である。この点に関する海外の研究者の議論としては、Krause［1992］pp. 54-98 が参考になる。
（2）わが国の国際政治学の分野における次のような成果、日本国際政治学会［一九九五］と日本国際政治学会［一九九九］、服部・土田・後藤［二〇〇七］、西村・石島・田嶋［二〇一一］、また帝国史・国際関係史の分野における以下の研究、平間・ガウ・波多野［二〇〇一］、山本［二〇〇三］、木村［二〇〇四］、佐々木［二〇〇六］、渡辺［二〇〇六］などの研究課題は、われわれの研究テーマと多くの接点を有している。
（3）ここで上げた要因④⑤⑥は、序章で指摘された軍拡・武器移転の促進要因①②③と並列関係にあるのではない。それらはむしろ複合的な関係にあると考えるべきであろう。今回あえて④⑤⑥を追加要因として列挙したのは、「武器移転の連鎖の構造」の三つの事例を説明する上での便宜的な配慮からであり、この三つの事例に関しても①②③の要因の妥当性については十分に検討の余地がある。
（4）石塚［一九七三］、横井［一九九七］、横浜開港資料館［一九九九年］などを参照。
（5）鈴木［一九九七］二一五〜二二二頁、cf. Headrick［1981］Chapter 5、ヘッドリク［一九八九］第五章参照。
（6）秀島［一九七二］三〇〇頁。
（7）杉山［一九九三］七五、一〇〇頁。
（8）FO 46/37: Letter from J. Neale to F. W. Bruce, 29 September, 1863, UK National Archives.
（9）Goodman［1866］pp. 415, 417-418.

(10) *Sheffield Independent*, 4 December 1908：芥川［一九八五］、名古屋［二〇〇七］参照。

(11) FO 83/2178 (1901-1905) Export of Arms from United Kingdom and Colonies, Vol. 2, UK National Archives.

(12) 山田［一九九七］二一頁。

(13) Hurd [1898] p. 553; White [1898] p. 868.

(14) 詳細については奈倉・横井・小野塚［二〇〇三］四五～五三頁を参照。

(15) *Newcastle Daily Journal*, 30 September 1904; *Sheffield Telegraph*, 4 November 1904; *The Engineer*, 23 June, 1905.

(16) 横井［二〇〇四］八八～九〇頁。

(17) Towle [1977] p. 68; Towle[1974]：Towle [2006] pp. 53-55：小林［一九八八］二四頁。

(18) Brown [1983] p. 85.

(19) Ibid.; Towle [1973] p. 389.

(20) Ruger [2007] pp. 190-191, 217-219; Modelski & Thompson [1988] pp. 77-79, 234.

(21) Grant [2007] Chapter 6 The Dreadnought Races.

(22) 寺谷［一九九六］八～一一頁、奈倉・横井・小野塚［二〇〇三］二八～三四頁。

(23) ただし、同社はその後一九六四年にヒンダスタン・アエロノーティックス社（Hindustan Aeronautics Ltd. 本章では同社もＨＡＬと略記）に再編統合されている。詳しくは、横井［二〇〇六］九五～九八頁を参照。

(24) Edgerton [1991] p. 14.

(25) 日本海軍航空史編纂委員会［一九六九ａ］三九一～三九四頁。

(26) 野沢［一九七二］六一、六六、七三、八〇頁。

(27) 日本海軍航空史編纂委員会［一九六九ｂ］七七～七八頁。

(28) Eltscher and Young [1998] pp. 68-69：四ツ橋［一九三九］一一一頁。

(29) Pattillo [1998] p. 81; Khanolkar [1969] p. 353.

(30) 横井［二〇一〇］六三頁の表6を参照。なお、ＨＡＬだけではなくインド防衛産業全般については、Hoyt [2007] が、多岐にわたってきわめて貴重な情報を提供してくれる。

（31）　Graham [1964] pp. 823-825.
（32）　横井［二〇〇六］九九頁。

参考文献

芥川哲士［一九八五］「武器輸出の系譜――泰平組合の誕生まで――」『軍事史学』第二一巻第二号。

石塚裕通［一九七三］『日本資本主義成立史研究――明治国家と殖産興業政策――』吉川弘文館。

木村和男編［二〇〇四］『世紀転換期のイギリス帝国』ミネルヴァ書房。

小林啓治［一九八八］「日英関係における日露戦争の軍事史的位置」『日本史研究』三〇五号。

佐々木雄太編［二〇〇六］『世界戦争の時代とイギリス帝国』ミネルヴァ書房。

鈴木眞哉［一九九七］『鉄砲と日本人』洋泉社。

杉山信也［一九九三］『明治維新とイギリス商人――トマス・グラバーの生涯――』岩波新書。

寺谷武明［一九九六］『近代日本の造船と海軍――横浜・横須賀の海軍史――』成山堂書店。

名古屋貢［二〇〇七］「泰平組合の武器輸出」新潟大学東アジア学会『東アジア』第一六号。

奈倉文二・横井勝彦・小野塚知二［二〇〇三］『日英兵器産業とジーメンス事件――武器移転の国際経済史――』日本経済評論社。

奈倉文二・横井勝彦編［二〇〇五］『日英兵器産業史――武器移転の経済史的研究――』日本経済評論社。

西村成雄・石島紀之・田嶋信雄編［二〇一一］『国際関係のなかの日中戦争』慶応義塾大学出版会。

日本国際政治学会編［一九九五］『武器移転の研究』。

日本国際政治学会編［一九九九］『両大戦間期の国際関係史』。

日本海軍航空史編纂委員会編［一九六九ａ］『日本海軍航空史（3）制度・技術編』時事通信社。

日本海軍航空史編纂委員会編［一九六九ｂ］『日本海軍航空史（4）戦史篇』時事通信社。

服部龍二・土田哲夫・後藤春美編［二〇〇七］『戦間期の東アジア国際政治』中央大学出版部。

秀島成忠編［一九七二］『佐賀藩銃砲沿革史』原書房。

平間洋一、イアン・ガウ、波多野澄雄編［二〇〇一］『日英交流史　一六〇〇～二〇〇三　軍事』東京大学出版会。

ヘッドリク、D・R著、原田勝正・多田博一・老川慶喜訳［一九八九］『帝国の手先——ヨーロッパ膨張と技術——』日本経済評論社。

山田　朗［一九九七］『軍備拡張の近代史：日本軍の膨張と崩壊』吉川弘文館。

山本有造編［二〇〇三］『帝国の研究』名古屋大学出版会。

横井勝彦［一九九七］『大英帝国の〈死の商人〉』講談社。

横井勝彦［二〇〇四］「イギリス海軍と帝国防衛体制の変遷」（秋田茂編『パクス・ブリタニカとイギリス帝国』ミネルヴァ書房）。

横井勝彦［二〇〇六］「南アジアにおける武器移転の構造」（渡辺昭一『帝国の終焉とアメリカ——アジア国際秩序の再編——』山川出版社）。

横井勝彦［二〇一〇］「アジア航空機産業における国際技術移転史の研究」『明治大学社会科学研究所紀要』第四九巻第一号。

横浜開港資料館編［一九九九］『横浜英仏駐屯軍と外国人居留地』東京堂出版。

四ツ橋實［一九三九］「支那航空事業の現状」『科学主義工業』第三巻第一号。

渡辺昭一編［二〇〇六］『帝国の終焉とアメリカ』山川出版社。

Brown, D. K. [1983] *A Century of Naval Construction: The History of the Royal Corps of Naval Constructors, 1883–1983*, London.
Edgerton, D. [1991] *England and the Aeroplane: An Essay on a Militant and Technological Nation*, London.
Eltscher, L. R. and E. M. Young [1998], *Curtiss-Wright: Greatness and Decline*, New York.
Goodman, J. D. [1866] 'The Birmingham Gun Trade', in S. Timmins (ed.), *The Resouces, Products, and Industrial History of Birmingham and Midland Hardware District*, London.
Graham, I. C. C. [1964] 'The Indo-Soviet MIG-Deal and Its International Repercussions', *Asian Survey*, Vol. IV, No. 5.
Grant, J. A. [2007] *Rulers, Guns and Money: Global Arms Trade in the Age of Imperialism*, London.
Headrick, D. R. [1981] *The Tools of Empire: Technology and European Imperialism in the Nineteenth Century*, Oxford.

Hoyt, T. D. [2007] *Military Industry and Regional Defence Policy: India, Iraq, and Israel*, New York.

Hurd, W. H. [1898] 'British Ships in Foreign Navies', *Nineteenth Century*, Vol. XLIII, No. 254.

Khanolkar, G. D. [1969] *Walchand Hirachand: Man, His Times and Achievements*, Bombay.

Krause, K. [1992] *Arms and the State: Patterns of Military Production and Trade*, Cambridge.

Modelski, G. & W. R. Thompson [1988] *Seapower in Global Politics, 1494-1993*, London.

Pattill, D. M. [1998] *Pushing the Envelop: The American Aircraft Industry*, Michigan.

Ruger, J. [2007] *The Great Naval Game: Britain and Germany in the Age of Empire*, Cambridge.

Towle, P. [1974] 'The Effect of the Russo-Japanese War on British Naval Policy', *Mariners Mirror*, Vol. 60, No. 4.

Towle, P. [1977] 'The evaluation of the experience of the Russo-Japanese War', in B. Ranft (ed.), *Technical Change and British Naval Policy* , London.

Towle, P. [2006] *From Ally to Enemy: Anglo-Japanese Military Relations, 1900-45*, Kent.

White, W. H. [1898] 'A Note on "British Ships in Foreign Navies"', *Nineteenth Century*, Vol. XLIII, No. 255.

あとがき

昨年一二月二七日、野田内閣は武器の輸出を原則として禁じる「武器輸出三原則」の緩和を正式に決定した。三原則そのものは維持したうえで、平和・人道目的や国際共同開発・生産への参加であれば、武器の輸出を容認するというのである。

「武器輸出三原則」とは、一九六七年に佐藤栄作首相が①共産圏諸国、②国連決議で禁止された国、③国際紛争当事国への武器の禁輸を表明し、つづいて一九七六年に三木内閣が三原則の対象地域以外でも武器輸出は原則禁止としたことによって誕生したのであるが、今回の緩和の決定は、日本の武器禁輸政策にどのような転換をもたらすのか。この点に関して、われわれに与えられた情報は決して多くない。

今回の決定は、国民的な議論もないままに行われた見切り発車の決定であるとの批判もあるが、じつは政府・財界は、かなり以前より三原則の緩和に向けて検討を重ねてきている。たとえば、一九九六年には経団連防衛生産委員会と日本防衛装備工業会が政府に対して三原則の見直しを要請し、翌年の日米安全保障産業フォーラムでは日米合計二四の企業によって防衛産業の基盤維持の方策が検討された。その後、二〇〇四年には経団連の意見書「今後の防衛力整備のあり方について」を受けて、小泉内閣の私的諮問機関「安全保障と防衛力に関する懇談会」が三原則の緩和を見据えた報告書を作成した。そして、二〇〇七年には防衛相が「武器輸出三原則」の緩和に向けた研究方針を発表している。今回の政府決定には、以上のような長い伏線があったのである。

核やその他の大量殺戮兵器の拡散阻止が今日の国際安全保障にとって最重要課題であることは、周知の事実である。

また、冷戦構造の崩壊にともなう世界的な軍縮傾向と防衛予算の縮小傾向のなかにあって、欧米各国が防衛産業の基盤を維持するために、軍備拡大を進める中東・アジアの途上国に対して武器輸出を展開している現実にも批判の目が向けられている。こうした状況の下で、なぜわが国には平和憲法の原則を具体化した「武器輸出三原則」を大幅に緩和する必要があるのか。繰り返して言うが、この点に関して、われわれに与えられた情報はきわめて少ない。限られた情報の真偽を確かめる術もほとんどない。そもそも、兵器や軍事の問題は、一般の人々にとっては、閉ざされた闇の領域とのイメージが強い。

こうした現状は、兵器の生産や取引が社会の中で、そして歴史の中でどのような役割を果たし、いかなる問題を惹起してきたのかという点が、これまで学問的に十分に検証されてこなかったことと密接に関係している。たとえば、武器の拡散・輸出の構造とその規制の困難さに焦点をあてた研究や研究者の数は、わが国のみならず世界的にもきわめて少ない。20世紀の社会科学は、こうした問題の解明を放棄してきたと言わざるを得ない。

さて本書は、これまで一〇年以上にわたって取り組んできた武器移転史に関する共同研究の最新の成果である。この間、われわれが共有してきた「兵器の生産と取引の実態に注目して、世界史を批判的に再構成する」という問題意識は、本書においても堅持されているが、それに加えて今回は、分析対象とする時代と地域を大幅に広げ、「兵器はなぜ容易に広まったのか」という問いを前面に掲げて、それに対する回答と教訓を歴史のなかに探し求めた。これまでのわれわれの共同研究は、一九世紀後半から両大戦間期までに時代を限定して、日英間における武器移転の実態とその歴史的意味の解明を経済史的視点から追求してきたのであるが、本書では、そうした枠組みを大きく越えた研究成果を提示することができた。その背景には、研究者ネットワークの充実がある。

小野塚・横井も発起人に加わって二〇〇五年に政治経済学・経済史学会の下に「兵器産業・武器移転史フォーラム」が組織された。以来、今日までにこの研究フォーラムの開催はすでに三一回を数え、会員数も若手研究者を中心に約百名に達するまでになっている。本書は、われわれの問題関心に共鳴して「兵器産業・武器移転史フォーラム」に結集した多くの研究者との議論を踏まえた成果なのである。

かつてはほとんど顧みられなかった兵器産業史や武器移転史の分野でも、今日の危機的な国際情勢を背景として、ようやく気鋭の研究者が結集しはじめた感がある。しかし、その成果は、他の分野と比べれば依然として乏しい。われわれは今回、「軍拡と武器移転の世界史」に注目したが、「軍縮破綻と武器移転の世界史」については何も語ることが出来なかった。このテーマによる新たな成果の刊行を近々に実現したいと考えている。

最後に、本書の刊行に際しては、またしても日本経済評論社社長栗原哲也氏に格別のご理解を賜った。執筆陣一同を代表して深謝申し上げる。なお、編集に関しては、今回も同社編集部の谷口京廷氏にお世話をおかけすることとなった。優れた編集者に恵まれたことを幸運に思うとともに、執筆陣の足並みが揃わずに刊行計画が大幅におくれてご迷惑をおかけしたことに、心よりお詫び申し上げる次第である。

二〇一二年一月

横井　勝彦
小野塚知二

【マ行】

【ヤ行】

【ラ行】

【ワ行】

【ハ行】

【タ行】

【ナ行】

索　引

【執筆者紹介】（執筆順）

高橋裕史（たかはし・ひろふみ）

1960年生まれ。

1990年中央大学大学院文学研究科博士後期課程単位取得。

現在、苫小牧駒澤大学国際文化学部准教授。

主な業績：『世界史の中の戦国日本』（洋泉社、近刊）、『イエズス会の世界戦略』（講談社、2006年）、『16世紀イエズス会インド管区の経済構造に関する研究』（科学研究費補助金研究成果報告書、2006年）、『東インド巡察記』（平凡社、2005年）

竹内真人（たけうち・まひと）
1969年生まれ
2001年慶應義塾大学大学院経済学研究科博士課程単位取得
2007年ロンドン大学大学院（キングス・カレッジ）博士課程修了（Ph. D.［History］）
現在、日本大学商学部准教授
主な業績：「オーストラリア植民地への囚人移民史：1788年－1840年」（『三田学会雑誌（慶應義塾経済学会）』92巻2号、1999年）、「イギリス帝国主義と南西太平洋の武器・労働交易」（『三田学会雑誌（慶應義塾経済学会）』101巻3号、2008年）、*Imperfect Machinery? Missions, Imperial Authority, and the Pacific Labour Trade, c. 1875-1901*（Saarbrücken, Germany: VDM Verlag, 2009）

高田　馨里（たかだ・かおり）
2009年明治大学大学院文学研究科史学専攻博士課程修了。博士（史学）
現在、東京経済大学特任講師
主な業績：『オープンスカイ・ディプロマシー　アメリカ軍事民間航空外交　1938～1946年』（有志舎、2011年）、『アメリカと戦争1775―2007「意図せざる結果」の歴史』（単訳、大月書店、2010年）

田嶋信雄（たじま・のぶお）
1953年生まれ
1985年北海道大学大学院法学研究科博士後期課程中退。博士（法学）。
現在、成城大学法学部教授。
主な業績：『ナチズム外交と「満洲国」』（千倉書房、1992年）、『ナチズム極東戦略』（講談社、1997年）、『日独関係史　一八九〇―一九四五』全3巻（共編著、東京大学出版会、2008年）、*Japan and Germany. Two Latecomers to the World Stage 1890-1945*, 3 Vols (co-editor), Folkestone: Global Oriental 2010.『国際関係のなかの日中戦争』（共編著、慶應義塾大学出版会、2011年）

西牟田祐二（にしむた・ゆうじ）
1956年生まれ
京都大学大学院経済学研究科博士課程修了
現在、京都大学大学院経済学研究科教授
主な業績：『ナチズムとドイツ自動車工業』（有斐閣、1999年）
「世界大恐慌期の債務再交渉――1933年五～六月　ベルリン債務会議を中心に――」『経済史研究』第14号（2010年）

永岑三千輝（ながみね・みちてる）
1946年生まれ
1974年東京大学大学院経済学研究科博士課程修了。博士（経済学）
現在、横浜市立大学名誉教授・大学院都市社会文化研究科客員教授
主な業績：『ドイツ第三帝国のソ連占領政策と民衆　1941-1942』（同文舘、1994年）、『独ソ戦とホロコースト』（日本経済評論社、2001年）、『ホロコーストの力学――独ソ戦・世界大戦・総力戦の弁証法――』（青木書店、2003年）、『ヨーロッパ統合の社会史――背景・論理・展望――』（共編著、日本経済評論社、2004年）、『ヨーロッパ社会史――1945年から現在まで――』（監訳、日本経済評論社、2010年）

【編著者紹介】（執筆順）

横井勝彦（よこい・かつひこ）

1954年生まれ

1982年明治大学大学院商学研究科博士課程単位取得

現在、明治大学商学部教授

主な業績：『大英帝国の〈死の商人〉』（講談社、1997年）、『アジアの海の大英帝国』（講談社、2004年）、『日英兵器産業とジーメンス事件――武器移転の国際経済史――』（小野塚知二・奈倉文二との共著、日本経済評論社、2003年）、『日英兵器産業史――武器移転の経済史的研究――』（奈倉との共編著、日本経済評論社、2005年）、『日英経済史』（編著、日本経済評論社、2006年）

小野塚知二（おのづか・ともじ）

1957年生まれ

1987年東京大学大学院経済学研究科第二種博士課程単位取得退学。博士（経済学）

現在、東京大学大学院経済学研究科教授

主な業績：『クラフト的規制の起源――19世紀イギリス機械産業――』（有斐閣、2001年）、『西洋経済史学』（馬場哲と共編著、東京大学出版会、2001年）、『大塚久雄『共同体の基礎理論』を読み直す』（沼尻晃伸と共編著、日本経済評論社、2007年）、『自由と公共性――介入的自由主義とその思想的起点――』（編著、日本経済評論社、2009年）

軍拡と武器移転の世界史　兵器はなぜ容易に広まったのか

2012年3月1日　第1刷発行　　定価（本体4000円＋税）

編著者　横井勝彦
　　　　小野塚知二

発行者　栗原哲也

発行所　株式会社　日本経済評論社

〒101-0051　東京都千代田区神田神保町3-2

電話　03-3230-1661　FAX　03-3265-2993

info8188@nikkeihyo.co.jp

URL：http://www.nikkeihyo.co.jp

装幀＊渡辺美知子　　印刷＊藤原印刷・製本＊高地製本所

乱丁・落丁本はお取替えいたします。　　Printed in Japan

ISBN978-4-8188-2189-7